AF748368

# Les composés organiques volatils

ADEME

# Les composés organiques volatils

## Réduction des émissions de COV dans l'industrie

ADEME

Agence de l'Environnement et de la Maîtrise de l'Energie

DUNOD

Photographie de couverture :
© Laurent Mignaux/METL-MEDDE


ISBN 978-2-10-058238-9

# Remerciements

L'ADEME et le Ministère de l'Écologie, du Développement Durable et de l'Énergie (MEDDE) remercient pour leur contribution à la rédaction de cet ouvrage :
Christiane Chabanel – D'idées en création
Laurence Nerrière – Ultima Terra
Arnaud Péan – AP Consulting

## Comité de relecture

**Pour la partie B : Les émissions de COV en France**
Florence DEL GRATTA – INERIS
Nadine ALLEMAND – CITEPA
Estelle BOUCLY – FNAA

**Pour la partie C : Les COV ont-ils un impact sur l'environnement ?**
Marie-Lise ROUX – FCBA
Pierre VEROT – GNCR
Julien RAVEREAU – UNIC

**Pour la partie D : Les COV ont-ils un impact sur la santé ?**
Marie-Lise ROUX – FCBA
Éric SILVENTE – INRS
Véronique VOVARD – CETIM

**Pour la partie E : Est-ce que mon entreprise doit réduire ses émissions de COV ?**
Christophe EWALD – MEDDE
Noémie FRADET – MEDDE
Fantine LEFEVRE – MEDDE
Serge COLLET – INERIS

**Pour la partie F : Existe-t-il des aides financières ?**
Pierre VEROT – GNCR
Bertrand DEMARNE – UNIFA
Bernard DUQUET – CTIF

**Pour la partie G : Démarche pour mettre en œuvre une réduction des émissions de COV**
Marie-Lise ROUX – FCBA

**Pour les parties H et I : Comment réduire à la source mes émissions de COV ? et Réduction à la source des émissions de solvants : solutions existantes par secteur d'activité**
Marie-Lise ROUX – FCBA
Eric HEISEL – FCBA
Julien RAVEREAU – UNIC
Bernard DUQUET – CTIF
Béatrice TORALBA – CTIF
Eric SILVENTE – INRS
Pierre VEROT – GNCR

Véronique VOVARD - CETIM
Estelle BOUCLY - FNAA
Nadine ALLEMAND - CITEPA
Nadia BENCHEKROUN - CNPA
Ouaiba SARDI - CNPA

**Pour les parties J à M : Comment traiter mes émissions de COV ?**
Florence DEL GRATTA - INERIS
Nadine ALLEMAND - CITEPA
Véronique VOVARD - CETIM
Eric SILVENTE - INRS
Sylvain GIRAUDET - ENSCR (partie Adsorption)
Laurence LE COQ - EMN (partie Adsorption)
Pierre LE CLOIREC - ENSCR (partie Adsorption)
Annabelle COUVERT - ENSCR (partie Absorption)
Eric DUMONT - EMN (parties Absorption et Traitement biologique)
François LAMONIER - Université Lille1 Sciences et Technologies (Parties Oxydation thermique et catalytique)
Stéphane SIFFERT - Université du Littoral Côte d'Opale (Parties Oxydation thermique et catalytique)

**Pour la partie N : Mesures**
Florence DEL GRATTA - INERIS
Serge COLLET - INERIS

## Coordination technique et rédaction
Christophe STAVRAKAKIS - ADEME

## Appui à la rédaction et à la relecture
Sandrine LACOMBE - ADEME
Claire RAFFRAY - ADEME
Arnaud PEAN - AP Consulting

## Principales références utilisées pour la rédaction du guide
*Les composés organiques volatils dans l'environnement*, Pierre Le Cloirec, Tec & Doc, 1998.
*COV*, Les techniques de l'ingénieur, Pierre Le Cloirec.
*Les freins à la substitution des COV dans les procédés indutriels*, ADEME/CITEPA, 2010.
*Inventaire des émissions de polluants atmosphériques et de gaz à effet de serre en France*, Séries sectorielles et analyses étendues, CITEPA, 2012.
*La réduction des émissions de composés organiques volatils dans l'industrie*, ADEME, 1997.
*Pollutions olfactives, Origine, Législation, Analyse, Traitement*, ADEME, éditions Dunod, 2e édition, 2008.
*Émissions de COV issues des stations-service*, ADEME/CITEPA, 2007.
*Produits chimiques cancérogènes, mutagènes, toxiques pour la reproduction, Classification réglementaire*, INRS 2006.
*Solvants industriels, Recommandations pour un usage rationnel*, ADEME, 2003.
*Aides et incitations financières pour les PME, Environnement et énergie*, ADEME, 2011.
*Guide d'élaboration d'un plan de gestion des solvants*, Révision n°1, INERIS, 2009.
Schémas des parties K et L : École des Mines-d'Alès

# Préface

Les composés organiques volatils (COV) font partie des principaux polluants atmosphériques et sont souvent évoqués dans le cadre des politiques relatives à la pollution de l'air.

En 2011, les émissions industrielles de COV représentaient 35 % des émissions totales d'origine anthropique et concernaient plus de 20 secteurs industriels. Ces émissions sont liées majoritairement à l'utilisation de solvants organiques pour le nettoyage et/ou l'application de revêtements sur tous types de surfaces, mais peuvent aussi être formées lors des processus industriels en industries chimiques, pharmaceutiques ou encore en fonderies.

De plus, les COV contenus dans de nombreux matériaux sont relargués durant la phase de vie ou d'usage de ceux-ci alors qu'ils présentent toujours un impact sur la santé : s'ils sont au minimum irritants pour la peau, certains possèdent des mentions de danger voire sont classés CMR[1] (comme le trichloréthylène).

De nombreux travaux ont donc été menés ces vingt dernières années afin de réduire leur rejet dans l'atmosphère, mais aussi dans l'air intérieur.

Dans ce contexte, réduire les émissions de COV, c'est aborder de façon conjointe les aspects sécurité des sites (risques explosifs pour certains), santé des travailleurs (risques liés à une exposition aiguë ou chronique) et environnement (pollution atmosphérique, incidences sur la santé publique et sur le climat).

Entre 1995 et 2010, les émissions de COV non méthaniques de la France métropolitaine ont fortement diminué (41 %) en passant de 497 kt à 292 kt[2] dans l'industrie manufacturière, notamment depuis la parution de la directive européenne 1999/13/CE[3]. Dans un premier temps, les progrès observés étaient essentiellement dus à l'installation massive de systèmes de traitement, et notamment d'oxydateurs thermiques, afin de répondre aux objectifs réglementaires. Cependant, cette solution n'était pas toujours adaptée et ne permettait pas d'améliorer la qualité de l'air ambiant dans les usines (émissions diffuses). Devant ce constat et l'accroissement de la mise en œuvre de l'option Schéma de maîtrise des émissions (SME)[4], l'industrie a ensuite davantage travaillé sur la réduction à la source des COV avec un usage plus rationnel des solvants organiques et la recherche de produits de substitution.

De nouveaux objectifs d'émissions seront fixés prochainement à horizon 2020-2025 par l'Europe, et au niveau français, le Plan national santé-environnement (PNSE) fixe des objectifs de réduction d'utilisation des COV les plus nocifs.

Aussi à travers ce guide, l'ADEME souhaite faciliter les démarches de réduction des émissions de COV d'un grand nombre d'entreprises. Il a pour objectif de mettre à disposition des solutions existantes dans les différents secteurs industriels, et notamment pour les

1. CMR : Cancérogène Mutagène Reprotoxique.
2. Source CITEPA.
3. Directive européenne 1999/13/CE, relative à la réduction des émissions de COV dues à l'utilisation de solvants organiques dans certaines activités et installations (directive « solvants »).
4. SME : alternative réglementaire au respect des Valeurs limites d'émissions (cf. partie E).

TPE-PME, afin d'éclairer les chefs d'entreprises, les responsables environnement, HSE[1], QHSE[2], Développement durable, RSE[3], Recherche et développement... Il présente des informations essentielles autour des enjeux de la réduction des émissions de COV et des solutions techniques concrètes y sont décrites.

Il s'appuie sur différents travaux menés par l'ADEME ces dernières années, notamment une étude, lancée en 2009, concernant les techniques de réduction à la source pour tous les secteurs concernés par la directive « solvants », ainsi que les freins associés. Par ailleurs, l'Agence a continué à soutenir le développement de procédés de traitement innovants afin de répondre aux attentes des industriels qui ne peuvent pas mettre en œuvre des démarches de substitution, et de proposer ainsi des solutions économes en énergie et en matière. Un état des connaissances à ce jour, que ce soit en matière de traitement comme de substitution, est présenté dans ce guide.

Enrichi par des témoignages et retours d'expérience d'industriels engagés dans des démarches de substitution ou de réduction des COV, ce guide a l'ambition d'orienter tous les types d'entreprises utilisant des COV vers les pratiques et les technologies les plus appropriées au regard de leurs spécificités de production. Partant du constat que les émissions de COV sont autant de pertes financières pour les industriels émetteurs, il permet ainsi d'accompagner ces entrepreneurs dans des démarches renforçant la compétitivité de leurs activités.

Rémi Chabrillat
Directeur Productions et Énergies Durables
ADEME

1. HSE : Hygiène, Sécurité, Environnement.
2. QHSE : Qualité, Hygiène, Sécurité, Environnement.
3. RSE : Responsabilité Sociétale et Environnementale.

# Table des matières

A. Qu'est-ce que les COV ? 13
1 Composé organique volatil : le carbone comme point commun 14
2 Les différents types de COV 17

B. Les émissions de COV en France 19
1 Comptabilisation des émissions de COV en France 20
2 Les chiffres des émissions de COV 23
3 Répartition des émissions de COV en France 26

C. Les COV ont-ils un impact sur l'environnement ? 33
1 Les COV, polluants directs de l'air 34
2 Les COV, précurseurs de l'ozone dans l'air 35

D. Les COV ont-ils un impact sur la santé ? 41
1 Air extérieur : effets des COV en tant que polluants secondaires 43
2 Air intérieur professionnel : effets directs des COV en tant que polluants primaires 45
3 Une classification rigoureuse 48
4 Réglementation renforcée pour les COV CMR 52
5 Les données disponibles concernant les effets sur la santé 58

E. Est-ce que mon entreprise doit réduire ses émissions de COV ? 61
1 La naissance de la réglementation sur les COV 63
2 Les protocoles internationaux 64
3 La réglementation européenne 65
4 La réglementation nationale 75
5 Cas spécifique du stockage des hydrocarbures 82

F. Existe-t-il des aides financières ? 87
1 Les aides directes 88
2 Les cofinancements : banques, organismes de crédit et autres dispositifs 93

G. Démarche pour mettre en œuvre une réduction des émissions de COV 97

H. Comment réduire à la source mes émissions de COV : utilisation rationnelle des solvants 101
1 Stockage et manutention des solvants neufs 103
2 Manipulation et emploi des solvants 105
3 Transport 106
4 Gestion des déchets de solvants et des emballages vides 108

**I. Réduction à la source des émissions de COV : solutions existantes par secteur d'activité**

- **1** Impression sur rotative offset à sécheur thermique
- **2** Héliogravure d'édition
- **3** Autres unités d'héliogravure, flexographie, impression sérigraphique en rotative, contre-collage ou vernissage
- **4** Revêtement et Retouche de véhicules
- **5** Industrie de revêtement de véhicules
- **6** Traitement et nettoyage de surface (solvants chlorés et non chlorés)
- **7** Autres activités de revêtement, notamment sur métal, plastique, carton, papier, textile, etc.
- **8** Laquage en continu
- **9** Revêtement du bois
- **10** Revêtement du cuir
- **11** Revêtement de fil de bobinage
- **12** Fabrication de préparations, revêtements, vernis, encres et colles
- **13** Revêtement adhésif
- **14** Fabrication de chaussures
- **15** Imprégnation du bois
- **16** Conversion du caoutchouc
- **17** Extraction d'huiles végétales
- **18** Fabrication de produits pharmaceutiques
- **19** Nettoyage à sec
- **20** Fonderies

**J. Comment traiter mes émissions de COV ?** ..... 113

- **1** L'intérêt de capter et optimiser les flux d'air à traiter ..... 115
- **2** Exposé des principes généraux ..... 116
- **3** Critères de choix du procédé de traitement ..... 118
- **4** Procédés de traitement ..... 121

**K. Traitements récupératifs des émissions de COV** ..... 123

- **1** Traitement par absorption ..... 125
- **2** Traitement par adsorption ..... 133
- **3** Traitement par condensation ..... 142
- **4** Traitement par techniques membranaires ..... 147
- **5** Séparation des mélanges de solvants en phase liquide ..... 151
- **6** Récapitulatif des traitements récupératifs ..... 152

**L. Traitements destructifs des émissions de COV** ..... 155

- **1** Oxydation thermique ..... 157
- **2** Oxydation catalytique ..... 160
- **3** Oxydation thermique/catalytique : récupérative ou régénérative ..... 162
- **4** Oxydation biologique ..... 167
- **5** Récapitulatif des traitements destructifs ..... 174

M. Traitements émergents ... 177
1 Couplage de procédés ... 179
2 Photocatalyse ... 182
3 Plasma froid ... 185
4 Récapitulatif des traitements émergents ... 187

N. Mesures ... 189
1 Mesures et domaines d'utilisation ... 190
2 Autosurveillance ... 192
3 Contrôles périodiques ... 199

O. Fiches d'exemples d'investissement ... 205
1 Traitement des émissions de COV par un procédé biologique ... 207
2 Traitement par oxydation thermique avec préconcentration ... 211
3 Traitement combiné par adsorption sur charbon actif et biofiltration ... 214
4 Substitution de peintures solvantées pour PVC par des peintures hydrodiluables ... 217
5 Substitution de vernis solvantés pour le bois par des vernis hydrodiluables. 220
6 Remplacement du solvant de nettoyage d'équipements en inox par un procédé mécanique ... 223
7 Substitution d'une peinture solvantée pour métal par une peinture hydrodiluable ... 226
8 Substitution de produits solvantés pour la fabrication de revêtements spécifiques ... 229
9 Réduction des émissions de COV à la source par modification du système de captage ... 232
10 Substitution des vernis solvantés pour surface en verre par des vernis hydrodiluables ... 236
11 Substitution d'un produit de dégraissage chloré ... 240
12 Substitution d'un produit de dégraissage CMR ... 244
13 Substitution des peintures solvantées pour trains par des peintures hydrodiluables ... 247
14 Substitution des vernis solvantés pour le bois ... 251

Glossaire des sigles ... 255

Glossaire des termes ... 257

Index ... 263

| A |

# Qu'est-ce que les COV ?

**1. Composé organique volatil : le carbone comme point commun ........ 14**
Définition préalable d'un composé organique
Définition d'un Composé organique volatil (COV)

**2. Les différents types de COV ........................................ 17**
Les solvants : COV les plus connus, les plus utilisés
Les COV non solvants

# 1 Composé organique volatil : le carbone comme point commun

## Définition préalable de composé organique

Un composé chimique est dit organique lorsque sa molécule possède au moins un atome de carbone lié à un atome d'hydrogène. Cependant les atomes d'hydrogène peuvent être remplacés par d'autres atomes tels que l'oxygène, l'azote, le soufre, le phosphore, le silicium ou encore des halogènes (fluor, chlore, brome, iode...).

## Définition d'un Composé organique volatil (COV)

Les composés organiques volatils (COV) sont des substances qui se caractérisent par leur grande volatilité, c'est-à-dire qu'ils émettent des vapeurs même à pression et température ambiante de travail, et se répandent donc aisément dans l'air des ateliers, des bureaux ou dans l'atmosphère.

Afin de déterminer si un composé organique peut être défini comme volatil, la réglementation s'est appuyée sur ses caractéristiques physico-chimiques. La Directive européenne IED (Industrial Emission Directive), adoptée en 2010, définit ainsi les COV :

*« Composé organique ayant une pression de vapeur de 0,01 kPa ou plus, à une température de 293,15 K (20 °C) ou ayant une volatilité correspondante dans les conditions d'utilisation particulières. »*

Si une liste exhaustive des COV existants est difficile à réaliser, les principales familles chimiques de COV peuvent être identifiées et sont présentées dans le tableau ci-après.

**Unités**

- kPa = kilopascal
  0,01 kPa = 10 Pa
  Pression atmosphérique = 101,3 kPa
- K = Kelvin
  K = °C + 273,15

**Repères**

- Les principaux COV d'origine naturelle sont les terpènes provenant des conifères et l'isoprène issu des arbres à feuilles caduques, type chêne ou hêtre.
- Le butane, le propane, l'éthanol (présent dans l'alcool à 90°) sont des COV.
- Les peintures, vernis, encres, colles et adhésifs contiennent des solvants responsables d'émissions de COV.

Exemples de COV classés par famille et leurs caractéristiques

| Famille chimique | Nom usuel | N° CAS[1] | Formule brute | Pression de vapeur saturante kPa à 20 °C | Apparence |
|---|---|---|---|---|---|
| Alcanes | éthane | 74-84-0 | $C_2H_6$ | 3 850 | Gaz incolore, Inodore |
| | n-hexane | 110-54-3 | $C_6H_{14}$ | 16 | Liquide incolore, odeur caractéristique |
| Alcènes | éthylène | 74-85-1 | $C_2H_4$ | 8 100 | Gaz incolore, odeur caractéristique |
| | propylène | 115-07-1 | $C_3H_6$ | 1 160 | Gaz incolore |
| | 1,3-butadiène | 106-99-0 | $C_4H_6$ | | Gaz incolore |
| Alcynes | acétylène | 74-86-2 | $C_2H_2$ | 4 500 | Gaz incolore, inodore |
| Alcools | méthanol | 67-56-1 | $CH_4O$ | 12,3 | Liquide incolore, odeur agréable |
| | éthanol | 64-17-5 | $C_2H_6O$ | 5,87 | Liquide incolore |
| Dérivés aminés | éthylamine | 75-04-7 | $C_2H_7N$ | 117 | Gaz incolore, forte odeur |
| Dérivés nitrés | 2-nitropropane | 79-46-9 | $C_3H_7NO_2$ | 1,73 | Liquide incolore, odeur agréable |
| Hydrocarbures halogénés | dichlorométhane | 75-09-2 | $CH_2Cl_2$ | 46,5 | Liquide incolore, odeur éthérée |
| | trichlorométhane | 67-66-3 | $CHCl_3$ | 21,3 | Liquide incolore, odeur éthérée |
| | trichloréthylène | 79-01-6 | $C_2HCl_3$ | 8,6 | Liquide incolore, odeur douce |
| | tetrachlométhylène | 127-18-4 | $C_2Cl_4$ | 1,9 | Liquide incolore, odeur caractéristique |
| Hydrocarbures aromatiques | benzène | 71-43-2 | $C_6H_6$ | 9,97 | Liquide incolore, odeur aromatique |
| | toluène | 108-88-3 | $C_7H_8$ | 3,8 | Liquide incolore, odeur caractéristique |
| | o-xylène | 95-47-6 | $C_8H_{10}$ | 0,663 | Liquide incolore, odeur caractéristique |
| | ethylbenzène | 100-41-4 | $C_8H_{10}$ | 0,9 | Liquide incolore, odeur aromatique |
| Aldéhydes | formaldéhyde | 50-00-0 | $CH_2O$ | 440 | Gaz incolore, odeur piquante |
| | acétaldéhyde | 75-07-0 | $C_2H_4O$ | 101 | Liquide incolore, odeur fruitée |
| Cétones | acétone | 67-64-1 | $C_3H_6O$ | 24 | Liquide incolore, odeur suave |
| Éthers | éther éthylique | 60-29-7 | $C_4H_{10}O$ | 58,9 | Liquide incolore, odeur sucrée piquante |
| | éthylène glycol n-butyl éther (EGBE) | 111-76-2 | $C_6H_{14}O_2$ | 0,1 | Liquide incolore, odeur éthérée |
| Esters | acétate de méthyle | 79-20-9 | $C_3H_6O_2$ | 21,7 | Liquide incolore, odeur fruitée |

1. N° CAS : numéro d'enregistrement auprès du Chemical Abstracts Service. Cette numérotation sert de référence en chimie.

## Cas particulier du méthane

Bien que correspondant aux caractéristiques physico-chimiques de la définition des COV, avec l'élément carbone associé à 4 éléments d'hydrogène, le méthane ($CH_4$) bénéficie en France d'un régime particulier et n'est pas comptabilisé avec les autres COV. Ceci pour plusieurs raisons :

- il est principalement d'origine naturelle et agricole ;
- c'est un gaz très peu réactif, il est davantage un gaz à effet de serre plutôt qu'un polluant photochimique, comme la plupart des COV.

Ses émissions importantes dans l'atmosphère ont motivé une comptabilité spécifique. Les études traitent donc le plus souvent des « COVNM », pour Composés Organiques Volatils Non Méthaniques.

Cette comptabilisation à part du méthane est propre à la France. D'autres pays européens ne l'ont pas adoptée. Une telle option de comptabilisation peut avoir une incidence dans la mesure des émissions d'un site industriel. En cas d'émissions de méthane, la prise en compte de cette particularité peut être nécessaire.

Sous le sigle COV, il sera sous-entendu dans ce guide COVNM.

# 2 Les différents types de COV

Les COV sont utilisés dans de nombreux procédés, essentiellement en qualité de solvant, dégraissant, dissolvant, agent de nettoyage, disperseur, conservateur, agent de synthèse, etc. Ils concernent une vingtaine de secteurs d'activité identifiés par le Centre Interprofessionnel Technique d'Études de la Pollution Atmosphérique [CITEPA], dans les domaines de la métallurgie, l'imprimerie, la mécanique, la plasturgie, la construction automobile, l'agroalimentaire, le textile, le bâtiment, la pharmacie, la chimie...

## Les COV solvants : les plus connus et les plus utilisés

> *« Un solvant organique est un COV utilisé seul ou en association avec d'autres agents, pour dissoudre ou diluer des matières premières, des produits ou des déchets, ou utilisé comme agent de nettoyage pour dissoudre des salissures, comme dissolvant, comme dispersant, correcteur de viscosité, correcteur de tension superficielle, plastifiant ou agent protecteur. » (Directive 2010/75/UE)*

À travers cette définition réglementaire, on voit le large champ d'application des solvants pour des opérations physiques ou chimiques que l'on peut répartir en quatre fonctions :

1. agent de mise en œuvre de couches minces (peintures, collage, impression, dépôt, etc.) ;
2. agent de nettoyage (métaux, textiles, etc.) ;
3. agent de transfert (cosmétique, pharmacie, détergents, aérosols, produits chimiques industriels, pesticides, etc.) ;
4. agent d'extraction (alimentation, cosmétique, chimie, métallurgie, etc.).

La principale propriété des solvants, qui en fait des composés très recherchés, est leur **non-réactivité**, permettant ainsi d'élaborer ces opérations sans qu'ils n'altèrent les substances travaillées ou qu'eux-mêmes ne soient modifiés chimiquement.

Ils peuvent être classés en trois grandes familles :

1. **les solvants oxygénés :** alcools (méthanol, éthanol, glycol), ethers (éther éthylique, 1,4-dioxane...), cétones (acétone, méthyltéthylcétone...), esters (acétate de butyle, butanoate de méthyle...), acides carboxyliques (acide acétique, acide formique), etc. ;
2. **les solvants halogénés :** dichlorométhane, perchloroéthylène, trichloroéthylène, etc. ;
3. **les solvants pétroliers (ou hydrocarbonés) :** White-spirit, benzène, cumène, toluène, xylène, iso-butane, iso-pentane, etc.

### Santé, sécurité et environnement

Le triple enjeu santé/sécurité/environnement que représente l'emploi d'un solvant justifie une réflexion préalable sur sa pertinence et sur la recherche de solutions de substitution par des produits moins volatils et moins nocifs.

La tendance est à la diminution de l'utilisation des solvants en raison :

- d'une réglementation de plus en plus exigeante sur les aspects santé et environnement,
- d'une sensibilisation professionnelle aux risques qu'ils présentent et parallèlement des progrès réalisés en matière de procédés de substitution,
- de l'émergence d'une prise de conscience, de la nocivité de ces agents et de la vigilance nécessaire quant à leur présence, y compris dans les produits d'usage domestiques (exemples : peinture, décoration notamment).

## Les COV non solvants

Certains COV ne sont pas considérés comme des solvants organiques au sens terminologique car ils ne répondent pas à la définition donnée plus haut. Il s'agit en particulier des COV réactifs utilisés dans de nombreux secteurs d'activité industriels.

Ces produits peuvent être des monomères utilisés dans des opérations de polymérisation (acétate de vinyle monomère, styrène), des produits réactionnels pour la fabrication des résines (phénol, formol), des agents gonflants utilisés dans la fabrication des produits d'isolation (pentane), etc.

Les émissions des COV réactifs sont réglementées (pour les émissions canalisées et pour les émissions diffuses, voir glossaire) comme dans le cas des émissions de COV issues de l'utilisation de solvants. Les mesures peuvent être réalisées selon les mêmes méthodologies. Il reste cependant nécessaire de bien connaître les réactions chimiques qui ont lieu au cours de certains procédés de fabrication afin d'être en capacité de produire des bilans d'émission prenant en compte des disparitions ou des créations de produits.

Dans certains secteurs industriels comme par exemple la chimie pharmaceutique, un même COV peut à la fois être utilisé pour des réactions chimiques et en tant que solvant dans d'autres étapes de fabrication. Ainsi un même produit peut correspondre aux deux cas, c'est son utilisation qui va permettre d'en faire la distinction.

### Cas particulier des fonderies

On peut noter aussi quelques cas particuliers comme celui des fonderies.

En fonderie des dégagements de gaz importants se produisent lors de la coulée dans les moules suite à la dégradation thermique des liants organiques ou à celle des additifs dans les moules. En effet, l'introduction du métal fondu dans un système moule/noyau confectionné avec du sable, des résines chimiques ou autres additifs organiques, crée un choc thermique qui provoque la libération de gaz issus de la dégradation des composés organiques. Ainsi la multiplicité des procédés et des résines mis en œuvre en fonderie est à l'origine du rejet d'une multitude de produits, dont les COV.

| B |

# Les émissions de COV en France


**1. Les émissions de COV en France : à savoir au préalable** ................ **20**

Émissions totales et émissions « hors-total »

Format de comptabilité SECTEN

Critères de comptabilité retenus

**2. Les chiffres des émissions en 2010** ................................... **23**

Évolution des émissions de COV en France de 1990 à 2010

Émissions nationales comparées de plusieurs pays européens en 2009

**3. Répartition des émissions de COV en France** ........................ **26**

Par secteurs d'activité

Par sources

Par familles chimiques


Dans ce chapitre, les chiffres sont issus de l'inventaire du CITEPA 2012 (format SECTEN).

# 1 Comptabilisation des émissions de COV en France

La France s'est engagée dans une politique de réduction de ses émissions de COV. Pour vérifier l'atteinte des objectifs fixés, il est nécessaire de quantifier les émissions nationales de COV pour assurer un suivi de leur évolution par année et par décennie. Devant la complexité du recensement et la multiplicité des sources d'émission, certains choix de comptabilité ont dû être faits.

**En savoir plus**

Les règles de comptabilisation sont définies au niveau international. Ainsi les inventaires d'émission sont réalisés conformément aux recommandations de la CEE-NU [Commission Économique pour l'Europe des Nations unies] et de la CCNUCC [Convention Cadre des Nations Unies pour les Changements Climatiques]. L'inventaire au format SECTEN est une image reformulée des données de base élaborées dans le Système national d'inventaires d'émissions et de bilans dans l'atmosphère [SNIEBA] conformément à l'arrêté du 24 août 2011. Au niveau national, le CITEPA est en charge de la réalisation des inventaires d'émissions à la demande du Ministère en charge de l'écologie.

## Émissions totales et émissions « hors-total »

Afin d'être en cohérence avec les spécifications internationales, la comptabilité des émissions nationales de COV a exclu certains secteurs. Les émissions exclues du total national sont estimées mais présentées et nommées **« hors-total »**. Elles sont connues mais ne sont pas retenues dans le total national. Il s'agit des émissions :

- maritimes internationales,
- liées aux trafics aériens domestiques et internationaux en phase croisière (à partir de 1 000 m d'altitude),
- de sources biotiques[1] de l'agriculture et des forêts,
- d'origine naturelle.

1. Biotique désigne ce qui est en rapport avec la vie et les êtres vivants.

## Format de comptabilité SECTEN

Afin de faciliter l'identification des émissions selon leurs sources et de présenter des analyses par secteur, le **Centre interprofessionnel technique d'études de la pollution atmosphérique (CITEPA)** a défini un format d'inventaire, dénommé SECTEN (Secteurs économiques et énergie) qui s'applique aux émissions nationales de toutes les sources de pollution atmosphérique, dont les COV.

Les critères de comptabilité, retenus pour établir ce format, visent à simplifier l'inventaire et son exploitation.

## Critères de comptabilité retenus

### Périmètre

Les émissions nationales concernent uniquement le territoire de la France métropolitaine. Les émissions de l'Outre-mer sont intégrées dans une analyse séparée complémentaire.

### Secteurs d'activité

Afin de faciliter la lecture des données, le format SECTEN a défini une répartition des activités humaines en 7 secteurs principaux :

1. énergie : extraction, transformation et distribution ;
2. industrie manufacturière, traitement des déchets, construction ;
3. résidentiel, tertiaire, commercial, institutionnel ;
4. agriculture, sylviculture, aquaculture ;
5. transport routier ;
6. modes de transport autres que routiers ;
7. UTCF : utilisation des terres, leur changement et la forêt.

### Période

La comptabilité des émissions de COV a débuté en 1988. Les données sont établies sur une année civile. Les mises à jour des inventaires sont annuelles en raison de l'évolution constante des émissions.

| Secteurs principaux | Sous-secteurs |
|---|---|
| 1. Extraction, transformation et distribution d'énergie | Production d'électricité |
| | Chauffage urbain |
| | Raffinage du pétrole |
| | Transformation des combustibles minéraux solides – mines |
| | Transformation des combustibles solides – sidérurgie |
| | Extraction des combustibles solides et distribution d'énergie |
| | Extraction des combustibles liquides et distribution d'énergie |
| | Extraction des combustibles gazeux et distribution d'énergie |
| | Extraction d'énergie et distribution autres (géothermie...) |
| | Transformation d'énergie autre (incinération de déchets avec récupération d'énergie) |
| 2. Industrie manufacturière, traitement des déchets, construction | Chimie organique, non-organique et divers |
| | Construction |
| | Matériels de transport, industrie mécanique, électrique, etc. |
| | Agro-alimentaire |
| | Métallurgie des métaux terreux |
| | Métallurgie des métaux non terreux |
| | Matériaux non-métalliques et matériaux de construction |
| | Papier, carton |
| | Traitement des déchets (hors récupération d'énergie) |
| | Autres secteurs de l'industrie et non spécifié |
| 3. Résidentiel, tertiaire, commercial, institutionnel | Résidentiel |
| | Tertiaire, commercial, institutionnel |
| 4. Agriculture, sylviculture et aquaculture | Culture |
| | Élevage |
| | Sylviculture |
| | Autres sources de l'agriculture (tracteurs, etc.) |
| 5. Transport routier | Voitures particulières diesel non catalysées |
| | Voitures particulières diesel catalysées |
| | Voitures particulières essence non catalysées |
| | Voitures particulières essence catalysées |
| | Voitures particulières GPL |
| | Véhicules utilitaires légers diesel catalysés |
| | Véhicules utilitaires légers diesel non catalysés |
| | Véhicules utilitaires légers essence catalysés |
| | Véhicules utilitaires légers essence non catalysés |
| | Poids lourds diesel |
| | Poids lourds essence |
| | Deux roues |
| 6. Modes de transports autres que routier | Transport ferroviaire |
| | Transport fluvial |
| | Transport maritime national |
| | Transport aérien national |
| 7. UTCF | Utilisation des terres, leur changement et la forêt |

Le présent guide est plus particulièrement dédié aux émissions du secteur « Industries manufacturières ».

# 2 Les chiffres des émissions de COV

Les chiffres de ce chapitre sont issus de l'inventaire CITEPA 2012 [format SECTEN], fondé sur les données de 2010, sauf les chiffres de la partie comparative entre les pays européens, fondés sur les données de 2009.

## Évolution des émissions de COV en France de 1990 à 2010

Soutenus par une politique réglementaire forte, des progrès considérables, tant au niveau scientifique que technologique, ont été réalisés, conduisant à une diminution des émissions de COVNM de **68 % sur la période 1990-2010**. Les émissions totales de COV sont en effet passées de **1 785 kt à 852 kt**, respectant ainsi largement le plafond fixé par la directive européenne 2001/81 sur les plafonds d'émissions nationaux pour 2010 (voir la partie E). La France est d'ailleurs passée en dessous de ce plafond (1 050 kt) dès 2007. En 2011, une estimation porte le total des émissions de COV à 799 kt.

Cette très forte diminution concerne la plupart des COV et tous les secteurs étudiés.

Les émissions totales comptabilisées s'élèvent en 2010 à 852 kt, réparties sur les 7 secteurs d'activités et 43 sous-secteurs (voir tableau « Secteurs principaux et sous-secteurs », au chapitre précédent).

Les émissions hors-total représentent près de 1,5 fois les émissions totales comptabilisées. Néanmoins, ce rapport peut varier selon les territoires : dans les régions fortement peuplées et industrialisées, les émissions issues des activités humaines deviennent majoritaires et correspondent le plus généralement aux COV les plus nocifs.

### À savoir

L'année 1988 est prise comme référence pour ce polluant en particulier. Elle est en effet l'année de référence du premier protocole sur la réduction des émissions de COV [Protocole de Genève 1991, voir la partie E] fixant pour la première fois un objectif de réduction des COV [-30 % entre 1988 et 1999].

### Détail des émissions hors-total

1 324 kt dont :
- trafic maritime international : 6,8 kt
- trafic aérien de croisière [> 1 000 m] : 2,1 kt
- agriculture [cultures] : 120,2 kt
- forêts et feux de forêts : 1 152,6 kt
- prairies naturelles : 42 kt

# Émissions nationales comparées de plusieurs pays européens en 2009

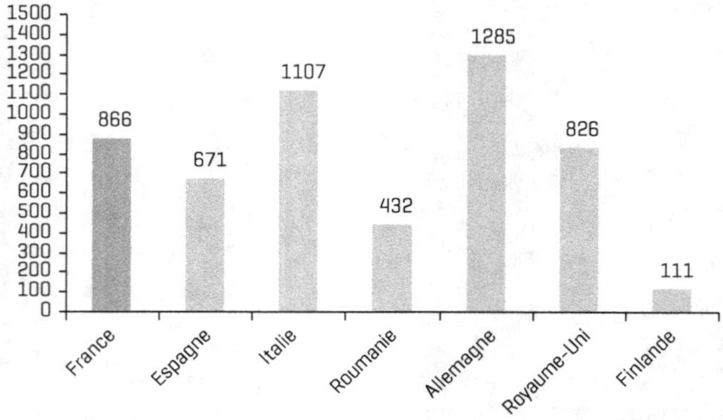


◄ Émissions de COV en 2009 en ktonnes

Parmi les exemples européens présentés dans ce graphique, la comparaison des émissions totales nationales fait ressortir trois catégories de pays :

- pays pour lesquels les émissions sont inférieures à 500 kt : Roumanie, Finlande ;
- pays pour lesquels les émissions sont inférieures à 1 000 kt : France, Royaume-Uni ;
- pays pour lesquels les émissions sont supérieures à 1 000 kt : Italie, Allemagne.

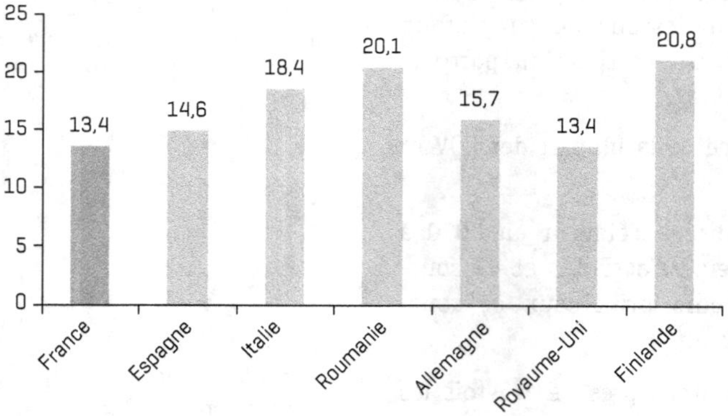


◄ Émissions de COV en 2009 en kg par habitant

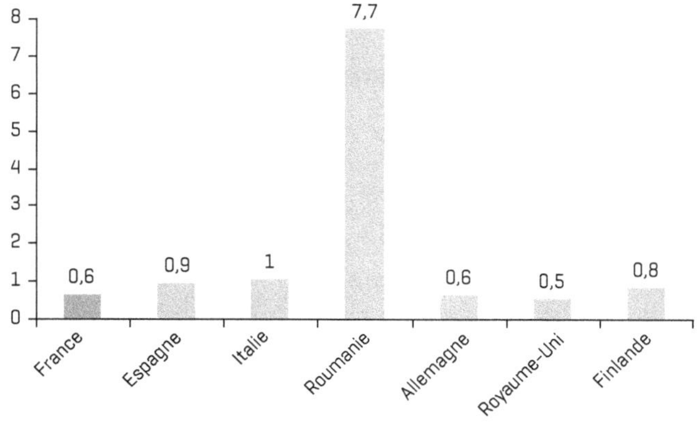


◄ Émissions de COV en 2009 rapportées au PIB, en g/€

Même si les émissions françaises sont, en valeur absolue, relativement élevées par rapport à d'autres pays européens, ces mêmes émissions rapportées à des indicateurs tels que le nombre d'habitants et le PIB placent la France dans une situation satisfaisante.

# 3 Répartition des émissions de COV en France

La baisse globale des émissions de COV en France résulte d'une diminution des émissions de tous les secteurs d'activité, mais dans des proportions variables. Ainsi la répartition des émissions par secteurs d'activité a-t-elle varié de façon significative depuis 1988.

### Rappel : notions de valeur absolue et valeur relative

Les données chiffrées peuvent s'exprimer de différentes façons :
- **en valeur absolue** : s'expriment en unités (de quantité, masse, etc.) ;
- **en valeur relative :** c'est-à-dire, en proportion par rapport à un ensemble (souvent exprimé en pourcentage).

On sera particulièrement vigilant quant à l'interprétation des résultats concernant les valeurs relatives des émissions de COV : en effet si la proportion prise par le secteur des industries manufacturières augmente sur les 20 dernières années, cela ne signifie pas qu'en termes quantitatifs sa valeur absolue ait aussi augmenté. La valeur relative exprime la proportion de ce secteur, devenue plus importante face à l'évolution à la baisse du secteur transport.

On constate deux grands changements :
- une très forte diminution de la part relative des émissions liées au **transport routier, qui passe de 43 % à 13 %** des émissions totales de COV ;
- une augmentation significative de la part relative :
  - du **résidentiel/tertiaire, de 26 % à 39 %**,
  - de **l'industrie manufacturière, de 24 % à 35 %** des émissions nationales de COV.

## Répartition des émissions de COV par secteurs d'activité

▼ Pourcentage d'émissions de COV par secteur en 1990

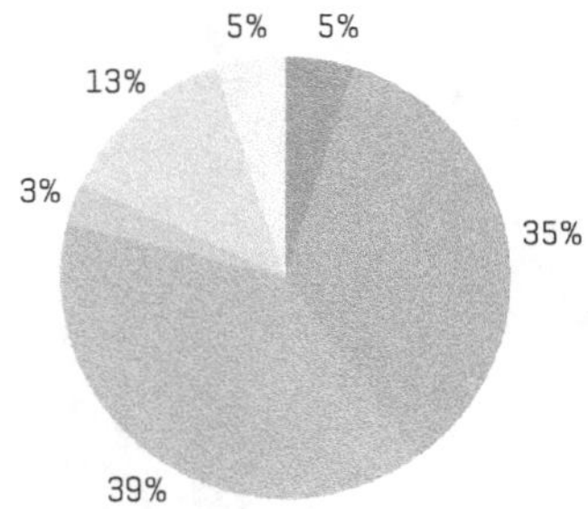


**Classement 1990**
**1** Transports routiers
**2** Résidentiel/Tertiaire
**3** Industries manufacturières

▼ Pourcentage d'émissions de COV par secteur en 2010

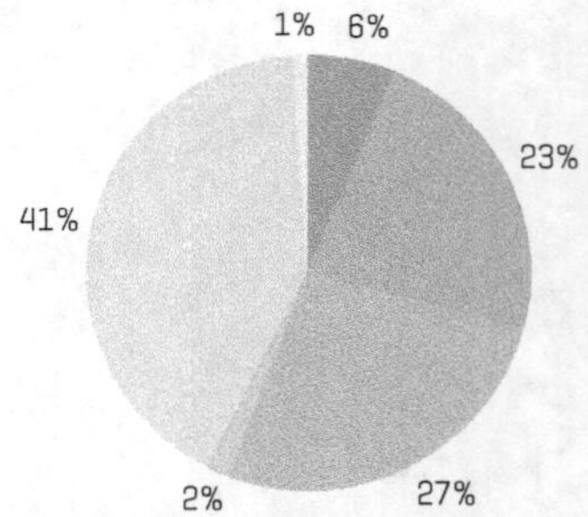


**Classement 2010**
**1** Résidentiel/tertiaire
**2** Industries manufacturières
**3** Transports routiers

- Énergie
- Industrie manufacturière
- Résidentiel /Tertiaire
- Agriculture
- Transport routier
- Autres transports

La part relative des autres secteurs - énergie, agriculture et autres transports - sur les émissions totales de COV n'a pas été ou peu modifiée.

## Transport routier

**Moins 90 % d'émissions dans ce secteur (-969 kt).** Les réductions des émissions proviennent essentiellement de l'introduction des pots catalytiques à partir de 1993, combinée à une pénétration des véhicules diesel et à la limitation des émissions par évaporation des véhicules essence. Cette réduction devrait se poursuivre dans les années à venir.

Évolution des émissions de COV en kilos tonnes [kt] par catégorie de véhicule

| | 1990 | 2010 |
|---|---|---|
| **Véhicules particuliers** | | |
| Essence, non catalysés | 887 | 12,7 |
| Essence, catalysés | 0,7 | 40,2 |
| Diesel, non catalysés | 14,3 | 2,3 |
| Diesel, catalysés | 0 | 5,7 |
| **Véhicules utilitaires** | | |
| Essence, non catalysés | 85,8 | 1,6 |
| Essence, catalysés | 0 | 1,8 |
| Diesel, non catalysés | 7 | 1,4 |
| Diesel, catalysés | 0 | 7,9 |
| **Poids lourds** | | |
| Diesel | 25,9 | 8,1 |
| Essence | 0,3 | 0,5 |
| **Deux-roues** | | |
| | 58,3 | 28,5 |

Même si toutes les catégories de véhicules participent à la forte diminution des émissions de COV du transport routier, celles-ci proviennent pour l'essentiel des véhicules particuliers essences catalysés.

## Énergie : production, transformation, distribution

En 2010, les émissions de COV du secteur « Production, transformation et distribution d'énergie » représentent 5 % des émissions de la France métropolitaine.

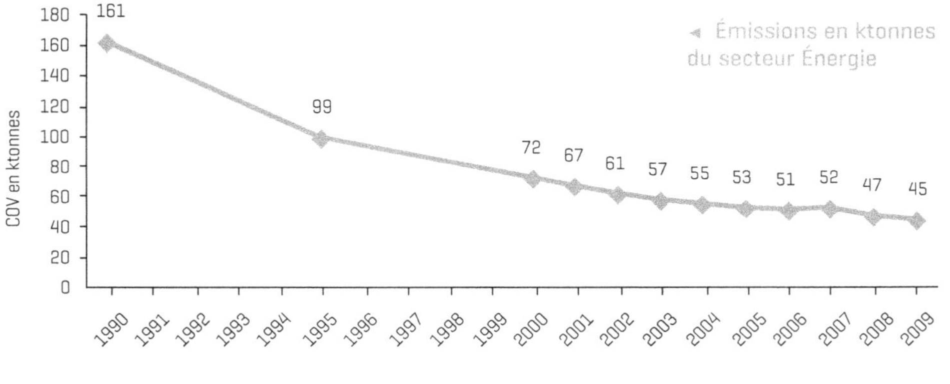

Les émissions de COV de ce secteur ont été **réduites de 73,5 % depuis 1990** (-118,6 kt). 82 % (98 kt) de cette baisse est imputable à la chaîne de distribution des combustibles liquides (de l'extraction à leur distribution) sous l'effet de la réglementation nationale et européenne, qui n'a cessé de se renforcer depuis 1986 :

- équipements de toits flottants ;
- systèmes de récupération de vapeur au niveau des cuves de stockage et des installations de volucompteurs pour les opérations de chargement et de déchargement (accompagnés, depuis janvier 2012, d'une information obligatoire sur l'appareil de distribution) ;
- maintenance et contrôles périodiques des cuves et volucompteurs.

Une réglementation a également été appliquée à partir de 2001 au niveau du ravitaillement des véhicules en stations-service et contribue également à la baisse des émissions. (Voir aussi la partie E : Stockage des hydrocarbures.)

## Résidentiel/tertiaire

Évolution des émissions de COV en ktonnes

| | 2009 | 2010 |
|---|---|---|
| Résidentiel | 655,2 | 328,9 |
| Tertiaire, commerce, institutionnel | 27,2 | 5,6 |

**Baisse significative des émissions mais premier émetteur en 2010.**

Dans le secteur résidentiel, cette évolution est due à l'amélioration des performances des équipements domestiques de chauffage au bois. Pour le tertiaire, moins générateur de COV, c'est la diminution des teneurs en solvants dans certains produits tels que les peintures et les colles qui a permis une forte baisse des émissions. Malgré ces diminutions, le secteur Résidentiel/tertiaire devient le plus gros contributeur au bilan national, avec 39 % des émissions nationales de COV.

## Industries manufacturières

**Baisse significative des émissions sur la période 1990-2010.**

En 2010, les principaux sous-secteurs de l'industrie manufacturière sont :

- la construction : 35,1 % ;
- les autres industries manufacturières : 27,2 % ;
- la chimie : 12,1 % ;
- l'agro-alimentaire : 10 % ;
- les biens d'équipements et matériels de transport : 8,9 %.

Le placement en seconde position du secteur des Industries manufacturières ne doit pas occulter le fait que la quantité des émissions de COV issues de ce secteur a néanmoins diminué de presque moitié, passant de 573,9 kt en 1990 à 292,3 kt en 2010. Cette diminution est essentiellement due à deux sous-secteurs :

- les autres industries manufacturières : -116 kt ;
- les biens d'équipement et matériel de transport : -82 kt.

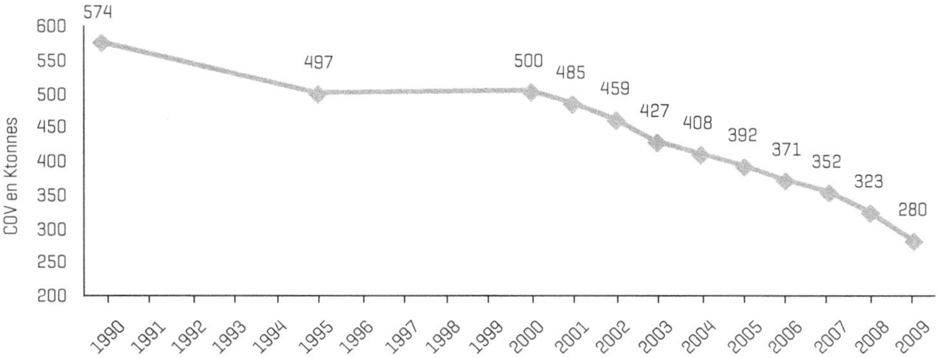


▲ Émissions en ktonnes du secteur Industrie manufacturière
(Source : d'après les chiffres SECTEN avril 2012)

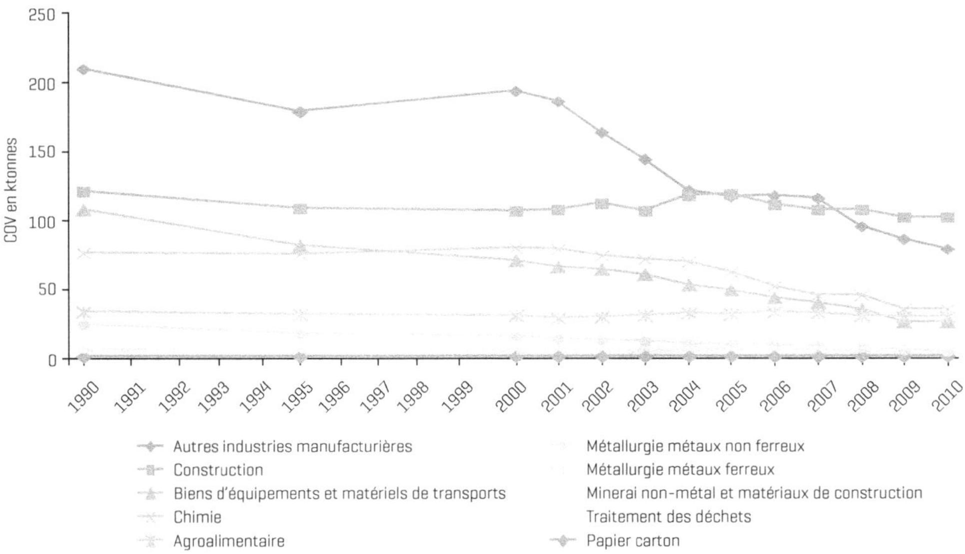


▲ Émissions en ktonnes des différents sous-secteurs
(Source : d'après les chiffres SECTEN avril 2011)

Les principales origines de cette baisse sont les suivantes :

- les activités d'application de peinture et l'imprimerie, en raison de :
  - la mise en œuvre de dispositifs de réduction des émissions (oxydateur, adsorption sur charbon actif) et de la substitution des produits fortement solvantés par des produits à plus faible teneur en solvant,
  - la fermeture de certains sites ;
- les activités de dégraissage des métaux suite à l'intégration progressive de machines plus hermétiques et à la substitution des produits chlorés utilisés.

La période où la baisse des émissions de COV issues de l'industrie manufacturière est la plus marquante est celle située entre 2008 et 2009 : –37 kt, soit une baisse de 10,5 %. Sur cette courte période, deux sous-secteurs peuvent principalement expliquer cette baisse :

- la chimie, en raison :
  - d'une baisse générale de l'activité liée à la crise économique,
  - de la mise en place de systèmes de traitement des émissions de COV sur plusieurs sites de fabrication de produits pharmaceutiques ;
- les autres industries manufacturières, avec :
  - l'imprimerie qui subit une baisse d'activité liée à la crise économique, au développement de nouveaux médias et à la prise en compte des contraintes environnementales conduisant à une réduction du recours aux supports imprimés,
  - la baisse de la consommation de peinture dans l'industrie.

C'est donc l'action de plusieurs facteurs combinés qui explique la diminution des émissions des COV sur les deux dernières décennies avec une accentuation sur 2008-2009. Ces facteurs peuvent être d'ordre :
- **économique** (régression de l'activité en temps de crise, fermeture de sites) ;
- **structurel** (développement des outils multimédia au détriment de l'imprimerie) ;
- **technologique** (dispositifs de réduction des émissions de COV et substitution par des produits moins solvantés).

### En savoir plus

En 2010, les principaux sous-secteurs de l'industrie manufacturière contribuant à plus de 5 % aux émissions nationales de COV sont par ordre d'importance :
- la construction : 35 % ;
- les autres industries manufacturières : 27 % ;
- les activités de revêtement (sur support métal, plastique, bois, etc.) et l'imprimerie d'emballages représentent plus de 60 % des émissions de COV du sous-secteur autres industries manufacturière ;
- d'autres activités comme le prélaquage en continu, le revêtement de fil de bobinage, le revêtement du cuir ou la fabrication de chaussures ont des émissions de COV faibles en raison du plus petit nombre d'installations, et pour d'autres, comme le prélaquage en continu, parce que les installations sont équipées de moyens très performants de traitement des effluents gazeux chargés de COV ;
- la chimie : 12,1 % ;
- l'agroalimentaire : 10 % ;
- les biens d'équipement et matériels de transport : 8,8 %.

## Répartition des émissions de COV par sources

En comparaison à d'autres polluants, les COV ont la particularité d'être émis par un grand nombre de sources réparties dans différentes activités industrielles, agricoles, artisanales, domestiques.

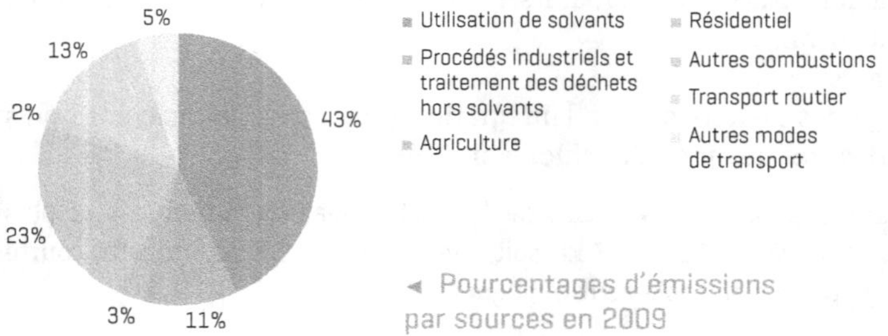


◄ Pourcentages d'émissions par sources en 2009

L'usage des solvants reste la source la plus fortement émettrice de COV, avec 43 % des émissions totales, au travers de diverses activités comme l'emploi de produits domestiques (peintures, colles, matériaux de décoration...), l'emploi de peintures et colles dans le bâtiment, l'imprimerie et l'industrie en général, pour n'en citer que les principales.

Dans le domaine de l'utilisation des solvants, il faut remarquer que les sources domestiques et artisanales sont devenues aussi importantes en termes d'émissions de COV que les sources industrielles.

Hors utilisation de solvants, les procédés industriels ainsi que certaines activités agro-alimentaires et artisanales contribuent pour 14,3 % de l'ensemble des COV rejetés dans l'atmosphère.

**La combustion dans le résidentiel contribue à hauteur de 23 % des émissions de COV en 2010.** La forte hausse de consommation de biomasse (consommée dans les inserts et les poêles) observée en 2010 par rapport à 2009 (+14 %) n'entraîne qu'une légère augmentation des émissions (+3 %). En effet, le renouvellement du parc des appareils de combustion, associé à l'amélioration de l'efficacité énergétique des appareils les plus récents, contribue à la diminution progressive des facteurs d'émission. Contrairement à d'autres polluants ou gaz à effet de serre, les émissions de COVNM ne suivent pas l'augmentation de la consommation.

## Répartition des émissions de COV par familles chimiques

Pour l'ensemble des secteurs, une caractérisation des émissions de COV par famille chimique a été déterminée pour près de 99 % des émissions totales en 2010 par le CITEPA (21 familles de composés organiques pour les 7 secteurs dits principaux).

Caractérisation des COV

| | |
|---|---|
| **Part des principaux COV pour l'ensemble des secteurs d'activité (en % sur les émissions totales en France métropolitaine)** | Alcanes : 31,5 %<br>Aromatiques : 20 %<br>Alcools : 15,3 %<br>Alcènes : 13,4 % |
| **Familles de composés les plus représentées dans les secteurs de l'industrie manufacturière, le traitement des déchets et la construction (en % sur les émissions totales en France métropolitaine dans ces secteurs)[1]** | Alcanes : 26 %<br>Alcools : 16,7 %<br>Aromatiques : 14,6 %<br>Alcènes : 11,3 % |
| **Contribution du secteur de l'industrie manufacturière par type de COV (en % sur les émissions totales françaises de ce secteur)** | Ester : 82,3 %<br>Dérivés de glycol : 81,3 %<br>Composés halogénés : 75,6 %<br>Cétones : 67,9 %<br>Alcools : 46,8 %<br>Composés aromatiques : 38,5 %<br>Phtalates et autres composés oxygénés : 87,1 % |

1. L'industrie manufacturière est la source la plus importante de styrènes, avec 90 % des émissions totales de la France métropolitaine pour lesquelles une spéciation a été déterminée.

| C |

# Les COV ont-ils un impact sur l'environnement ?

**1. Les COV, polluants directs de l'air** .................................... 34

Pour les végétaux

Par nuisances olfactives

**2. Les COV, précurseurs de l'ozone dans l'air**............................ 35

Rappel de la composition de l'atmosphère

Processus d'intensification de l'ozone par les COV

Impact de l'ozone sur l'environnement

# 1 Les COV, polluants directs de l'air

Dans l'atmosphère, les COV se dégradent et contribuent à perturber des équilibres chimiques avec pour conséquence la formation ou l'accumulation de composés nocifs dont l'ozone.
Dans un premier temps, l'impact des COV sur l'environnement en tant que polluant direct sera abordé pour se consacrer ensuite plus longuement à la contribution des COV en tant que précurseurs de l'ozone et à l'impact de ce dernier sur l'environnement.
Les COV constituent des éléments nocifs dans l'atmosphère et sont directement facteurs de pollution atmosphérique.

## Pour les végétaux

Comme tout polluant photochimique, les COV contribuent aux dégradations forestières en accentuant le pouvoir acidifiant des oxydes de soufre et d'azote ainsi qu'en accélérant leur oxydation en sulfates de nitrates.

## Par nuisances olfactives

Certains COV présentent un caractère odorant. La nuisance olfactive est reconnue comme nuisance environnementale[1]. Elle provoque essentiellement des litiges de voisinage.

L'industrie est une des principales sources de pollution olfactive qui relève le plus souvent d'Installations Classées pour la Protection de l'Environnement (ICPE). Le Ministère de l'écologie a recensé 37 branches industrielles concernées, dont les secteurs chimie, raffinerie, pétrochimie, papeterie, imprimerie, conserverie, huileries, matières plastiques, industries du bois...

### En savoir plus : exemples de composés odorants

Dans les secteurs de la production énergétique, l'industrie sidérurgique et chimique : hydrocarbures (entrepôts de stockage en particulier), aldéhydes (formaldéhyde, acétatedéhyde).
Dans le secteur agroalimentaire : acétate d'éthyle, chloroforme, toluène, benzaldéhyde et amines, alcools aliphatiques, cétones, dans les opérations de fermentation.

Lire aussi *Pollutions olfactives, origine, législation, analyse, traitement*, éditions Dunod, 2008.

1. Loi 96-1236 sur l'air et l'utilisation rationnelle de l'énergie (30/12/1996), reprise dans le Code de l'Environnement, Livre I, Article L.124-4 et Livre 2 Articles L.120-1 à L.128-2.

# 2 Les COV, précurseurs de l'ozone dans l'air

## Rappel de la composition de l'atmosphère

L'atmosphère est composée à 98 % d'air sec et à 2 % de vapeur d'eau. L'air sec est lui-même composé de 78 % d'azote, 21 % d'oxygène et pour le 1 % restant, de plusieurs gaz en quantités infimes tels que l'argon, le gaz carbonique, l'hydrogène, l'hélium...

L'enveloppe gazeuse est en réalité extrêmement mince par rapport au diamètre de la planète qu'elle entoure, soit environ 100 km d'épaisseur. Cette enveloppe est divisée en plusieurs zones différemment appelées selon leur distance par rapport à la Terre :

- **Jusqu'à 10 km au-dessus du sol, il s'agit de la troposphère** (de « tourbillon », *tropos* en grec). La troposphère, appelée également basse atmosphère, est perpétuellement brassée par les mouvements de l'air chauffé au contact du sol. C'est dans cette zone qu'ont lieu les phénomènes météorologiques que nous connaissons.
  C'est aussi dans cette zone qu'ont lieu les réactions chimiques provoquées entre autres par les COV et donnant lieu à la formation d'ozone. Dans cette région basse de l'atmosphère, l'ozone intensifie l'effet de serre en captant les infrarouges réfléchis par la surface de la Terre.
- **De 10 à 50 km au-dessus du sol, il s'agit de la stratosphère.** Formée par strates, elle est beaucoup plus stable que la troposphère. Dans cette région haute de l'atmosphère, l'ozone a un rôle protecteur contre les ultraviolets. Ainsi, le phénomène du « trou dans la couche d'ozone », révélé dans les années 80-90, a fait l'objet d'une sévère réglementation visant l'arrêt de l'utilisation des bombes aérosols et produits réfrigérants contenant les chlorofluorocarbones (CFC), cause de cette dégradation (voir encadré).

> C'est dans la troposphère qu'ont lieu les réactions chimiques provoquées par les COV.

### En savoir plus

La réglementation interdit la recharge et la maintenance d'équipements contenant des CFC depuis le 1er janvier 2001. Ils ont été progressivement remplacés par des hydrochlorofluorocarbures (HCFC) puis des hydrofluorocarbures (HFC) : le chlore a été substitué par de l'hydrogène moins persistant dans l'atmosphère. La recharge et la maintenance d'équipements contenant des HCFC sera également interdite au 1er janvier 2015. Quant aux HFC, en raison de leur rôle important dans l'effet de serre, leur utilisation pourrait aussi être plus fermement encadrée dès la fin des années 2010.
Le retour à la composition initiale en ozone de cette partie de l'atmosphère se situe à horizon 2050.
Ce guide ne traite pas des gaz fluorés dont la problématique est différente de celle des COV. De nombreux ouvrages et articles traitent de ce sujet.

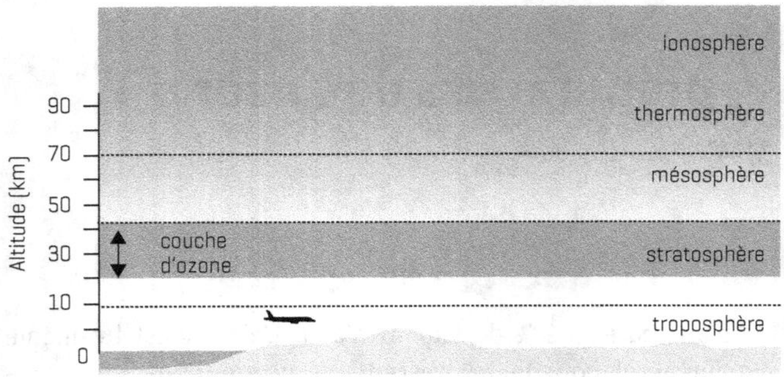


◂ Les différents niveaux de l'atmosphère

Le point commun entre ces deux régions de l'atmosphère, troposphère et stratosphère, est la présence de l'ozone. Or, dans la troposphère, l'ozone contribue au réchauffement climatique, alors que dans la stratosphère, il l'en protège. C'est pourquoi lorsqu'il est question d'ozone, il est important de bien faire cette distinction, entre le « bon » et le « mauvais » ozone.

▶ Les COV, en réagissant dans la troposphère, participent à l'augmentation du « mauvais » ozone.

## Processus d'intensification de l'ozone par les COV

L'ozone est présent naturellement dans l'air mais à des concentrations très faibles. Il a été découvert au XIXe siècle, période à laquelle il a définitivement été identifié comme constitué de trois atomes d'oxygène ($O_3$). Son odeur caractéristique en a inspiré son nom qui vient du grec *odzein*, sentir. Au siècle suivant, en 1930, l'astrophysicien Sydney Chapman en décrit le processus de formation. On parle désormais du « Cycle de Chapman ».

### L'ozone qui protège dans la stratosphère...

L'ozone stratosphérique se forme naturellement en trois étapes avec au départ une molécule d'oxygène qui réagit sous l'effet du puissant rayonnement solaire existant à ce niveau.

| | |
|---|---|
| **Étape 1** | L'énergie lumineuse dissocie la molécule de dioxygène qui se transforme en 2 atomes d'oxygène libres :<br>$O_2$ + lumière → $O^\bullet + O^\bullet$ |
| **Étape 2** | Un de ces atomes d'oxygène libre va entrer en collision avec une autre molécule de dioxygène $O_2$ et former une molécule composée de trois atomes d'oxygène : $O_3$ ; c'est l'ozone.<br>$O^\bullet + O_2 \rightarrow O_3$ |
| **Étape 3** | Toujours sous l'effet de la lumière, la molécule $O_3$ va être également dissociée en un nouvel atome d'oxygène et une molécule de dioxygène :<br>$O_3 \rightarrow O^\bullet + O_2$ |

Le cycle de Chapman peut continuer en faisant succéder naturellement formation et destruction de l'ozone.

## Pour mieux comprendre les rayonnements solaires

Les rayonnements solaires sont au centre de nombreuses réactions chimiques à l'origine de photopollution dont les COV sont très contributeurs.

30 % de ces rayonnements sont réfléchis vers l'espace (par les nuages principalement, les différentes couches de l'atmosphère ainsi que la Terre). Le reste est absorbé par la planète à travers ses continents et ses océans, puis finalement réémis vers l'espace sous forme de rayonnements infrarouges.

Il existe trois types de rayonnements qui arrivent du Soleil :

### 1. Les rayonnements ultraviolets, pour 10 %

Ce sont tous les rayons lumineux dont la longueur d'onde est inférieure à celle du violet, donc mesurant moins de 400 nanomètres. Le terme « ultra » correspond à la fréquence, le violet étant la couleur de fréquence la plus élevée de la lumière visible. On parle donc « d'ultra » violets.

Une grande partie est arrêtée par la couche d'ozone. Si l'ozone ne servait pas ainsi de bouclier protecteur pour la Terre, ces ultraviolets rendraient toute vie sur Terre impossible en raison de l'extrême chaleur qu'ils dégagent.

### 2. Les rayonnements sous forme de lumière visible, pour 40 %

L'œil humain perçoit uniquement les rayonnements dont la longueur d'onde est comprise entre 400 et 800 nanomètres.

### 3. Les rayonnements infrarouges, pour 50 %

Les infrarouges englobent tous les rayons lumineux dont la longueur d'onde est supérieure à celle du rouge, soit 800 nanomètres. En termes de fréquences, ces rayons lumineux sont inférieurs au rouge, on parle donc « d'infra » rouge.

### L'ozone qui pollue dans la troposphère...

L'ozone troposphérique provient naturellement à 10 % des échanges avec la zone stratosphérique et à 90 % de réactions photochimiques par la transformation, sous l'effet des rayonnements solaires, de composés chimiques, tel que le dioxyde d'azote ($NO_2$). Le cycle de Chapman se fait en trois étapes, à partir de $NO_2$.

| | |
|---|---|
| Étape 1 | Dissociation du dioxyde d'azote sous l'effet de la lumière.<br>$NO_2$ + lumière → $NO + O^\bullet$ |
| Étape 2 | L'atome d'oxygène libéré en étape 1 se combine avec du dioxygène, formant l'ozone :<br>$O^\bullet + O_2 \rightarrow O_3$ |
| Étape 3 | Réaction du monoxyde d'azote avec l'ozone (produit à l'étape 1) pour reformer le dioxyde d'azote qui réagira à nouveau sous l'effet de la lumière...<br>$NO + O_3 \rightarrow NO_2 + O_2$ |

En se dégradant, les COV provoquent de nombreuses réactions chimiques entraînant une perturbation de ce cycle.

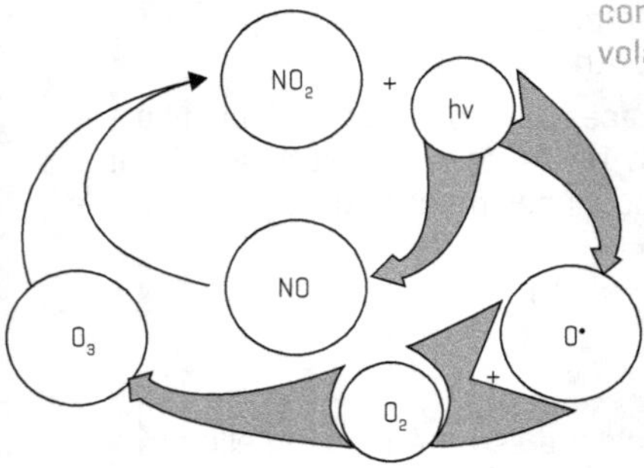


▲ Cycle de Chapman (à gauche)

► Perturbation du cycle de Chapman en présence de composés organiques volatils (à droite)

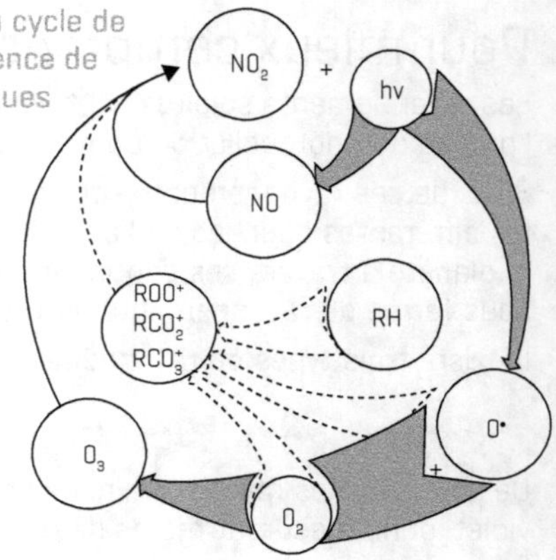


D'autres éléments participent à la dissociation des molécules $O_3$ : les radicaux hydroxydés (OH), azotés (NO), chlorés (Cl). Ces radicaux participent à un équilibre naturel dans l'atmosphère.

Mais des polluants, dont les COV, vont être à l'origine d'une forte perturbation de cet équilibre (ROO, $RCO_2$, $RCO_3$... "R" signifiant Radical). En se dégradant, ils provoquent, sous l'effet de la lumière, de nombreuses réactions photochimiques qui augmentent la production de $NO_2$ sans destruction d'ozone, entraînant ainsi une accumulation d'ozone. L'impact des COV dans la production d'ozone diffère selon leur composition.

Potentiel de création d'ozone photochimique (PCOP) de quelques COV

| Composé | PCOP |
|---|---|
| Éthylène (référence) | 100 |
| Éthane | 8 |
| Acétylène | 17 |
| Propane | 42 |
| Propylène | 103 |
| n-Butane | 41 |
| n-Pentane | 41 |
| n-Hexane | 42 |
| Benzène | 19 |
| Toluène | 56 |
| Formaldéhyde | 42 |
| Acétone | 18 |
| Méthanol | 12 |
| Éthanol | 27 |
| p-Xylène | 89 |
| Méthyléthylcétone | 47 |

Les PCOP fournis ici ont été déterminés par modélisation pour quelques COV dans les conditions du Royaume-Uni. Les PCOP sont d'autant plus élevés que le COV concerné est chimiquement réactif (source : annexe IV au protocole COV à la convention de Genève sur la pollution transfrontière et à longue distance).

## Impact de l'ozone sur l'environnement

### Impact sur le climat

La surproduction d'ozone provoque un effet de serre additionnel : la part relative de l'ozone dans l'effet de serre additionnel est estimée entre 10 et 20 %, et le doublement des concentrations d'ozone dans la troposphère pourrait accroître la température moyenne de 1 °C.

### Pour mieux comprendre l'effet de serre

La température moyenne de la Terre dépend principalement de son bilan énergétique entre l'énergie reçue des rayonnements solaires et celle qu'elle émet sous forme de rayonnement infrarouge.

Les gaz à effet de serre ont pour propriété d'absorber une partie des rayons infrarouges en bloquant leur évacuation vers l'espace. Restant ainsi dans la partie basse de l'atmosphère, les rayons infrarouges réchauffent la Terre.

L'effet de serre est d'abord un phénomène naturel qui permet à la Terre de bénéficier d'une température de 15 °C alors qu'en son absence, elle chuterait dans un premier temps à -18 °C puis, avec l'extension des surfaces glacées en raison de cette température, elle s'établirait probablement autour de -50 °C.

L'effet de serre dont il est question dans la lutte contre le réchauffement climatique est en fait l'effet de serre additionnel, principalement dû aux gaz issus des activités humaines.

### Impact sur les végétaux

L'ozone est un oxydant puissant qui réagit directement avec les composés chimiques présents à la surface des cellules végétales (parois et membranes). Les niveaux de sensibilité sont différents selon les espèces.

Les symptômes sont également différents selon les espèces mais pour toutes, l'attaque de l'ozone se fait principalement sur les feuilles les plus âgées et entre les nervures des feuilles les plus exposées à la lumière. Cela se traduit par une coloration brune des feuilles de la partie supérieure du feuillage.

De façon générale, l'ozone peut altérer la résistance des végétaux, provoquer des lésions spécifiques, accélérer leur vieillissement, diminuer leur productivité et entraîner des baisses de rendement en agriculture, perturber la photosynthèse : les arbres absorbent naturellement le $CO_2$ par photosynthèse et la détérioration des cellules de l'épiderme des feuilles sous l'effet de l'ozone entraîne un ralentissement de la croissance et donc une réduction des capacités à capter le $CO_2$. Une photosynthèse réduite signifie donc moins de $CO_2$ stocké, plus de $CO_2$ libéré dans l'atmosphère et par conséquent accentuation du réchauffement climatique (le $CO_2$ étant un des principaux gaz à effet de serre).

### En savoir plus

**Espèces cultivées les plus sensibles** : avoine, blé, haricot, pomme de terre, radis, tomate, tabac (le tabac BelW3, très sensible est parfois utilisé comme bio-indicateur de l'ozone)...
**Espèces forestières les plus sensibles :** pin, sapin, mélèze d'Europe, érable, frêne, charme, noisetier, hêtre, chêne sessile, sureau, robinier...

## Sur la matière

D'autres effets de l'ozone sur l'environnement peuvent être recensés, comme l'accélération de la dégradation des matériaux, en particulier le plastique, générant de fines particules dans l'atmosphère.

| D |

# Les COV ont-ils un impact sur la santé ?


**1. Air extérieur : effets des COV en tant que polluants secondaires** ....... 43

**2. Air intérieur professionnel : effets directs des COV en tant que polluants primaires** ....... 45

Toxicité aiguë et toxicité chronique

Les COV les plus nocifs : cancérogènes, mutagènes, reprotoxiques (CMR)

**3. Une classification rigoureuse** ....... 48

Généralités sur la classification des substances dangereuses (dont les COV)

Évolution de la classification des substances dangereuses

Conditions d'application du règlement CLP (Classification Labelling Packaging)

**4. Réglementation renforcée pour les COV cancérogènes, mutagènes et reprotoxiques (CMR)** ....... 52

CMR et règlement CLP

CMR et Code du travail

Synthèse de la classification pour tous les agents CMR

**5. Les données disponibles concernant les effets sur la santé** ....... 58

Les fiches techniques du fabricant

Les fiches de données de sécurité (FDS)

Les fiches toxicologiques (FT) éditées par l'INRS

La santé humaine est liée à l'environnement : « le thème "Santé-Environnement" recouvre l'ensemble des interactions entre l'homme et son environnement et les effets sur la santé liés aux conditions de vie [exposition dans le cadre de la vie privée ou professionnelle] et à la contamination des différents milieux : eau, air, sol » [Plan national santé environnement].

Les COV ont au final un double effet sur la santé : les effets de l'ozone, en tant que précurseurs de ce gaz, et leurs effets directs en tant que substance toxique jusqu'à des niveaux de gravité extrêmes qui justifient une classification rigoureuse.

L'impact direct des COV sur la santé se situe à plusieurs niveaux. Ce guide étant consacré aux émissions des COV de l'industrie, il sera question des effets sur la santé en milieu professionnel.

# 1 Air extérieur : effets des COV en tant que polluants secondaires

Dans ce cadre, les COV interviennent en tant que « polluants secondaires », c'est-à-dire par transformation chimique, en l'occurrence, par leur transformation en ozone.

## Les effets de l'ozone sur la santé

Gaz peu soluble mais très réactif, l'ozone pénètre facilement et profondément dans l'appareil respiratoire. Il peut entraîner des irritations du nez, de la gorge, des altérations de la fonction pulmonaire, des essoufflements et des toux. Il aggrave également les crises d'asthme.

Les effets de l'ozone sont variables selon les concentrations en jeu. Cependant, même à très faible concentration, ils peuvent être ressentis et peuvent se manifester par :

- de l'essoufflement, une sensation d'oppression ;
- de la toux, le dessèchement de la gorge ;
- une fatigue extrême, des nausées et maux de tête ;
- une difficulté, voire une incapacité à dormir, à se concentrer ;
- une irritation des yeux.

À forte dose, une désoxygénation du sang peut intervenir, cause de cyanose (coloration bleue de la peau), accompagnée de difficultés respiratoires.

### En savoir plus

Des niveaux réglementaires sont fixés pour la santé humaine (Directive 2008/50/CE du 21 mai 2008 concernant la qualité de l'air ambiant et un air pur pour l'Europe).

Niveaux établis de l'ozone pour la santé humaine :

**Objectif de qualité :** 120 µg/m$^3$ pour le maximum journalier de la moyenne sur 8 heures (pendant une année civile).

**Valeur cible :** 120 µg/m$^3$ pour le maximum journalier de la moyenne sur 8 heures à ne pas dépasser plus de 25 jours par année civile (en moyenne sur 3 ans).

**Seuil d'alerte :** 240 µg/m$^3$ en moyenne horaire.

**Seuils d'alerte pour la mise en œuvre de mesures d'urgence :**

- seuil 1 : 240 µg/m$^3$ pendant 3 heures consécutives ;
- seuil 2 : 300 µg/m$^3$ moyenne horaire pendant 3 heures consécutives ;
- seuil 3 : 360 µg/m$^3$ en moyenne horaire.

## Pour mieux comprendre les valeurs et les seuils

- Objectif de qualité

Un niveau à atteindre à long terme et à maintenir (sauf lorsque cela n'est pas réalisable par des mesures proportionnées) afin d'assurer une protection efficace de la santé humaine et de l'environnement dans son ensemble.

- Valeur cible

Un niveau à atteindre, dans la mesure du possible, dans un délai donné, et fixé afin d'éviter, de prévenir ou de réduire les effets nocifs sur la santé humaine ou l'environnement dans son ensemble.

- Valeur limite

Un niveau à atteindre dans un délai donné et à ne pas dépasser, et fixé sur la base des connaissances scientifiques afin d'éviter, de prévenir ou de réduire les effets nocifs sur la santé humaine ou sur l'environnement dans son ensemble.

(Attention : ne pas confondre avec les Valeurs limites d'exposition définies dans le Code du travail.)

- Seuil d'information et de recommandation

Un niveau au-delà duquel une exposition de courte durée présente un risque pour la santé humaine de groupes particulièrement sensibles au sein de la population et qui rend nécessaire l'émission d'informations immédiates et adéquates à destination de ces groupes et des recommandations pour réduire certaines émissions.

- Seuil d'alerte

Un niveau de concentration de substances polluantes dans l'atmosphère au-delà duquel une exposition de courte durée présente un risque pour la santé humaine ou de dégradation de l'environnement, à partir duquel des mesures d'urgence doivent être prises.

# 2 Air intérieur professionnel : effets directs des COV en tant que polluants primaires

Dans ce cadre, les COV interviennent en tant que « polluants primaires », c'est-à-dire qu'ils sont directement polluants dès lors qu'ils sont émis par une source donnée.

## Toxicité aiguë et toxicité chronique

Les voies de pénétration dans l'organisme des COV, et plus particulièrement des solvants organiques, sont essentiellement le fait d'inhalations, mais elles peuvent aussi être un contact cutané, voire une ingestion. On distingue deux types de toxicité : la toxicité aiguë et la toxicité chronique :

- **la toxicité aiguë est liée à une exposition à forte dose sur un laps de temps court.** Les effets peuvent alors être fonctionnels ou lésionnels. Dans ce cas, les circonstances de la toxicité aiguë sont le plus souvent accidentelles ;
- **la toxicité chronique est liée à une exposition à faible dose mais sur une longue période.** L'effet sur l'organisme n'est pas immédiat, mais provoque immanquablement des lésions.

Dans un premier temps, seront abordés les effets des solvants, qui constituent la majeure partie des COV, selon l'une ou l'autre des toxicités. En effet, les propriétés chimiques des solvants organiques expliquent leur utilisation dans de nombreux secteurs d'activité. Employeurs et salariés doivent connaître les solvants utilisés par l'entreprise, leurs dangers et les moyens de les prévenir dans le respect de la réglementation.

Dans un deuxième temps, nous aborderons les COV les plus nocifs, ceux classés « CMR » pour « Cancérogène, Mutagène et Reprotoxique ».

### À savoir

- Après une exposition aux COV, l'élimination est généralement rapide pour une grande partie des quantités inhalées, mais l'élimination totale se fait sur le long terme ce qui induit une possible accumulation dans l'organisme [Ashley & Prah, 1997].
- Les solvants [monocomposés ou mélanges d'hydrocarbures] sont le plus souvent lipophiles, c'est-à-dire qu'ils réagissent fortement en présence de lipides et se dirigent principalement vers les tissus adipeux, d'où la sensibilité accrue chez des personnes en surpoids [Le Cloirec, 1998].
- L'exposition aux solvants est en particulier dangereuse pour les femmes enceintes car ils ne sont pas arrêtés par la barrière placentaire et peuvent atteindre le fœtus.
- L'odeur est une notion subjective. Une odeur faible ne signifie pas forcément faible nocivité et inversement.

Les risques liés à l'utilisation des solvants en fonction du type d'exposition
(d'après tableau INRS, www.inrs.fr)

| Risques pour la santé | En cas d'exposition aiguë | En cas d'exposition chronique |
|---|---|---|
| Atteinte de la peau et des muqueuses | ▪ Irritation des peaux et des muqueuses<br>▪ Brûlures (variables selon la durée du contact) | ▪ Peau des mains sèche, rêche et crevassée (en l'absence de protection adaptée)<br>▪ Dermatoses, voire eczéma.<br>(l'atteinte de la peau peut favoriser la pénétration dans l'organisme d'autres substances toxiques). |
| Atteinte des voies respiratoires | ▪ Irritation des voies aériennes supérieures (bouche, nez, pharynx, larynx) | |
| Atteinte du système nerveux | ▪ Manifestations ébrio-narcotiques (sensation d'ivresse, vertiges, maux de tête, nausée, qui disparaissent au bout de quelques heures).<br>▪ En cas d'exposition massive : troubles de la conscience (anesthésie, somnolence, voir coma).<br>En général, dès lors que la personne atteinte est retirée de l'ambiance toxique, les symptômes disparaissent sans séquelle. | ▪ Désordres neurologiques et psychiatriques graves réunis sous le terme de « psycho-syndrome organique aux solvants » (POS), parmi les symptômes : fatigue, troubles du sommeil, difficultés de concentration, irritabilité, tendance dépressive, diminution de la dextérité manuelle... |
| Atteinte cardiaque | Les solvants chlorés et fluorés peuvent perturber le rythme cardiaque.<br>▪ arytmies pouvant apparaître dans les 48 heures qui suivent l'exposition massive (rare en milieu professionnel). | |
| Action sur le sang | | Solvant le plus dangereux : le benzène, (strictement réglementé)<br>Certains éthers de glycol et plusieurs solvants azotés sont aussi soupçonnés d'être hématoxiques. |
| Atteinte du foie ou des reins | | Organes cibles privilégiées en raison de leur rôle métabolique dans l'organisme :<br>▪ nécroses du foie ou des reins chez des sujets exposés à des solvants polyhalogénés (contenant plusieurs atomes de brome, chlore, fluor ou iode) ou des solvants azotés.<br>▪ cas d'insuffisance rénale |
| Effets sur la reproduction | | ▪ L'exposition à des concentrations élevées de solvants chez les femmes augmente les risques de retard de conception, fausse couche, retard de croissance intra-utérine et favorise un faible poids à la naissance. (les solvants passent la « barrière placentaire »). Cas des femmes enceintes ou allaitant : article D. 4152-10 du Code du travail).<br>▪ Risques également chez l'homme de troubles génitaux (organes et fonctionnement) |
| Concérogénécité | | ▪ Nombreux solvants métabolisés par le foie cancérogènes chez l'homme.<br>(Le benzène et le 2-nitropropane sont cependant les seuls solvants reconnus cancérogènes pour l'homme par l'Union européenne.) |

## Les COV les plus nocifs : cancérogènes, mutagènes, reprotoxiques [CMR]

**Pour mieux comprendre les CMR**

**C** comme **cancérogène** : substance, mélange ou procédé pouvant provoquer l'apparition d'un cancer ou en augmenter la fréquence.
**M** comme **mutagène** : produit chimique qui induit des altérations de la structure ou du nombre de chromosomes des cellules. Les chromosomes sont les éléments du noyau de la cellule qui portent l'ADN. L'effet mutagène est une étape initiale dans le développement d'un cancer.
**R** comme **reprotoxique** [toxique pour la reproduction] : produit chimique pouvant altérer la fertilité de l'homme ou de la femme, ou altérer le développement de l'enfant à naître [avortement spontané, malformation...].

Les relations entre émissions locales de COV et l'incidence de certains cancers ont été observées et concernent particulièrement certains types de cancers : système nerveux, système endocrinien, peau...

Si les effets cancérigènes de certains COV sont établis (par exemple le benzène), les données sont insuffisantes pour d'autres. Cependant, un consensus basé sur de nombreuses études et expériences permet d'établir leur nocivité avérée. C'est pourquoi les substances considérées sont classées selon une graduation nuancée tenant compte du niveau de mise en évidence de leur caractérisation en CMR (voir la classification des COV CMR au chapitre suivant).

Les COV-CMR sont à l'origine de maladies professionnelles reconnues. Des tableaux de maladies professionnelles sont établis pour le Régime général de la Sécurité sociale et le Régime agricole. Deux tableaux des maladies professionnelles (84 pour le régime général, 48 pour le régime agricole) recensent certaines affections en relation avec les effets communs des solvants. D'autres tableaux prennent en compte des risques spécifiques à certains solvants.

Exemples de références de maladies professionnelles [Source INRS]

| | |
|---|---|
| RG 3 | Intoxication professionnelle par le tétrachloroéthane |
| RG 4 | Hémopathies provoquées par le benzène et tous les produits en renfermant |
| RG 4bis | Affections gastro-intestinales provoquées par le benzène, le toluène, les cylènes et tous les produits en renfermant |
| RG 11 | Intoxication professionnelle par le tétrachlorure de carbone |
| RG 12 | Affections professionnelles provoquées par les hydrocarbures aliphatiques halogénés |
| RG 22 | Sulfocarbonisme professionnel |
| RG 59 | Intoxication professionnelle par l'hexane |
| RG 74 | Affections professionnelles engendrées par le furfural et l'alcool furfurylique |

# 3 Une classification rigoureuse

La classification a pour objectif d'identifier les dangers que peuvent présenter les produits chimiques. Cette classification est répercutée sur l'étiquetage des produits afin que tout utilisateur soit informé de la nature du produit et des précautions à prendre.

## Généralités sur la classification des substances dangereuses (dont les COV)

La classification d'une substance ou d'un mélange reflète le type et le niveau de danger de la substance ou du mélange, c'est-à-dire les risques potentiels pour les êtres humains ou l'environnement.

Les produits chimiques les plus dangereux sont identifiés au travers d'une classification réglementaire qui permet de mettre en avant les risques liés à l'utilisation de ces produits. Cette classification évolue essentiellement en raison :

- de l'avancement des recherches sur la nocivité de certains produits ;
- de l'élévation du niveau d'exigence de protection de la santé humaine ;
- des objectifs d'harmonisation aux niveaux européen et mondial.

Afin de bien situer le fonctionnement de la classification en vigueur qui bénéficie d'une application progressive jusqu'en 2015, il est intéressant d'en situer le contexte d'élaboration.

## Évolution de la classification des substances dangereuses

Depuis 2009, les entreprises doivent s'adapter à un nouveau règlement de classification et d'étiquetage des produits dangereux, le Règlement CLP (pour Classification Labelling and Packaging of substances and mixtures) avec une perspective d'application complète et définitive en 2015.

Le règlement CLP émane de plusieurs étapes établies aux niveaux mondial et européen.

### 1992-2005 : élaboration du Système général harmonisé (SGH)

Partant du principe qu'un produit présente les mêmes dangers pour la santé humaine quel que soit le pays où il est fabriqué ou utilisé, la nécessité de mettre en place un système harmonisé de classification et d'étiquetage des produits dangereux a été soulevée dès le Sommet de la Terre de Rio en 1992.

Le SGH a ainsi été élaboré au niveau international sous l'égide des Nations unies présentant un ensemble de recommandations de classification et de communication des dangers.

La première version des recommandations du SGH a été adoptée par le Conseil économique et social des Nations unies en 2003, puis révisée en 2005.

## 2007 : Application du Règlement européen REACH (pour Registration, Evaluation, Autorisation and restriction of CHemicals substances)[1]

REACH instaure la nouvelle politique européenne de gestion des substances chimiques qui repose sur quatre axes d'action :

- l'enregistrement,
- l'évaluation,
- l'autorisation,
- la restriction,

des substances chimiques. Il vise à :

- assurer un niveau élevé de protection de la santé humaine et de l'environnement,
- inciter la substitution de substances dangereuses par des substances ou des technologies plus respectueuses de l'environnement et la santé.

> Depuis la mise en œuvre de REACH, c'est à l'entreprise qu'incombe la responsabilité de démontrer que les substances peuvent être fabriquées, utilisées et détruites sans entraîner de risques pour la santé humaine et l'environnement.

### Références

Règlement CE N° 1907/2006 et Directive 2006/121/CE du Parlement européen et du Conseil du 18/12/2006 modifiant la directive 67/548/CEE du conseil. Publication au JO du 30/12/2006.

## 2009 : Entrée en vigueur du règlement CLP et programmation de sa mise en œuvre sur 6 ans (2009-2015)

Le Règlement CLP décrit les nouvelles règles de classification, d'étiquetage et d'emballage des produits chimiques. C'est lui qui en 2015 s'appliquera à tous les produits remplaçant le système de classification et d'étiquetage préexistant.

> **Rappel**
> Système de classification précédent le CLP : DSD/DPD pour « Dangerous Substance Directive/Dangerous Preparation Directive ».

### Références

CLP : Règlement (CE) N° 1272/2008 relatif à la classification, à l'étiquetage et à l'emballage des substances et des mélanges. Publication au JOUE le 31/12/208, entrée en vigueur le 20/01/2009.

1. Les sigles utilisés correspondent le plus souvent à la dénomination en anglais des différents dispositifs.

## Conditions d'application du règlement CLP (Classification Labelling Packaging)

### Qui doit appliquer le règlement CLP ?

En tant que règlement, il s'applique directement, sans transposition, par arrêté dans le droit national. Le CLP concerne tous les acteurs : fabricant, importateur, utilisateur et distributeur de produits chimiques.

### Quels produits concerne-t-il ?

Le CLP s'applique aux substances et aux mélanges.

**Définitions**

**Substance :** élément chimique et ses composés, tel qu'il se présente à l'état naturel ou tel qu'il est obtenu par tout procédé de production, contenant éventuellement tout additif nécessaire pour préserver la stabilité du produit et toute impureté résultant du procédé (source inrs.fr). Exemples : éthanol, acide chlorhydrique...
**Mélange :** le CLP remplace le terme « préparation » par celui de « mélange ». Le mélange est composé de deux substances ou plus. Exemples : détergents, peintures, vernis, huiles graisses, etc.

### Quelles sont les échéances de sa mise en place ?

Les échéances d'application du CLP sont différentes selon qu'il s'agit d'une substance ou d'un mélange. L'application des nouvelles règles d'étiquetage est obligatoire :

- pour les substances, depuis le 1er décembre 2010 (sauf dispense particulière),
- pour les mélanges, au 1er juin 2015 et optionnelle avant cette date.

### Ce qui change avec le règlement CLP : avant/après

#### 1) Les « catégories de danger » deviennent les « classes de danger »

Les changements permettent d'organiser de façon plus pertinente la nature des dangers : les catégories de dangers sont désormais désignées comme classes de dangers elles-mêmes divisées en catégories correspondant au degré du danger.

| Avant | Après |
|---|---|
| **15 catégories de dangers** dont la catégorie CMR<br>Chacune des catégories C-M-R est divisée en 3 catégories selon le niveau d'évidence de la dangerosité. | **28 classes de dangers**<br>1 classe pour chaque CMR, chacune subdivisée en 2 catégories. |

Le nombre de classes de danger pour la santé est de 10 et leur nature est exprimée de façon plus précise :

1. toxicité aiguë ;
2. corrosion cutanée/irritation cutanée ;
3. lésions oculaire graves/irritation oculaire ;
4. sensibilisation respiratoire ou cutanée ;
5. mutagénicité sur les cellules germinales ;

6. cancérogénicité ;

7. toxicité pour la reproduction ;

8. toxicité spécifique pour certains organes cibles (exposition unique) ;

9. toxicité spécifique pour certains organes cibles (exposition répétée) ;

10. danger par aspiration.

## 2) Les pictogrammes de danger changent de forme et de couleur

| Avant | Après |
| --- | --- |
| image forme carrée – couleur jaune/noir + lettre et qualificatif du danger | image forme losange – couleur blanc/rouge |
|  T - Toxique |  |

## 3) Les « phrases de risque » deviennent les « mentions de danger »

Leur rôle est d'exprimer plus précisément le type de danger.

| Avant | Après |
| --- | --- |
| Codifié par la lettre R suivie d'un nombre (1 à 64). | Codifié par la lettre H suivie d'un nombre (déclinaison de 200 pour les dangers physiques, 300 les dangers pour la santé humaine, 400 pour l'environnement). |

## 4) Les conseils de prudence augmentent

Les conseils de prudence indiquent la conduite à tenir en prévention ou en cas d'accident.

| Avant | Après |
| --- | --- |
| Dits aussi « phrases de sécurité », ils sont codifiés par la lettre S suivi d'un nombre (1 à 62). | Les conseils de prudence sont augmentés (environ 140) et répartis selon 5 thématiques. Conseils de prudence :<br>- généraux,<br>- de prévention,<br>- d'intervention,<br>- de stockage,<br>- d'élimination.<br>Ils sont codifiés par la lettre P associé à un nombre. |

### Références des textes réglementaires

- Directive N° 67/548/CEE et DPD : Directive N° 1999/45/CE. Les deux directives ont été transposées en droit français par 2 arrêtés : arrêté du 20 avril 1994 pour les substances et arrêté du 9 novembre 2004 pour les préparations.
- Règlement (CE) N° 1272/2008 relatif à la classification, à l'étiquetage et à l'emballage des substances et des mélanges. Publication au JO de l'Union européenne le 31/12/2008, entrée en vigueur le 20/01/2009.

# 4 Réglementation renforcée pour les COV CMR

Les agents CMR constituent 3 classes de danger distinctes :
- la classe de dangers cancérogène,
- la classe de dangers mutagène,
- la classe de dangers reprotoxique.

Dans chacune de ces classes sont différenciées des catégories 1 et 2 et pour la catégorie 1, une déclinaison en deux hypothèses, 1A et 1B, permettant de caractériser le niveau d'évidence des résultats des études (études chez l'animal (in vivo), études toxicologiques (in vitro).

## CMR et règlement CLP

### Cancérogène (Cancérogénicité – Code Carc.[1])

- **Catégorie 1 :** cancérogènes avérés ou présumés pour l'être humain. La classification en :
  - **1A** correspond à un **potentiel cancérogène avéré** pour l'être humain,
  - **1B** correspond à un **potentiel cancérogène supposé** pour l'être humain.
- **Catégorie 2** : substances à la cancérogénicité suspectée : la classification en catégorie 2 repose sur des résultats d'études humaines et/ou animales, mais insuffisamment convaincants pour classer la substance dans la catégorie 1A ou 1B.

### Mutagène (Mutagénécité sur les cellules germinales – Code Muta[2])

- **Catégorie 1 :** substances dont la capacité d'induire des mutations héréditaires est avérée ou considérée comme telle pour l'être humain. La classification en :
  - **1A** est fondée sur des résultats positifs provenant d'études épidémiologiques humaines,
  - **1B** est fondée sur des essais in vivo de mutagénicité héréditaire ou sur des essais montrant les effets mutagènes de substances sans que le facteur héréditaire n'ait pu être établi.
- **Catégorie 2 :** substances préoccupantes par le fait qu'elles pourraient induire des mutations héréditaires dans les cellules germinales chez l'être humain.

### Reprotoxique (toxicité pour la reproduction – Code Repr.[3])

- **Catégorie 1 :** Substances avérées ou présumées toxiques pour la reproduction humaine. La classification en :
  - **1A** correspond à une toxicité avérée pour la reproduction humaine ;
  - **1B** correspond à une toxicité présumée pour la reproduction humaine.

1. Tableau 3.6.3 du règlement CLP. Éléments d'étiquetage pour la cancérogénicité. À noter : La dénomination entre parenthèses est celle utilisée dans le règlement CLP.
2. Tableau 3.5.3 du règlement CLP. Éléments d'étiquetage pour les agents mutagènes.
3. Tableau 3.7.3 du règlement CLP. Éléments d'étiquetage attribués aux toxiques pour la reproduction.

- **Catégorie 2 :** Substances suspectées d'être toxiques pour la reproduction humaine. Les résultats d'études ne sont pas suffisamment probants pour justifier une classification en catégorie 1, mais les substances considérées font apparaître un effet indésirable sur la fonction sexuelle et la fertilité ou sur le développement.

## CMR et Code du travail

Les dispositions du Code du travail renforcent la réglementation pour les CMR aux articles R.4412-15, R.4412-16, R.4412-59.

### Rappel pour l'ensemble des substances dangereuses

Le Code du travail prévoit :

- **la suppression, substitution ou réduction du risque :** « Le risque que présente un agent chimique dangereux pour la santé et la sécurité des travailleurs doit être supprimé. Lorsque la suppression du risque est impossible, ce dernier est réduit au minimum par la substitution d'un agent chimique dangereux par un autre agent chimique ou par un procédé non dangereux ou moins dangereux » ;
- **la réduction du risque :** lorsque la substitution d'un agent chimique dangereux n'est pas possible au regard de la nature de l'activité et de l'évaluation des risques, le risque est réduit au minimum par la mise en œuvre de mesures appropriées visant à :
  - éviter ou réduire le plus possible l'émission d'agents chimiques dangereux sur le lieu de travail,
  - assurer une protection collective efficace (bonne ventilation, organisation du travail),
  - disposer de moyens et d'équipements de protection individuels.

### Pour les substances cancérogènes, mutagènes, reprotoxiques

Le Code du travail est contraignant et impose à l'employeur la recherche de substitution qui prévaut sur toutes les autres mesures de réduction du risque (Article R.4412-59 et suivants).

#### Références et texte réglementaires

- Directive 90/394/CEE du 28 juin 1990, concernant la protection des travailleurs contre les risques liés à l'exposition à des agents cancérogènes au travail.
- Directive 1999/38/CE du 29 avril 1999 : Agents mutagènes.
- Décret n° 2001-97 du 1er février 2001 : Agents cancérogènes, mutagènes et reprotoxiques.

### Valeur limite d'exposition professionnelle

La Valeur limite d'exposition professionnelle (VLEP) d'un agent chimique représente la concentration dans l'air que peut respirer une personne pendant un temps de référence déterminé, concentration au-dessous de laquelle le risque d'altération de la santé est négligeable.

## Objectif

La VLEP vise la protection des travailleurs contre les effets néfastes pour leur santé d'une exposition à des agents chimiques dangereux.

## Contenu

Elle fixe des limites pour l'exposition par inhalation, telle que cette exposition, même répétée régulièrement tout le long de la vie professionnelle, n'entraîne à aucun moment des effets néfastes pour la santé des travailleurs.

Il s'agit de la limite de la moyenne pondérée en fonction du temps, de la concentration d'un agent chimique dangereux dans l'air de la zone de respiration d'un travailleur au cours d'une période de référence déterminée. Au niveau réglementaire la période de référence est soit 8 heures (VLEP 8 heures), soit 15 minutes (VLEP court terme).

## Vigilance

Le respect des valeurs limites d'exposition professionnelle n'implique pas l'absence de risques :

- l'état des connaissances scientifiques est en perpétuelle évolution ;
- les valeurs ne sont valables que pour un produit unique ;
- seule la pénétration dans l'organisme par la voie respiratoire est prise en compte dans la méthodologie de calcul ;
- le contrôle de concentration d'un agent chimique sur les lieux de travail doit être réalisé selon une méthodologie rigoureuse pour éviter toute erreur. Elle est d'autant plus délicate pour les mélanges complexes comme les solvants hydrocarbonés.

**À savoir**

La voie d'exposition dominante prise en compte est celle correspondant à l'inhalation. Cependant, avec l'intensification de l'usage des substances chimiques ces 50 dernières années, la prise en compte de l'exposition cutanée par les VLEP est admise sous certaines conditions : la mention « peau » est attribuée aux substances pour lesquelles il est possible de mettre en évidence une absorption cutanée significative par rapport à la voie pulmonaire.

**En savoir plus sur les VLEP**
DMT n° 124, TC133, téléchargeable sur le site www.inrs.fr

Si ni la suppression, ni la substitution ne peuvent être réalisées, des valeurs limites d'exposition professionnelle ont été prévues par le ministère du travail. Ces VLEP doivent être appliquées (elles sont soit contraignantes, si fixées par décret, soit indicatives, si fixées par arrêté).

Mais elles ne constituent qu'un objectif minimal de prévention des risques pour la santé des travailleurs : l'objectif de réduction des expositions doit être maximal. Ainsi, la suppression et la substitution de toute substance chimique dangereuse restent les mesures de prévention prioritaires.

**Exception**

Pour certaines substances il n'existe pas de seuil en deçà duquel l'exposition ne présente aucun risque.

**Références des textes réglementaires**

- Décret 2009-1570 (mis à jour au 31/12/2012).
- Code du Travail Chapitre II section 4 Risques chimiques/sous-section 2 Contrôle des VLEP Art. R 4722-12 et R 4722-13.
- Circulaire DGT 2010/03 du 13 avril 2010 relative au contrôle du risque chimique sur les lieux de travail. Objectif : rationaliser la réglementation relative aux contrôles techniques permettant de mesurer l'exposition des travailleurs aux agents chimiques dangereux.

## Synthèse de la classification pour les agents CMR

### Correspondance de classification entre le système DSD/DPD et le Règlement CLP

Depuis janvier 2009, le CLP est progressivement mis en application et modifie les repères et habitudes des entreprises. Ce changement est rendu plus délicat en raison de la coexistence, pendant un certain temps, de deux systèmes européens de classification. De plus, les échéances d'application sont différentes selon qu'il s'agit d'une substance seule ou de plusieurs substances mélangées.

Classification des substances CMR dans le règlement CLP

| Classe de danger | Catégories | Mentions de danger | Libellés des mentions de danger |
|---|---|---|---|
| **Muta. Mutagénicité sur les cellules germinales** | 1A ou 1B | H340 | Peut induire des anomalies génétiques (Indiquer la voie d'exposition s'il est formellement prouvé qu'aucune autre voie d'exposition ne conduit au même danger) |
| | 2 | H341 | Susceptible d'induire des anomalies génétiques (Indiquer la voie d'exposition s'il est formellement prouvé qu'aucune autre voie d'exposition ne conduit au même danger) |
| **Carc. Cancérogénicité** | 1A ou 1B | H350 | Peut provoquer le cancer (Indiquer la voie d'exposition s'il est formellement prouvé qu'aucune autre voie d'exposition ne conduit au même danger) |
| | | H350i | Peut provoquer le cancer par inhalation |
| | 2 | H351 | Susceptible de provoquer le cancer (indiquer la voie d'exposition s'il est formellement prouvé qu'aucune autre voie d'exposition ne conduit au même danger) |
| **Repr. Toxicité pour la reproduction** | 1A ou 1B | H360 | Peut nuire à la fertilité ou au fœtus (indiquer l'effet s'il est connu) (Indiquer la voie d'exposition s'il est formellement prouvé qu'aucune autre voie d'exposition ne conduit au même danger) |
| | | H360F | Peut nuire à la fertilité |
| | | H360D | Peut nuire au fœtus |
| | | H360FD | Peut nuire à la fertilité. Peut nuire au fœtus |
| | | H360Fd | Peut nuire à la fertilité. Susceptible de nuire au fœtus |
| | | H360Df | Peut nuire au fœtus. Susceptible de nuire à la fertilité |
| | 2 | H361 | Susceptible de nuire à la fertilité ou au fœtus (indiquer l'effet s'il est connu) (Indiquer la voie d'exposition s'il est formellement prouvé qu'aucune autre voie d'exposition ne conduit au même danger) |
| | 2 | H361 | Susceptible de nuire à la fertilité ou au fœtus (indiquer l'effet s'il est connu) (Indiquer la voie d'exposition s'il est formellement prouvé qu'aucune autre voie d'exposition ne conduit au même danger) |
| | | H361f | Susceptible de nuire à la fertilité |
| | | H361d | Susceptible de nuire au fœtus |
| | | H361fd | Susceptible de nuire à la fertilité. Susceptible de nuire au fœtus |
| | Lact. | H362 | Peut être nocif pour les bébés nourris au lait maternel |

Tableau de correspondance entre le système DSD/DPD et le règlement CLP pour tous les cas possibles

| Système DSD/DPD | | Règlement CLP | |
|---|---|---|---|
| **Catégorie de danger** | **Phrase de risque** | **Classe de danger** | **Mention de danger** |
| Canc. Cat. 1 | R45 | Carc. 1A | H350 |
| Canc. Cat. 1 | R49 | Carc. 1A | H350i |
| Canc. Cat. 2 | R45 | Carc. 1B | H350 |
| Canc. Cat. 2 | R49 | Carc. 1B | H350i |
| Canc. Cat. 3 | R40 | Carc. 2 | H351 |
| Mutag. Cat. 2 | R46 | Muta. 1B | H340 |
| Mutag. Cat. 3 | R68 | Muta. 2 | H341 |
| Repr. Cat. 1 | R60 | Repr. 1A | H360F |
| Repr. Cat. 1 | R61 | Repr. 1A | H360D |
| Repr. Cat. 1 | R60 - R61 | Repr. 1A | H360FD |
| Repr. Cat. 2 | R60 | Repr. 1B | H360F |
| Repr. Cat. 2 | R61 | Repr. 1B | H360D |
| Repr. Cat. 2 | R60 - R61 | Repr. 1B | H360FD |
| Repr. Cat. 3 | R62 | Repr. 2 | H361f |
| Repr. Cat. 3 | R63 | Repr. 2 | H361d |
| Repr. Cat. 3 | R62 - R63 | Repr. 2 | H361fd |
| Repr. Cat. 1<br>Repr. Cat. 2 | R60<br>R61 | Repr. 1A | H360FD |
| Repr. Cat. 1<br>Repr. Cat. 2 | R61<br>R6 | Repr. 1A | H360FD |
| Repr. Cat. 1<br>Repr. Cat. 3 | R60<br>R63 | Repr. 1A | H360Fd |
| Repr. Cat. 1<br>Repr. Cat. 3 | R61<br>R62 | Repr. 1A | H360Df |
| Repr. Cat. 2<br>Repr. Cat. 3 | R60<br>R63 | Repr. 1B | H360Fd |
| Repr. Cat. 2<br>Repr. Cat. 3 | R61<br>R62 | Repr. 1B | H360Df |

Quelques exemples de COV couramment rencontrés dans l'industrie et classés CMR

| COV | Système DSD/DPD | | Règlement CLP | |
|---|---|---|---|---|
| | **Catégorie de danger** | **Phrase de risque** | **Classe de danger** | **Mention de danger** |
| **Acétaldéhyde** | Canc. Cat. 3 | R40 | Carc. 2 | H351 |
| **Benzène** | Canc. Cat. 1 | R45 | Carc. 1A | H350 |
| | Mutag. Cat. 2 | R46 | Muta. 1B | H340 |
| **Dichlorométhane** | Canc. Cat. 3 | R40 | Carc. 2 | H351 |
| **Formaldéhyde** | Canc. Cat. 3 | R40 | Carc. 2 | H351 |
| **N-hexane** | Repr. Cat. 3 | R62 | Repr. 2 | H361f |
| **Tétrachloroéthylène** | Canc. Cat. 3 | R40 | Carc. 2 | H351 |
| **Toluène** | Repr. Cat. 3 | R63 | Repr. 2 | H361d |
| **Trichloroéthylène** | Canc. Cat. 2 | R45 | Carc. 1B | H350 |
| | Mutag. Cat. 3 | R68 | Muta. 2 | H341 |

# 5 Les données disponibles concernant les effets sur la santé

À la vue de ces informations, il apparaît indispensable de prendre les plus grandes précautions avant toute manipulation ou exposition à ces composés et de consulter toutes les informations disponibles sur un produit dont l'emploi est envisagé.

## Les fiches techniques du fabricant

Elles donnent des informations sur les conditions de mise en œuvre d'un produit et parfois sur certaines propriétés physico-chimiques.

## Les fiches de données de sécurité (FDS)

Elles définissent les conditions d'utilisation et les mesures de gestion du risque afin d'assurer une protection de la santé et de l'environnement. Elles constituent un élément essentiel pour faire circuler l'information entre les différents acteurs (fabricant, distributeur, utilisateur entreprise et travailleur).

La fiche de données de sécurité doit être mise à disposition gratuitement par le fabricant et est obligatoire en cas de substance classée dangereuse, très préoccupante, persistante ou bioaccumulable.

**Attention**

Même si les substances sont soumises au règlement CLP depuis 2010, la classification des substances dans les FDS continue à être référencée sur la base du système DSD jusqu'en 2015. À partir du 1er juin 2015, toutes les FDS seront mises à jour selon le Règlement CLP.

## Les fiches toxicologiques (FT) éditées par l'INRS

Elles constituent une synthèse de l'information disponible, avec notamment :
- les caractéristiques et utilisations de la substance,
- les pictogrammes de dangers (mise en parallèle des deux systèmes DSD/DPD et règlement CLP),
- les Valeurs limites d'exposition professionnelle (VLEP),
- les méthodes de détection et de détermination dans l'air,
- les effets sur la santé humaine,
- les dangers physiques (explosion, incendie), etc.

Au deuxième trimestre 2012, 287 fiches toxicologiques étaient disponibles.

**Attention**

- L'absence de classification ou d'étiquetage ne signifie pas absence de danger.
- La classification des COV peut évoluer.

Il est donc important de se tenir informé des évolutions de la réglementation et de consulter toute source d'information en amont de l'utilisation d'un produit.

## À consulter

- Institut national de recherche et de sécurité (INRS) : www.inrs.fr, rubrique Accueil > Produits et services > Bases de données > Fiches toxicologiques
- Institut national de l'environnement industriel et des risques (INRIS) : www.ineris.fr, rubrique accueil > Rapports d'étude > toxicologie et environnement > Fiches de données toxicologiques et environnementales des substances chimiques
- Fiches CMR de www.substitution-cmr.fr
- Centre international de recherche sur le cancer (CIRC) : www.iarc.fr

E

# Est-ce que mon entreprise doit réduire ses émissions de COV ?


**1. La naissance de la réglementation sur les COV** ........................ 63

Dans les années 80

De la fin des années 80 au début des années 90

**2. Les protocoles internationaux** ........................................ 64

1991 – Protocole de Genève : Pollution atmosphérique transfrontière longue distance

1999 – Protocole de Göteborg : Réduction de l'acidification, l'eutrophisation et de l'ozone troposphérique

**3. La réglementation européenne**.......................................... 65

1996 – Prévention et réduction intégrées de la pollution

1999 – Réduction des émissions de composés organiques volatils dues à l'utilisation de solvants organiques

2001 – Fixation de plafonds d'émissions

2004 – Réduction des émissions de composés organiques volatils dues à l'utilisation de solvants organiques dans certains vernis et peintures et dans les produits de retouche de véhicules

2010 – Prévention et réduction des émissions industrielles

**4. La réglementation nationale**............................................ 75

Arrêté ministériel du 2 février 1998

**5. Cas spécifique du stockage des hydrocarbures**........................ 82

Réglementation nationale

Réglementation européenne

Caractéristiques du parc français des stations-service

*« Les COV représentent un réel problème en raison de l'augmentation de leur utilisation en milieu industriel, mais aussi domestique. La réglementation en vue de limiter leur teneur à l'émission dans les sites industriels, et de façon générale dans les locaux recevant du public, devient de plus en plus pressante. »*

Voilà ce que rapportait, en 1998, Pierre Le Cloirec dans son ouvrage Les COV dans l'environnement[1]. Depuis, la réglementation a été développée : au niveau européen des étapes essentielles ont été franchies conduisant à la définition de valeurs limites d'émissions, la détermination de teneurs en COV dans les peintures et vernis, la fixation d'un plafond national d'émission pour tous les États membres.

Des progrès significatifs de réduction des émissions de COV ont été réalisés au fil de cette réglementation. Rappelons que les émissions de COV, tous secteurs confondus, ont diminué de 68 % entre 1998 et 2009.

En 2009, le Grenelle de l'Environnement a fait émerger le Plan national santé environnement (PNSE2) qui prévoit des mesures spécifiques visant à la réduction des émissions industrielles de COV notamment ceux classés CMR (cancérogènes, mutagènes, reprotoxiques).

Depuis 2012, la réglementation s'est élargie avec l'obligation d'étiquetage des matériaux de construction et de décoration destinés au public et la surveillance de la qualité de l'air dans les établissements sensibles (crèches, écoles, centres de loisirs, etc[2].).

Les efforts de réduction des émissions industrielles de COV s'intègrent ainsi dans une démarche générale prenant en compte de façon plus évidente les problématiques Environnement et Santé, santé au travail et santé publique. Même si cette réglementation est de plus en plus contraignante, elle est aujourd'hui accompagnée par le développement de technologies de substitution et de réduction plus appropriées et éprouvées avec un potentiel de progrès prometteur pour les technologies émergentes.

1. Éditions Lavoisier, « Tec & doc », 1998.
2. Décret publié le 2 décembre 2011.

# 1 La naissance de la réglementation sur les COV

## Dans les années 80

Suite au dépérissement des forêts européennes, un rapport sur la pollution photo-oxydante est publié à l'initiative de la France[1]. La responsabilité des COV dans la formation de l'ozone troposphérique est clairement exposée et des propositions sont émises pour lutter contre la pollution photochimique, au niveau national et européen.

Les premiers travaux mettent en avant les principaux secteurs émetteurs pour lesquels des actions spécifiques sont nécessaires : les transports ainsi que l'utilisation industrielle et domestique de produits à base de solvants.

Dès 1985, des actions ciblant les principaux secteurs d'émissions de COV sont mises en place en ciblant :

- le stockage des hydrocarbures, avec un objectif de réduction des émissions des hydrocarbures de 30 % à l'horizon 2000,
- les activités utilisatrices de solvants (imprimerie, peinture, nettoyage à sec, dégraissage des métaux).

Ces initiatives françaises vont être appuyées par les accords internationaux et la réglementation communautaire, pour être encore renforcées au niveau national.

## De la fin des années 80 au début des années 90

En 1986, une première coopération franco-allemande dans le cadre de la Convention sur la pollution atmosphérique transfrontière à longue distance prépare les bases techniques d'un protocole sur la limitation des émissions de COV et leurs flux transfrontaliers.

1. Rapport VALROFF-1984.

# 2 Les protocoles internationaux

## 1991 – Protocole de Genève : Pollution atmosphérique transfrontière longue distance

Ratifié par la France en 1997, le Protocole de Genève du 18 novembre 1991 vise la lutte contre les émissions de plusieurs polluants atmosphériques et leurs flux transfrontières, dont les COV et les oxydants photochimiques secondaires qui en résultent.

Plusieurs moyens sont mis en œuvre :
- définition de normes nationales et internationales ;
- limitation de l'utilisation de composants susceptibles d'émettre des COV dans les produits à usage industriel ou domestique ;
- recherche axée sur les produits ou sur la modification des procédés (substitution des COV, récupération et recyclage, destruction) ;
- surveillance.

L'objectif de réduction des émissions de COV est fixé à 30 % entre 1988 et 1999.

## 1999 – Protocole de Göteborg : Réduction de l'acidification, l'eutrophisation et de l'ozone troposphérique[1]

Ratifié par la France en 2005, le Protocole de Göteborg du 1er décembre 1999 est dit « multi-polluants/multi-effets » :
- **il concerne plusieurs polluants :** le dioxyde de soufre ($SO_2$), les oxydes d'azote (NOx) et l'ammoniac ($NH_3$) responsables de l'acidification et de l'eutrophisation et les émissions de composés organiques volatils (COV), qui, avec les NOx, sont responsables de l'accumulation de l'ozone dans la basse atmosphère ;
- **il prend en considération les effets sur l'environnement et sur la santé.**

Les moyens mis en œuvre consistent en la fixation de plafonds d'émissions mesurés en rejets massiques absolus et non plus en pourcentage de réduction par rapport à une année de référence. Des révisions de plafonds d'émission sont prévues.

**À savoir : un nouveau plafond d'émission fixé pour la France à 702 kt en 2020**

- Un 1er objectif a été fixé pour 2010 à 1 100 kilos tonnes d'émissions de COV à ne pas dépasser en 2010 [objectif atteint par la France avec 852 kt d'émissions à cette date].
- Un second objectif a été fixé lors de la révision du protocole adoptée le 4 mai 2012 : le nouveau plafond COV pour la France est fixé à 702 kt à l'horizon 2020 [soit une réduction de 43 % par rapport à 2005, la nouvelle année de référence. Durant cette année 1 232 kt ont été émises].

1. Internationalité du protocole. Étant donné le caractère transfrontière de la pollution à l'origine de l'acidification, de l'eutrophisation des sols et de la formation d'ozone dans la basse atmosphère, une action coordonnée au niveau international était nécessaire. C'est pourquoi le protocole de Göteborg a été élaboré dans le cadre de la Commission économique pour l'Europe des Nations Unies (CEE-NU) réunissant l'Europe, les États-Unis et le Canada.

# 3 La réglementation européenne

Le Conseil et le Parlement ou bien la Commission seule adoptent des directives émanant elles-mêmes des protocoles et autres accords internationaux, avec pour but l'harmonisation des législations des États membres. Ceux-ci transposent la directive dans leur législation nationale, dans un délai le plus souvent fixé dans la directive.

La réglementation sur la réduction des émissions de COV se compose donc d'une succession de directives complémentaires transposées en droit français sous la forme d'arrêtés ou d'ordonnances. La particularité française est d'avoir quasiment précédé la réglementation européenne en publiant dès 1998, un arrêté concernant la limitation des émissions dans les Installations classées pour la protection de l'environnement (ICPE). Celui-ci a donc été modifié par la suite au fur et à mesure de l'évolution de la réglementation européenne.

Avant de décrire l'évolution et les apports des textes successifs, l'articulation entre réglementation européenne et réglementation française en vigueur en 2012 est résumée dans le schéma suivant.

Émissions de COV : réglementations européenne et nationale à respecter

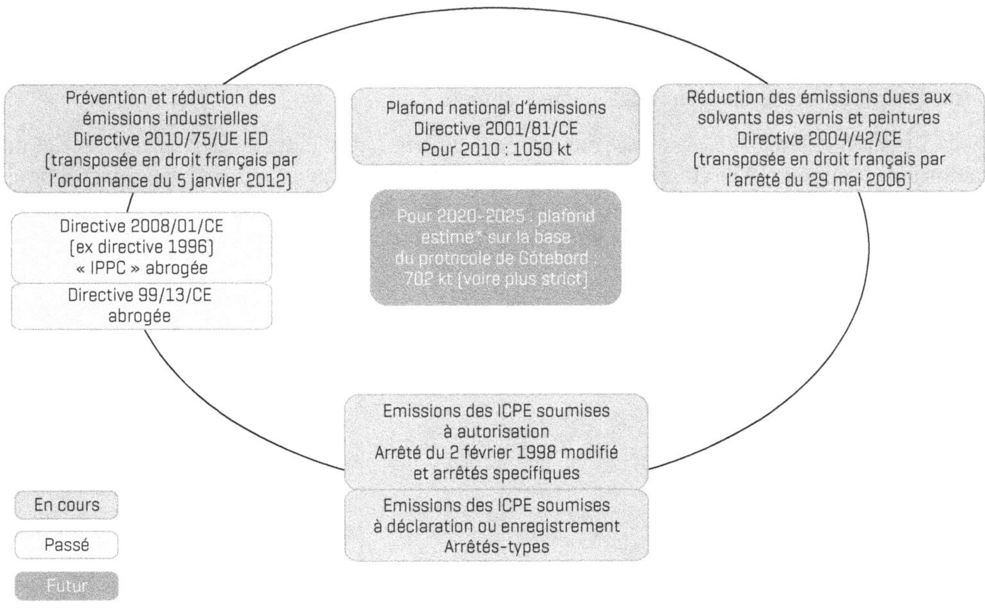

## 1996 – Prévention et réduction intégrées de la pollution

**Directive 1996/61/CE dite « IPPC »** (*Integrated Pollution Prevention and Control*) relative à la Prévention et la réduction intégrées de la pollution.

La directive 1996/61/CE a été codifiée[1] par la directive de 2008/1/CE. Celle-ci a été abrogée par la directive 2010/75/UE (présentée ci-après). Les principes directeurs sont inchangés et même renforcés et le champ d'application élargit.

Cette directive a pour objectif d'harmoniser à l'échelle européenne les règles d'autorisation et de contrôle des installations industrielles[2] à fort potentiel de pollution (activités énergétiques, production et transformation des métaux, industrie minérale, industrie chimique, gestion des déchets). Environ 52 000 installations sont ainsi concernées dans l'Union européenne.

Pour cela les conditions d'autorisation doivent comporter des niveaux d'émission basées sur les Meilleures techniques disponibles (MTD[3]), c'est-à-dire la capacité de l'exploitant à mettre en œuvre les pratiques et techniques les plus appropriées afin d'éviter, ou de réduire, les émissions de polluants.

En parallèle de cette exigence, la directive prévoit la rédaction de plusieurs documents de références aux Meilleures techniques disponibles pour une trentaine de secteurs d'activités (raffinerie, chimie organique grand volumes, chimie fine organique, traitement de surface utilisant des solvants...).

## 1999 – Réduction des émissions de composés organiques volatils dues à l'utilisation de solvants organiques

**La directive 1999/13/CE**, relative à la réduction des émissions de composés organiques volatils dues à l'utilisation de solvants organiques dans certaines activités et installations, est une étape majeure dans le processus réglementaire européen de lutte contre la pollution atmosphérique et de réduction des risques pour la santé.

Si la Directive 1996/61/CE est axée sur un type de site (sites industriels à fort potentiel de pollution), celle de 1999 élargit son champ d'application à des activités et des installations de toutes tailles et surtout, cible une catégorie de produits, marquant ainsi la volonté d'intervenir largement et de façon efficace sur les produits les plus émissifs.

1. rédigée de façon à la rendre plus lisible et accessible en y intégrant les modifications réalisées.
2. et également agricoles.
3. On parle alors de « niveaux d'émissions associés » aux MTD qui sont en fait les prémices des Valeurs limites d'émission.

### Secteurs d'activité concernés par la directive

13 secteurs d'activité (dont la retouche automobile) sont concernés et développés dans le détail (voir Annexe I de la directive).

- Revêtement adhésif
- Activité de revêtement
- Laquage en continu
- Nettoyage à sec
- Fabrication de produits pharmaceutiques
- Impression
- Conversion de caoutchouc
- Nettoyage de surface
- Extraction d'huiles végétales et de graisses animales et raffinages d'huiles végétales
- Retouches de véhicules
- Revêtement de fil de bobinage
- Imprégnation de surface en bois
- Stratification de bois et de plastique

La directive de 1999 mentionne déjà la nécessaire substitution, ou au minimum, la réduction des produits dangereux visés et anticipe les perspectives de progrès technologiques dans le domaine :

> *« Considérant que les émissions de composés organiques peuvent être évitées ou réduites dans de nombreuses activités et installations, car on dispose, ou on disposera au cours des prochaines années, des substituts moins nocifs ; que dans le cas où les substituts adéquats ne sont pas disponibles, d'autres mesures techniques devraient être prises pour réduire les émissions dans l'environnement, dans toute la mesure où cela est techniquement possible et réalisable. »*

Afin de délimiter son champ d'application, elle fixe les secteurs d'activité visés, les seuils de consommation annuelle en solvants (exprimée en kilos tonnes) : toute installation ou activité présentant une consommation annuelle de solvants supérieure au seuil fixé entre dans les champs d'application de la Directive 1999/13/CE. (Voir les seuils à l'Annexe IIA de la directive).

Le caractère majeur de cette directive est également dû au fait qu'elle introduit de nouvelles notions essentielles pour la mise en œuvre de l'objectif de réduction à savoir :

- **Les valeurs limites d'émission (VLE)** avec la distinction entre VLE canalisées, VLE diffuses et VLE totales.
- La mise en œuvre d'un **plan de gestion des solvants (PGS)** qui constitue un outil d'identification de l'ensemble des flux de solvant entrant et sortant d'une installation. Le PGS est à la fois, pour l'exploitant, un dispositif en interne afin de mieux maîtriser les émissions de COV liées aux solvants, et pour les autorités, un instrument de contrôle du respect de certaines valeurs limites d'émission.

> Toute dérogation aux VLE pour les composés CMR est interdite et des valeurs spécifiques leur sont attribuées.

- La possibilité de mettre en place un **schéma de maîtrise des émissions (SME)**, en alternative à l'application des valeurs limites d'émission. La directive ouvre la possibilité d'une

adaptation aux différentes situations des entreprises afin d'éviter tout blocage. Ainsi, la contrainte de réduction peut s'appliquer à un flux global annuel d'émissions et non plus à des flux individualisés par source. En effet, le non-respect d'une valeur limite par l'une des installations pourrait bloquer tout le processus de mise en conformité d'un site, et provoquer la réticence des industriels à s'engager dans des efforts de réduction.
Mais si l'application des valeurs limites d'émission peut bénéficier de dérogations, le résultat final de réduction doit être le même que si elles avaient été appliquées. En deux mots : souplesse sur la méthode mais fermeté sur le résultat.

La directive 1999/13/CE propose ainsi une palette d'outils essentiels à la réduction des émissions dues aux solvants. Le texte est modifié en 2004 pour introduire des dispositions concernant les produits de l'activité de retouche sur véhicule. Elle sera abrogée et refondue dans la Directive IED en 2010 mais son contenu reste inchangé.

## 2001 – Fixation de plafonds d'émissions

**La directive 2001/81/CE du 23 octobre 2001 dite « NEC » (*National Emission Ceilings*)** fixe des plafonds d'émission nationaux pour certains polluants atmosphériques dont les COV.

Transposée en droit français par arrêté du 8 juillet 2003, cette directive est la transposition au niveau européen du Protocole de Göteborg dont elle augmente encore les efforts à réaliser : elle attribue à chaque État membre des plafonds d'émission à respecter pour les polluants concernés. Chaque état-membre doit en conséquence élaborer un programme de réduction progressive des émissions.

La Directive NEC a proposé lors de sa parution des objectifs nationaux à échéance 2010. Avec la révision du protocole de Göteborg en 2012 fixant le nouveau plafond d'émission à 702 kt à horizon 2020, la directive NEC doit elle-même être revue.

## 2004 – Réduction des émissions de composés organiques volatils dues à l'utilisation de solvants organiques dans certains vernis et peintures et dans les produits de retouche de véhicules

**Directive 2004/42/CE du 21 avril 2004**

Transposée en droit français par décret et arrêté du 29 mai 2006, cette directive modifie la directive 1999/13/CE réglementant les émissions de composés organiques volatils liées à l'utilisation de solvants organiques présents dans certains produits, activités et installations.

### Objectifs

Cette directive s'inscrit dans la logique de la directive 2001/81/CE qui fixe le plafond national d'émission : afin de respecter ce plafond, certaines catégories d'activités et de produits du fait de leur potentiel d'émission de COV doivent faire l'objet d'une réglementation spécifique.

Sont ainsi visés « les peintures, les vernis et les produits de retouche de véhicules qui dégagent dans l'air de grandes quantités de COV et contribuent, localement, et par-delà les frontières, à la formation d'oxydants photochimiques dans la couche limite de la troposphère ».

Par le caractère transfrontalier des émissions et dans une volonté de ne pas restreindre la libre circulation des produits entre Etats membres, la directive a également pour objectif d'harmoniser les dispositions législatives et réglementaires nationales.

## Contenu

La directive établit des valeurs limites pour les COV présents dans ces produits. Les limites de COV concernent les mélanges prêts à l'emploi.

### En savoir plus : Annexes de la Directive 2004/42/CE

**L'annexe I** de la directive énumère les sous-catégories de produits qui constituent la définition précise de « peintures et vernis » d'une part et les « produits de retouche » d'autre part.
**L'annexe II** de la directive donne les teneurs maximales en COV pour certains vernis et peintures et pour les produits de retouche de véhicules exprimées en g/l.

**Peintures et vernis :** il s'agit de « revêtements appliqués sur les bâtiments, leurs menuiseries de finition et garnitures et les structures associées à des fins décoratives, fonctionnelles ou de protection ».
Les sous-catégories :

- revêtements mats et revêtements brillants pour murs intérieurs et plafonds
- revêtements pour murs extérieurs, support minéraux
- peinture intérieur/extérieur pour finitions et bardage
- vernis et lasures intérieur/extérieur pour finitions
- lasures non filmogène
- impressions
- impressions fixatrices
- revêtements monocomposants et bicomposants à fonction spéciale
- revêtements multicolores
- revêtements à effet décoratif

**Produits de retouche :** ils sont utilisés pour les opérations de revêtement de surface sur un véhicule routier ou sur une partie de véhicule, se déroulant hors des installations de fabrication, dans le cadre de la réparation, de la préservation ou de la décoration du véhicule.
Les sous-catégories :

- produits préparatoires et de nettoyage
- bouche-pores et mastic
- produit primaire
- produit de finition
- produit de finition spéciale

## 2010 – Prévention et réduction des émissions industrielles

**Directive 2010/75/UE du 24 novembre 2010 dite « IED » (pour Industrial Emission Directive)**

Transposée en droit français par l'ordonnance du 5 janvier 2012.
Avec le Protocole de Göteborg et sa transposition au niveau européen via la directive NEC, décrite ci-dessus, il était question des flux transfrontières des émissions de polluants, toutes origines confondues. La Directive IED, elle, s'attache à la prévention et la réduction des émissions, au niveau local, causées par des installations industrielles. Elle concerne la pollution de l'air, de l'eau et du sol. Environ 6 500 installations sont concernées en France.

La Directive IED est le fruit d'une refonte de sept directives avec pour objectif une meilleure harmonisation des prescriptions incluses dans ces différentes directives et une plus grande rigueur dans le respect des plafonds d'émission. Parmi ces directives :

- la Directive IPPC 2008/01/CE sur la Prévention et la réduction intégrées de la pollution ;
- la Directive Solvants 1999/13/CE sur la Réduction des émissions de COV due à l'utilisation de solvants organiques dans certaines activités et installations.

### Les apports de la Directive IED

Un des grands principes de la Directive IED est le renforcement de la référence aux **Meilleures techniques disponibles (MTD)** et aux documents de référence à ces MTD.

Les MTD correspondent au stade de développement le plus efficace et avancé des activités et de leur mode d'exploitation, permettant d'obtenir un niveau d'émission le plus bas possible. Avec la Directive IED, une installation aura l'autorisation d'être exploitée à condition d'appliquer les MTD.

Par « **meilleure**[1] », on entend les techniques les plus efficaces pour atteindre un niveau général élevé de protection de l'environnement dans son ensemble, notamment par :

- l'utilisation de techniques produisant peu de déchets,
- l'utilisation de substances moins dangereuses,
- le développement des techniques de récupération et de recyclage des substances émises et utilisées dans le procédé et, le cas échéant, des déchets,
- la consommation et la nature des matières premières (y compris l'eau) utilisées dans le procédé et l'efficacité énergétique.

Par « **technique**[1] », on entend aussi bien les techniques employées que la manière dont l'installation est conçue, construite, entretenue, exploitée ou bien mise à l'arrêt.

Par « **disponible**[1] », on entend les techniques qui ont démontré leur capacité à être utilisées dans le contexte industriel concerné (procédés, équipements ou modes d'exploitation comparables), qui ont été expérimentées avec succès à une échelle industrielle dans des conditions économiquement et techniquement viables. Ceci en tenant compte des progrès techniques et de l'évolution des connaissances scientifiques.

1. D'après la définition complète de la Directive IED – Article 3 et Annexe III.

## Documents de référence MTD ou BREF

Les documents de référence MTD ou BREF (*Best available technique Reference document*) sont issus de l'échange d'informations entre :

- les États membres ;
- les secteurs industriels ;
- les organisations non gouvernementales pour la protection de l'environnement ;
- la Commission européenne.

En effet, pour guider les États membres dans la sélection des meilleures techniques pour une installation donnée, la directive IPPC a prévu ce principe d'échanges d'informations entre États membres et industries puis la publication des résultats de ces échanges conduisant à l'élaboration des documents BREF. Ceux-ci décrivent, par secteur d'activité, ou de manière transversale, les meilleures techniques disponibles et les niveaux de performance associés à ces techniques.

Ces niveaux de performance, quand ils s'expriment sous la forme de niveaux d'émission, sont appelés BATAEL (Best Available Technique Associated Emission Level).

**De référence principale dans la directive IPPC, les BREF deviennent, avec la Directive IED, référence obligatoire.**

De plus, les Valeurs limites d'émission doivent être dorénavant fixées au sein des arrêtés d'autorisation afin de garantir que les émissions ne dépassent par les niveaux correspondant aux BATAEL. Des dérogations sont toutefois possibles mais soumises à justification avec information et participation du public[1].

20 secteurs sont ainsi concernés pour plus de 6 500 installations en France et 33 BREF sont aujourd'hui disponibles (voir encadré ci-dessous). Suite à l'élargissement du champ d'application prévu par la directive IED, deux nouveaux BREF ont été établis dont la fabrication de panneaux de bois.

Les BREF font l'objet d'une révision régulière permettant ainsi de prendre en compte les évolutions technologiques selon les secteurs concernés. Pour garantir le respect des niveaux d'émission fixés, la directive IED prévoit en plus, l'approbation par chaque Etat membre des BREF. Un document autonome associé à chacun d'eux est rédigé à cette fin. Il reprend le chapitre principal du BREF et en résume les MTD et BATAEL indiqués. Ce document appelé « Conclusions des MTD » est adopté après un vote des États membres.

### Références des BREF concernant la réduction des émissions de COV

#### Industries d'activités énergétiques

- LCP Grandes installations de combustion
- REF Raffineries

#### Production et transformation des métaux

- I&S Aciéries
- FMP Transformation des métaux ferreux

1. En savoir plus : Directive IED – Annexe IV : Participation du public au processus décisionnel.

- SF Forges et fonderies
- NFM Industrie des métaux non ferreux
- STM Traitement de surface des métaux et des matières plastiques

### Industrie minérale

- CLM Industries du ciment et de la chaux
- GLS Verreries
- CER Céramiques

### Industrie chimique

- LVOC Chimie organique
- OFC Chimie fine organique
- LVIC-AAF Chimie inorganique – ammoniac, acides et engrais
- LVIC-S Chimie inorganique – produits solides et autres
- SIC Chimie inorganique de spécialités
- POL Polymères
- CAK Industrie du chlore et de la soude
- CWW Systèmes communs de traitement et de gestion des eaux et des gaz résiduels dans l'industrie chimique

### Gestion des déchets

| | |
|---|---|
| MTWR | Gestion des résidus et des stériles des activités minières |
| WT | Traitement des déchets |
| WI | Incinération des déchets |

### Autres activités

| | |
|---|---|
| PP | Industrie papetière |
| TXT | Textile |
| TAN | Tannerie |
| SA | Abattoirs et équarrissage |
| FDM | Industries agro-alimentaires et laitières |
| IRPP | Élevage intensif de volailles et de porcins |
| STS | Traitement de surface utilisant des solvants |

### BREF transversaux

| | |
|---|---|
| MON | Principes généraux de surveillance |
| EFS | Émissions dues au stockage des matières dangereuses ou en vrac |
| ECM | Aspects économiques et effets multi-milieux |
| ICS | Systèmes de refroidissement industriel |
| ENE | Efficacité énergétique |

En savoir plus : www.ineris.fr

## Dispositions de la Directive IED concernant les composés organiques volatils

Deux chapitres de la directive intéressent particulièrement les COV : le chapitre II et le chapitre V.

Repères des textes

**Le chapitre II** correspond à l'ancienne directive IPPC abrogée par la directive IED. Articles 10 à 27 et Annexe I de la directive – Catégories d'activités visées à l'Article 10.
**Le chapitre V** correspond à l'ancienne directive 99/13/CE abrogée par la directive IED et transposée en droit français par l'arrêté du 2 février 1998.
Installations et activités concernées en Annexe VII de la directive, Partie 1 1° à 16°.

## Chapitre II : les dispositions générales applicables aux activités visées par la directive IED

Ce chapitre définit le régime applicable aux installations IED et notamment le champ d'application de cette directive qui est énuméré en annexe I de la directive. Les activités visées sont classées en 6 catégories :

1. Industries d'activités énergétiques
2. Production et transformation des métaux
3. Industrie minérale
4. Industrie chimique
5. Gestion des déchets
6. Autres activités :
   - Fabrication, dans des installations industrielles, de pâte à papier, papier ou carton, panneaux à base de bois.
   - Prétraitement (opérations de lavage, blanchiment, mercerisation) ou teinture de fibres textiles ou de textiles.
   - Tannage des peaux.
   - Exploitation d'abattoirs et autres.
   - Élimination ou recyclage de carcasses ou de déchets animaux.
   - Élevage intensif de volailles ou de porcs.
   - Traitement de surface de matières, d'objets ou de produits à l'aide de solvants organiques, notamment pour les opérations d'apprêt, d'impression, de couchage, de dégraissage, d'imperméabilisation, de collage, de peinture, de nettoyage ou d'imprégnation.
   - Fabrication de carbone (charbon dur) ou d'électrographite par combustion ou graphitisation.
   - Captage des flux de $CO_2$ provenant d'installations relevant de la présente directive, en vue du stockage géologique.
   - Préservation du bois et des produits dérivés du bois au moyen de produits chimiques.
   - Traitement des eaux résiduaires dans des installations autonomes ne relevant pas de la directive 91/271/CEE, qui sont rejetées par une installation couverte par le chapitre 2.

Remarque

Pour certaines catégories d'activité, les valeurs seuil de capacité de production ou de rendement sont précisées.

## Chapitre V : les dispositions générales applicables aux installations et aux activités utilisant des solvants

> **Remarque**
>
> Le chapitre 5 de la directive IED concerne les dispositions applicables aux installations et activités utilisant des solvants. Les entreprises qui doivent respecter les niveaux d'émissions [BATAEL] sont le plus souvent des entreprises à grande capacité de production et à forte consommation de solvants. Une entreprise peut être soumise aux dispositions du chapitre 5 mais non à celles du chapitre 2. Des seuils, permettent de se repérer [les seuils correspondant au chapitre 2 sont beaucoup plus élevés].

Ce chapitre reprend les dispositions de la directive 1999/13/CE.

- Impression
- Retouche de véhicules
- Nettoyage de surface
- Activité de revêtement (sur véhicule, surfaces métalliques, plastique, bois, textile, tissus, feuilles, papier, cuir
- Laquage en continu
- Revêtement de fil de bobinage
- Fabrication de mélanges pour revêtements, de vernis, d'encres et de colles
- Revêtement adhésif
- Fabrication de chaussures
- Imprégnation du bois
- Stratification de bois et de plastique
- Conversion de caoutchouc
- Extraction d'huiles végétales et de graisses animales et activités de raffinage d'huile végétale
- Fabrication de produits pharmaceutiques
- Nettoyage à sec

# 4 La réglementation nationale

La réglementation nationale concerne les Installations classées pour la protection de l'environnement [ICPE] soumises à déclaration, à enregistrement ou à autorisation :

- les installations soumises à déclaration [celles qui ne présentent pas d'inconvénients ou de dangers graves] dépendent d'arrêtés-types préfectoraux qui transposent directement les directives européennes et vers lesquels il faut se reporter ;
- les installations soumises à enregistrement [régime intermédiaire d'autorisation simplifié[1]] ;
- les installations soumises à autorisation [celles qui peuvent être la cause de dangers ou d'inconvénients importants en matière d'environnement], dépendent de l'arrêté ministériel du 2 février 1998 ou d'arrêtés spécifiques comme pour le secteur de la verrerie par exemple.

## Arrêté ministériel du 2 février 1998 modifié

Arrêté relatif aux prélèvements et à la consommation d'eau ainsi qu'aux émissions de toute nature des Installations classées pour la protection de l'environnement (ICPE) soumise à autorisation.

**Champ d'application :**

L'arrêté du 2 février 1998 modifié concerne les ICPE soumises à autorisation. Ces dernières dépendent très souvent d'un arrêté préfectoral d'autorisation, qui reprend au minimum les prescriptions de l'arrêté.

**Important**

**Quel que soit le régime, lorsqu'un arrêté préfectoral à jour existe [cela est quasiment toujours le cas des installations soumises à autorisation], il prévaut sur les prescriptions nationales. Cet arrêté préfectoral peut être plus contraignant que la réglementation nationale.**

### L'arrêté du 2 février 1998 modifié

L'arrêté du 2 février 1998 est paru en France avant même que les instances européennes n'aient réglementé les émissions de COV. Une fois la directive 1999/13/CE sur la réduction des émissions de COV dues à l'utilisation de solvants dans certaines activités industrielles parue, la transposition en droit français s'est traduite par l'arrêté du 29 mai 2000, intégré à l'arrêté du 02/02/1998. Ainsi, depuis le 29 mai 2000, on parle le plus souvent de l'arrêté du 2 février 1998 modifié.

1. Le décret du 14 avril 2010 introduit le régime d'enregistrement pour une série d'installations : les stations-service, les entrepôts de produits combustibles, bois, papiers, plastiques, polymères ainsi que les entrepôts frigorifiques et sera suivi à court terme d'autres modifications de la nomenclature.

**Attention**

Deux secteurs font exception et se réfèrent à d'autres arrêtés que celui du 2 février 1998 modifié :

- secteur de la verrerie : arrêté du 12 mars 2003,
- secteur de la papeterie : arrêté du 3 avril 2000.

**Application et contenu :**

L'arrêté du 2 février 1998 modifié est fondamental à trois niveaux :

1. la référence aux Valeurs limites d'émission et le cas particulier des COV spécifiques ;
2. le Plan de gestion des solvants ;
3. l'alternative proposée par le Schéma de maîtrise des émissions.

## Référence aux Valeurs limites d'émissions

Valeurs limites d'émission des rejets totaux de COV : émissions canalisées (VLEc) et émissions diffuses (VLEd)

| Substances concernées | VLEc | VLEd |
|---|---|---|
| **COV totaux (article 27-7-a)<br>Si le flux horaire total émis par l'ensemble de l'installation (émissions canalisées et diffuses) est supérieure à 2 kg/h** | | |
| Cas général (a) | 110 mg/m³<br>équivalent carbone | Arrêté préfectoral |
| Dans le cas de la mise en œuvre d'une technique d'oxydation (a bis) | 50 mg/m³<br>si le rendement d'épuration est supérieur à 98 % (équivalent carbone)<br><br>20 mg/m³<br>si le rendement est inférieur à 98 % (équivalent carbone) | Pas de technique d'oxydation pour les émissions diffuses |
| **3 – COV spécifiques** | | |
| Substances de mentions de danger H340, H350, H350i, H360D ou H360F (ou à phrases de risques R45, R46, R49, R60 ou R61)<br>Si le flux horaire maximal de l'ensemble de l'installation est supérieur ou égal à 10 g/h<br>(article 27-7-c) | 2 mg/m³ de l'ensemble des COV visés | Arrêté préfectoral |
| COV halogénés de mentions de danger H341 ou H351 (ou à phrases de risque R40 ou R68)<br>Si le flux horaire maximal de l'ensemble de l'installation est supérieur ou égal à 100 g/h<br>(article 27-7-c) | 20 mg/m³de COV | Arrêté préfectoral |
| COV visés à l'annexe III.b<br>Si le flux horaire total des composés organiques visés à l'annexe III > 100 g/h<br>(article 27-7-b) | 20 mg/m³ de COV | Arrêté préfectoral |
| Substances de l'annexe IV.a<br>Si flux horaire > 0,5 g/h<br>(article 27-12) | Arrêté préfectoral | |
| Substances de l'annexe IV.b<br>Si flux horaire > 2 g/h<br>(article 27-12) | Arrêté préfectoral | |
| Substances de l'annexe IV.c<br>Si flux horaire > 5 g/h<br>(article 27-12) | Arrêté préfectoral | |

| Substances concernées | VLEc | VLEd |
|---|---|---|
| Substances de l'annexe IV.d<br>Si flux horaire > 25 g/h<br>[article 27-12] | Arrêté préfectoral | |
| **Secteurs d'activités de l'article 30, de 19° à 36° (Voir la liste au tableau suivant)** | | |
| | Valeurs limites de l'article 30 | Valeurs limites dans l'article 30 |

**À noter**

- Dans le cas où une installation rejette le même polluant par divers rejets canalisés, les dispositions de l'article 27 s'appliquent à chaque rejet canalisé dès lors que le flux de l'ensemble des rejets canalisés et diffus dépasse le seuil fixé à l'article 27 [article 28].
- Les valeurs limites relatives à l'oxydation [27.7 a] sont également applicables aux installations visées aux activités numérotées 19 à 36 de l'article 30, sauf si les valeurs limites spécifiées pour les activités 19 à 36 sont plus sévères.

COV visés à l'Annexe III de l'arrêté du 2 février 1998 modifié

| Numéro Cas | Nom et Synonyme | Numéro Cas | Nom et Synonyme |
|---|---|---|---|
| 75-07-0 | Acétaldéhyde [aldéhyde acétique] | 75-04-7 | Éthylamine |
| 79-10-7 | Acide acrylique | 98-01-1 | 2-Furaldéhyde [furfural] |
| 79-11-8 | Acide chloroacétique | | Méthacrylates |
| 50-00-0 | Aldéhyde formique [formaldéhyde] | | Mercaptans [thiols] |
| 107-02-8 | Acroléine [aldéhyde acrylique – 2 – propénal] | 98-95-3 | Nitrobenzène |
| 96-33-3 | Acrylate de méthyle | | Nitrocrésol |
| 108-31-6 | Anhydride maléique | 100-02-7 | Nitrophénol |
| 62-53-3 | Aniline | 88-72-2 | |
| 92-52-4 | Biphényles | 99-99-0 | Nitrotoluène |
| 107-20-0 | Chloroacétaldéhyde | 108-95-2 | Phénol |
| 67-66-3 | Chloroforme [trichlorométhane] | 110-86-1 | Pyridine |
| 74-87-3 | Chlorométhane [chlorure de méthyle] | 79-34-5 | 1,1,2,2-Tétrachloroéthane |
| 100-44-7 | Chlorotoluène [chlorure de benzyle] | 127-18-4 | Tétrachloroéthylène [perchloréthylène] |
| 1319-77-3 | Crésol | 56-23-5 | Tétrachlorométhane [tétrachlorure de carbone] |
| 584-84-9 | 2,4-Diisocyanate de toluylène | | Thioéthers |
| 7439-92-1 | Dérivés alkylés du plomb | | Thiols |
| 75-09-02 | Dichlorométhane [chlorure de méthylène] | 95-53-4 | O.Toluidine |
| 95-50-1 | 1,2-Dichlorobenzène [O-dichlorobenzène] | 79-00-5 | 1,1,2-Trichloroéthane |
| 75-35-4 | 1,1-Dichloroéthylène | 79-01-6 | Trichloroéthylène |
| 120-83-2 | 2,4-Dichlorophénol | 95-95-4 | 2,4,5-Trichlorophénol |
| 109-89-7 | Diéthylamine | 88-06-2 | 2,4,6-Trichlorophénol |
| 124-40-3 | Diméthylamine | 121-44-8 | Triéthylamine |
| 123-91-1 | 1,4-Dioxane | 1300-71-6 | Xylénol [sauf 2,4-xylénol] |

### Article 30, 19° à 36°

19 - Imprimerie • 20 - Application de revêtement adhésif sur support quelconque • 21 - Application de revêtement, sur un support en bois et mise en œuvre d'un produit de préservation du bois et matériaux dérivé • 22 - Application de revêtement notamment sur support métal, plastique, textile, carton, papier à l'exception des activités couvertes par les points 19 et 20 • 23 - Fabrication de mélanges, revêtements, vernis, encres et colles [...] • 24 - Emploi ou réemploi de caoutchouc [...] • 25 - Utilisation de solvants dans la chimie pharmaceutique [...] • 26 - Fabrication de bois et plastiques stratifiés [...] • 27 - Fabrication de chaussures • 28 - Nettoyage à sec • 29 - Revêtement sur fil de bobinage [...] • 30 - Laquage en continu [...] • 31 - Atelier de réparation et d'entretien de véhicules et d'engins à moteur [...] • 32 - Fabrication de polystyrène expansé • 33 - Revêtements sur véhicules • 34 - Extraction d'huiles végétales et de graisses animales et activités de raffinage d'huile végétale [...] • 35 - Travail du cuir • 36 - Nettoyage de surfaces.

## Le Plan de gestion des solvants (PGS)

Le PGS constitue le bilan matière des entrées et sorties de solvants d'une installation. Il permet :

- d'inventorier tous les flux entrants et sortants,
- d'identifier les principaux points de rejets,
- d'établir une priorité de traitement en fonction de l'importance des différents flux relevés.

Avec la connaissance de ces différents points, le PGS permet à l'exploitant, par la connaissance des flux à l'intérieur de son installation, d'orienter les actions à mener afin de réduire la consommation et les émissions de solvants tout en prenant en compte les éventuels transferts de pollution (augmentation des consommations énergétiques, de la quantité de déchets créés, de la pollution de l'eau, etc.).

Il constitue un outil essentiel pour la mise en place d'une stratégie de maîtrise et de réduction de la consommation et des émissions de solvants. Il nécessite donc une bonne connaissance des produits comme des procédés et un diagnostic COV préalable est conseillé.

### Champs d'application

Le PGS est obligatoire pour tout site industriel qui consomme annuellement plus d'une tonne de solvants :

- **pour une consommation de plus d'une tonne de solvants par an :** le PGS est tenu à la disposition de l'inspection des installations classées ;
- **pour une consommation de plus de 30 tonnes de solvants par an :** le PGS est transmis annuellement à l'inspection des installations classées qui est également informée des actions visant à réduire les consommations de solvants.

### Méthodologie

- Définition du périmètre de réalisation du PGS

  Le PGS doit permettre à l'exploitant d'identifier les postes sur lesquels la consommation ou les émissions de solvants peuvent être réduites. Il peut être réalisé sur un périmètre variable, à l'échelle d'une ou plusieurs machines ou procédés.

- Période d'inventaire des entrées et sorties de solvants
Le PGS constitue un bilan matière établi sur une période de 12 mois consécutifs.
- Unité de mesure
Le PGS s'exprime en kilogramme ou en tonne de solvant (bilan massique) : toutes les données qui sont donc exprimées dans une autre unité doivent être préalablement converties.
- Utilisation d'une codification ad hoc
L'ensemble des flux massiques sont à prendre en compte et sont codifiés en entrée et en sortie (voir la nomenclature ci-après).

> **Attention**
> Le PGS ne permet pas de quantifier précisément de faibles émissions diffuses. D'autres méthodes, telles que la modélisation ou la mesure directe, seront alors utilisées.

**À savoir : les COV exclus du PGS**

- Les COV non solvants
- Les COV réutilisés en tant que combustibles
- Attention : les carburants n'entrent pas dans la définition de solvants et ne sont donc pas inclus dans un PGS.

### Nomenclature du PGS

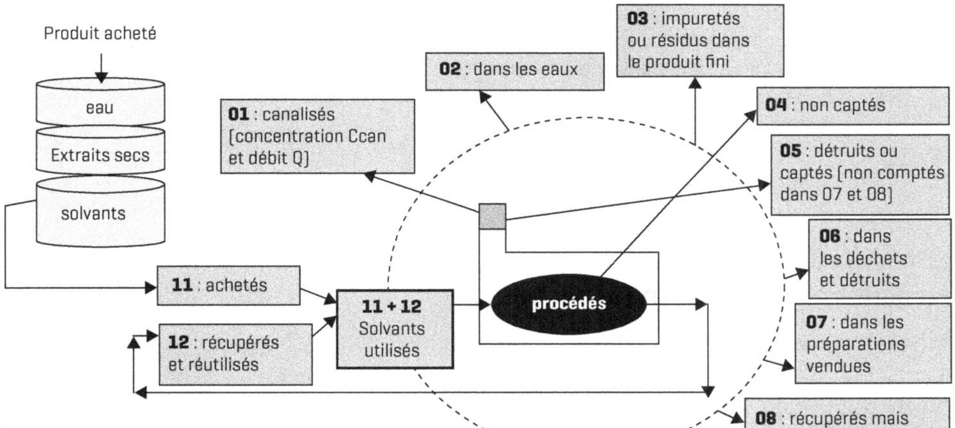


**Par convention :**
- Consommation : 11-08
- Utilisation : 11+12
- Emissions totales : 11-05-06-07-08
- Emissions diffuses : 11-01-05-06-07-08 = 02+03+04+09

- **Les solvants organiques utilisés à l'entrée** – I (I comme *Input*) :
  – I1 : quantité de solvants organiques, à l'état pur ou dans des préparations achetées, qui est utilisée dans les installations pendant la période au cours de laquelle le bilan massique est calculé.
  – I2 : quantité de solvants organiques à l'état pur ou dans des préparations récupérées et réutilisées comme solvants à l'entrée de l'unité (le solvant recyclé est compté chaque fois qu'il est utilisé pour exercer l'activité).
- **Les solvants organiques à la sortie** – O (O comme *Output*) :
  – O1 : Émissions dans les gaz résiduaires (ou émissions canalisées).
  – O2 : Perte de solvants organiques dans l'eau, compte-tenu, le cas échéant, du traitement des eaux résiduaires pour le calcul prévu dans O5.

– 03 : quantité de solvants organiques qui subsiste sous forme d'impuretés ou de résidus dans les produits issus de l'opération.
– 04 : émissions non captées de solvants organiques dans l'air. Cela comprend la ventilation générale de locaux qui s'accompagne d'un rejet d'air dans l'environnement extérieur par les fenêtres, les portes, les évents ou des ouvertures similaires.
– 05 : Perte de solvants organiques et/ou de composés organiques due à des réactions chimiques ou physiques (y compris de ceux qui sont détruits, par incinération ou d'autres traitements de gaz et des eaux résiduaires, ou captés, par exemple par absorption, à condition qu'ils ne soient pas comptés dans 05, 07 ou 08).
– 06 : solvants organiques contenus dans les déchets collectés.
– 07 : solvants organiques à l'état pur ou solvants organiques contenus dans des préparations, qui sont vendus ou sont destinés à la vente en tant que produits ayant une valeur commerciale.
– 08 : solvants organiques à l'état pur ou contenus dans des préparations, récupérés en vue d'une réutilisation et régénérés en externe.
– 09 : solvants organiques libérés d'une autre manière.

**I1 = 01+02+03+04+05+06+07+08+09**

**Quelques conseils**

- Bien identifier le ou les flux qui doivent être impérativement connus.
- Classer les différents types de flux selon les priorités et importances recherchées :
  - flux qu'il est nécessaire de quantifier,
  - flux pour lesquels une estimation est suffisante,
  - flux qui peuvent être négligés.

[Guide d'élaboration des PGS rédigé par l'INERIS]

## Le Schéma de maîtrise des émissions (SME) : dérogation aux valeurs limites d'émission

L'arrêté du 2 février 1998 modifié et les arrêtés types sectoriels autorisent l'industriel à opter pour un Schéma de Maîtrise des Emissions qui lui permet de raisonner, non plus en Valeurs Limites d'Emissions canalisées et diffuses, mais en flux annuel total d'émissions de COV. (Voir aussi en début de chapitre la directive 1999/13/CE.)

Le SME est une alternative proposée par la réglementation et n'est en aucun cas une obligation. C'est à l'industriel de décider s'il opte pour la référence aux VLE ou bien pour la mise en œuvre d'un SME.

### Souplesse du SME

Le SME permet :
- de ne plus tenir compte des VLE canalisées et diffuses (sauf pour les COV ayant des mentions de dangers CMR – voir plus loin) ;
- de cibler une installation ou un procédé en particulier sur l'ensemble d'un site (pour une non-conformité à résoudre prioritairement par exemple) ;
- de mettre en œuvre une technologie en particulier capable de réduire significativement les émissions de COV ou la consommation de solvant.

Le SME permet ainsi de mieux graduer les efforts de réduction et leur planification dans le temps en fonction des installations.

### Contrainte du SME

La mise en place d'un SME implique :

- le respect d'une limite d'émission globale : l'émission annuelle cible (EAC) ;
- la réalisation d'un Plan de gestion des solvants (PGS) pour la vérification annuelle de la conformité du site ;
- des améliorations technologiques parallèles : substitution, réduction, traitement, etc.

La stratégie SME s'étudie au cas par cas. La mise en place d'un SME est précédée d'un diagnostic COV pour en valider l'intérêt.

### Exception à la mise en œuvre d'un SME

La mise en place d'un SME n'exempte pas du respect des VLE pour les COV de mentions de danger H340, H350, H350i, H360D ou H360F (ou à phrases de risques R45, R46, R49, R60 ou R61) et les COV halogénés de mentions de danger H341 ou H351 (ou les phrases de risque R40 ou R68).

### Les guides SME

Dans le but de faciliter la mise en œuvre des SME, des guides de rédaction ont été élaborés. Ils comprennent :

- un rappel de la réglementation du secteur visé ;
- une aide à la définition de l'installation de référence ;
- une aide au calcul de l'EAC ;
- l'énoncé de bonnes pratiques, techniques ou nouveaux produits à mettre en œuvre pour atteindre les objectifs fixés ;
- des outils d'aide à la discussion avec les autorités locales.

#### Guides SME

Des guides SME de différents secteurs sont téléchargeables sur le site internet de l'ADEME (www.ademe.fr) :

- Pétrochimie
- Industrie aromatique
- Industrie du bois
- Ameublement
- Composites (polyester)
- Industries aéronautiques et spatiales
- Peinture carrosserie automobile
- Mécanique, plasturgie (peintures et vernis), électricité et électronique
- Chimie fine pharmaceutique
- Fabrication des peintures, vernis, encres d'imprimeries, colles et adhésifs
- Transformation du caoutchouc

#### En savoir plus sur les conditions de mise en œuvre d'un SME

Circulaire d'application des SME du 23 décembre 2003 : modalités de calcul de l'émission cible.
Sites : www.ademe.fr et www.ineris.fr

# 5 Cas spécifique du stockage des hydrocarbures

En 2009, les émissions de COV du secteur Production, Transport et Distribution d'énergie représentent 5 % des émissions de la France métropolitaine. Les émissions de COV de ce secteur ont été réduites de 73 % depuis 1990 [-117 kt]. 83 % de cette baisse est imputable à la chaîne de distribution des combustibles liquides.

Cette importante réduction a été rendue possible grâce aux réglementations appliquées à la distribution de produits pétroliers et aux sites de stockage qui ont dû s'équiper de toits flottants et de sytèmes de récupération de vapeur. Cette réglementation concerne les dépôts de produits pétroliers :

- gros stockage des raffineries ;
- stockages portuaires de produits pétroliers ;
- stockages pétroliers des installations industrielles pour leurs besoins énergétiques ;
- réseaux de distribution finale : les stations-service.

Les opérations de chargement et de déchargement sont à l'origine du rejet de vapeurs d'hydrocarbures. Ces rejets doivent obligatoirement être récupérés lors des opérations de chargement et de déchargement de l'essence depuis les wagons, camions et bateaux de transport fluvial.

Une réglementation a également été appliquée à partir de 2001 au niveau du ravitaillement en station-service.

## Réglementation nationale

Une réglementation nationale relative au stockage des hydrocarbures et à leurs émissions existe depuis 1986 et a été renforcée depuis.

### Arrêté ministériel du 4 septembre 1986 relatif à la réduction des émissions atmosphériques d'hydrocarbures provenant des activités de stockage

Depuis le 4 septembre 1986 un arrêté ministériel fixe les prescriptions sur les émissions de COV issues du stockage des hydrocarbures. Objectif : réduire les émissions issues de la « respiration » des stockages et des transferts de produits, essentiellement en limitant le ciel gazeux au-dessus des réservoirs. Cet arrêté concerne :

- les nouveaux réservoirs > 1 500 m$^3$ :
  - réservoir à toit flottant ou fixe et écran flottant ;
- les réservoirs existants > 2 500 m$^3$ :
  - émission conventionnelle (EC) et émission de référence (ER),
  - interdiction des réservoirs à toit fixe.

La réglementation en France concerne les stations-service entrant dans la catégorie des ICPE soumises à déclaration ou à autorisation, selon les seuils définis à la rubrique 1434.

**Définition de toit flottant**

L'objectif principal du toit flottant est de limiter l'espace de vapeur entre la surface du produit et la partie inférieure du toit de sorte que l'atmosphère dans cet espace soit toujours riche en vapeurs, ce qui exclut la possibilité de formation d'un mélange vapeur-air dans la plage d'inflammabilité. Le pourtour du toit flottant est équipé d'un joint d'étanchéité ou d'un soufflet pour empêcher que le produit ou les vapeurs ne s'échappent et s'accumulent au-dessus du toit.

### Arrêté ministériel du 1er mars 1993

Concerne : les échappements des unités de récupération de vapeur.

Concentration moyenne : 35 g/Nm$^3$ (ou inférieure fixée par arrêté préfectoral).

### Arrêté ministériel du 8 décembre 1995

Concerne : le stockage d'essence des stations-service.

*(AM du 19 décembre 1995, pour le transport d'essence – sources mobiles)*

### Arrêté ministériel du 22 juin 1998

Relatif aux réservoirs enterrés de liquides inflammables et leurs équipements associés.

### Décret 2001-349 du 18 avril 2001 et arrêté du 17 mai 2001

Relatifs à la réduction des émissions de COV liées au ravitaillement des véhicules dans les stations-service :

- stations-service d'un débit de 500 à 3000 m$^3$ ;
- stations-service d'un débit > à 3000 m$^3$.

Les stations-service d'un débit supérieur à 3 000 m$^3$ doivent être équipées de systèmes actifs de récupération des vapeurs d'essence, permettant un retour d'au moins 80 % des COV dans les réservoirs fixes des stations-service.

### Arrêté ministériel du 3 octobre 2010

Concerne :

- les réservoirs aériens manufacturés de liquide inflammable exploité dans un stockage ICPE soumis à autorisation (rubrique 1432) ;
- les réservoirs d'essence à partir de 10 m$^3$.

Apport dans la réglementation :

- modifie les obligations des exploitants concernant les émissions de COV ;
- élargit la définition des hydrocarbures de l'arrêté ministériel du 4 septembre 1986 au gazole et au fioul ;
- fait obligation de la quantification des émissions de COV à mention de danger. Exemple : le benzène contenu dans l'essence.

### Arrêté ministériel du 16 décembre 2010

Il modifie l'arrêté du 22 juin 1998 et vise les réservoirs enterrés de liquide inflammable.

**Arrêté du 12 octobre 2011**

Il vise les installations de chargement et de déchargement desservant un stockage de liquides inflammables.

**Arrêté du 16 juillet 2012**

Il vise les stockages en récipients mobiles de liquides inflammables.

## Réglementation européenne

Directive du 20 décembre 1994 relative à la chaîne de distribution de l'essence, des raffineries aux stations d'essence. Transposée en droit français par les arrêtés du 8 décembre 1995 et du 19 décembre 1995.

**Définition de l'essence**

Tout dérivé du pétrole avec ou sans additif, d'une tension de vapeur de 27,6 kPa [tension de vapeur REID][1] ou plus, destiné à être utilisée comme carburant pour les véhicules.

La réglementation communautaire est scindée en 2 étapes :

### Étape 1 : agir sur la chaîne de distribution de l'essence des terminaux aux stations-service

Composition de la chaîne :

- Stockage de carburant dans les terminaux.
- Chargement/déchargement des réservoirs mobiles dans les terminaux.
- Transport dans les réservoirs mobiles.
- Remplissage des installations de stockage des stations-service.

Objectif : réduction de 90 % en 10 ans (1994-2004) des émissions provenant des procédés, installations, véhicules, bateaux utilisés pour le stockage, le chargement et le transport de l'essence.

### Étape 2 : agir au niveau des stations-service, lors du ravitaillement des véhicules dans les stations-service

Objectif : renvoyer dans la cuve de la station-service les vapeurs refoulées lors du remplissage des véhicules et boucler ainsi la récupération de l'essence sur toute la chaîne de distribution, de la raffinerie aux stations-service.

Lors du déchargement d'essence d'un réservoir de transport dans les installations de stockage d'hydrocarbures d'une station-service, les vapeurs générées par le déplacement de l'essence doivent être renvoyées dans le réservoir de transport au moyen d'un tuyau de raccordement étanche aux vapeurs et permettant de les canaliser. La station-service doit être ravitaillée par un camion équipé des mêmes dispositifs.

1. Pression de vapeur accumulée au-dessus d'une essence de référence ou d'un autre carburant volatil dans une bombe standard à 100 °F (37,8 °C). Elle sert à prédire les tendances du fluide à former des poches de vapeur dans le système d'alimentation en carburant d'un véhicule.

Tableau synthétique de la réglementation concernant la chaîne de distribution de l'essence et le stockage des hydrocarbures (réglementation européenne et nationale de 1986 à 2012)

## RÉGLEMENTATION EUROPÉENNE

1994

**DIRECTIVE 94/63/CE du 20 décembre 1994**
Récupération de vapeurs d'hydrocarbures sur l'ensemble de la chaîne de distribution de l'essence (de la raffinerie aux stations-service).

**ETAPE 1 : agir sur la chaîne de distribution de l'essence des terminaux aux stations-service.**

Concerne les postes suivants :
- stockage des carburants dans les terminaux
- chargement / déchargement des réservoirs mobiles dans les terminaux
- transport dans les rédervoirs mobiles
- remplissage des installations de stockage en stations-service.

**Objectif :** réduction de 90 % sur 10 ans (1994-2004) des émissions issues de procédés, installations, véhicules, bateaux, utilisés pour le stockage, le chargement et le transport de l'essence.

**ETAPE 2 : agir dans les stations-service, lors de l'approvisionnement en essence des véhicules.**

**Objectif :** limiter les émissions de COV lors du transfert d'essence vers les réservoirs automobile en renvoyant dans la cuve de la station-service les vapeurs refoulées au cours du remplissage du réservoir automobile.

## RÉGLEMENTATION NATIONALE

| Année | TEXTE | OBJET | OBJECTIFS - OBLIGATIONS |
|---|---|---|---|
| 1986 | Arrêté du 4 septembre 1986 | Nouveaux réservoirs > 1 500 $m^3$ | Réservoir à toit flottant ou réservoir fixe et écran flottant. |
| | | Réservoirs existants > 2 500 $m^3$ | Interdiction des réservoirs fixes.<br>Émissions conventionnelles : EC<br>Émission de référence : ER |
| 1993 | Arrêté du 1er mars 1993 | Échappement des unités de récupération de vapeurs d'hydrocarbures. | Concentration moyenne : 35 g / $Nm^3$ |
| 1995 (ETAPE 1) | Arrêté du 8 décembre 1995 | Stockage d'essence dans les stations-service | |
| | | Transport de l'essence (source mobile) | |
| 1998 | Arrêté du 22 juin 1998 | Réservoirs enterrés | Dispositions pour réduire certaines sources accidentelles de COV ou de sources liées à de mauvaises pratiques au niveau des réservoirs. |
| 2001 (ETAPE 2) | Décret du 18 avril 2001 | Réduction des émissions de COV liées au ravitaillement des véhicules en stations-service. | Pour les stations > 300 $m^3$ :<br>- équipement de systèmes actifs de récupération des vapeurs d'essence.<br>- retour d'au moins 80 % des COV dans les réservoirs fixes des stations-service. |
| | Arrêté du 17 mai 2001 | - stations-service : de 500 à 3 000 $m^3$<br>- stations-service > 3 000 $m^3$<br>Stations-service entrant dans le catégorie des ICPE (Rubrique 1434) soumises à déclaration ou autorisation. | |
| 2010 | Circulaire du 16 avril 2010 | Régime de l'enregistrement pour les stations-service relevant de la rubrique 1435 | |
| | Arrêté du 3 octobre 2010 | Réservoirs aériens manufacturés de liquides inflammables.<br>ICPE soumises à autorisation (Rubrique 1432) | - Réglementation élargie aux réservoirs d'essence à partir de 10 $m^3$.<br>- Elargissement au gazole et au fioul.<br>- Quantification des COV à mention de danger (exemple benzène)<br>- Autres dispositions techniques pour le calcul des émissions... |
| | Arrêté du 16 décembre 2010 | Modifie l'arrêté du 22 juin 1998 | |
| 2011 | Arrêté du 12 octobre 2011 | Installations de chargement et de déchargement desservant un stockage de liquide inflammable | |
| 2012 | Arrêté du 16 juillet 2012 | Stockage en récipients mobiles de liquides inflammables | |

**Remarques**

- Il n'y a pas de réglementation européenne pour les stations-service [projet de directive avorté en 1992].
Mais dans le cadre de la « Stratégie thématique AIR » de la Communauté européenne du 21 septembre 2005 et de la révision de la directive Plafonds d'émission nationaux qui en résulte, l'étape 2 figure dans les mesures identifiées.
- La réglementation s'est construite autour de certaines techniques et leur emploi est rendu obligatoire par les textes eux-mêmes. Exemples :
  - retour des vapeurs dans le camion-citerne lors de la livraison [étape 1] ;
  - système actif de récupération [étape 2].

## Caractéristiques du parc français des stations-service

### Taux de conformité[1]

- Stations-service de l'arrêté ministériel du 8 septembre 1995 et des arrêtés du 17 mai 2001 :
  - la législation de l'étape 1 (93 % des stations-service en conformité) semble mieux respectée que celle de l'étape 2 (80 % des stations-service en conformité),
  - plus la taille de la station-service est importante, plus le taux de conformité est élevé. Les stations-service de GMS[2] présentent le meilleur taux de conformité.
- Stations-service qui ne relèvent pas de l'arrêté du 8 décembre 1995 ou du 17 mai 2001. Elles sont quand même équipées d'un système de récupération : 35 % en conformité en étape 1 et 11 % en étape 2.

### Potentiel de réduction des émissions de COV dans les stations-service

Selon le CITEPA, la mise en place des réglementations, étapes 1 et 2 en France, associée à la baisse des quantités d'essence distribuée (– 34 %) a conduit à des réductions des émissions de 70 % entre 1995 et 2006 mais un potentiel de réduction des émissions existe encore.

1. D'après une enquête DRIRE 2004-2005 sur un échantillon de 588 stations-service.
2. GMS : Grandes et moyennes surfaces.

| F |

# Existe-t-il des aides financières ?

**1. Les aides directes** ........................................................ **88**

Aides à la recherche et à l'innovation

Aide à la décision : accompagnement, expertise, conseil, études

Aides à l'investissement

**2. Les cofinancements** ........................................................ **93**

Prêts verts OSEO

Crédit impôt recherche (CIR)

Autres pistes de recherche

# 1 Les aides directes

Afin d'encourager et de faciliter les démarches de réduction des émissions de polluants atmosphériques, les organismes en charge des politiques environnementales et de santé ont mis en place des dispositifs de soutien financier aux entreprises.

On peut distinguer trois grands axes d'aides :
- les aides à la recherche-innovation,
- les aides à la décision,
- les aides à l'investissement.

En règle générale, la priorité est donnée aux projets qui vont plus loin que la seule mise en conformité avec la réglementation.

Certaines aides ne sont accordées aux entreprises que dans le cadre d'appels « à projet » ou à « proposition ».

**Exemple**

**L'appel à projets Recherche & Développement CORTEA[1]**
Lancé par l'ADEME depuis 2011, il s'appuie sur des priorités nationales en matière de pollution de l'air et s'est attaché à contribuer aux objectifs fixés dans le Plan national santé environnement 2 (PNSE 2) qui court sur la période 2009-2013. L'appel à projets CORTEA a notamment pour but de lutter contre les émissions de substances chimiques les plus préoccupantes dont les BTEX[2], les solvants chlorés, les HAP[3] ou encore le formaldéhyde.

**Un appel à projets ou à propositions** correspond à une offre de financement émise par un organisme qui met à disposition une enveloppe budgétaire pour des actions dont il définit précisément les priorités. Une entreprise ne peut soumettre une proposition qu'en réponse à un appel publié officiellement. Un dossier spécifique de candidature, publié pour chaque appel, comprend les documents nécessaires pour préparer une proposition. Chaque appel fixe des échéances précises, qui doivent être respectées.

D'autres aides peuvent être accordées directement aux entreprises. Ainsi les aides citées dans ce chapitre s'appliquent directement à des projets de réduction et traitement des émissions de polluants atmosphériques ou bien s'inscrivent dans une thématique plus large de réduction de l'impact environnemental des entreprises.

Les indications données se basent sur les données existantes en 2012. Les dispositifs et le montant des aides peuvent évoluer d'une année à l'autre. Il est donc nécessaire de vérifier les conditions d'intervention auprès de chaque organisme visé.

À ces aides s'ajoutent d'autres outils financiers proposés par des organismes bancaires ou de crédit.

1. Connaissances réduction à la source et traitement des émissions dans l'air.
2. BTEX : Benzène, toluène, éthylbenzène, xylène.
3. HAP : Hydrocarbures aromatiques polycycliques.

**À savoir : les appels à projets**

Des appels à propositions ou à projets* sont lancés aux niveaux européen, national, régional ou local. Ils ciblent une thématique particulière ou bien sont transversaux. Ils peuvent être ponctuels ou renouvelés. Pour cette raison, il est important de réaliser une veille afin de vérifier si un appel à projets correspond à une problématique de votre entreprise.
Consulter :

- www.ademe.fr/appels-propositions
- www.ec.europa.eu, rubrique Information Society/Activities : ICT Policy Support Program
- www.industrie.gouv.fr
- competitivite.gouv.fr

* Par mesure de simplification, nous utiliserons par la suite uniquement le terme « appel à projets ».

## Aides à la recherche et à l'innovation

### Programme LIFE+ (Union européenne) : appel à projets

La Commission européenne organise des appels à projets annuels. Le volet LIFE+ Environnement se consacre au développement d'approches, de technologies, de méthodes ou d'instruments innovants ou de démonstration sur plusieurs thématiques, dont : l'eau, l'air, les substances chimiques, l'environnement et la santé.

LIFE+ Environnement intervient sur :

- des projets technologiques, y compris les innovations et les démonstrateurs, offrant des avantages environnementaux significatifs ;
- des projets améliorant l'application de la réglementation environnementale européenne.

**Montant de l'aide** : Cofinancement **jusqu'à 50 %**

**Veille conseillée** : de mars à septembre

**Organisme à contacter** : Ministère en charge de l'écologie

L'ADEME apporte également une information aux entreprises désireuses de travailler sur les programmes de recherche européens.

**En savoir plus**

- www.developpement-durable.gouv.fr, rubrique : Europe et international/Les affaires européennes/Les financements communautaires/Life+]
- http://ec.europa.eu, rubrique : European Commission/Environnement/LIFE Programme

**Conseils pour une bonne candidature à un appel à projets**

- Bien définir l'impact environnemental.
- Faire un descriptif précis des actions avec quantifications.
- Être vigilant sur l'exposé du suivi et de la mesure de l'impact environnemental.
- Consacrer un temps suffisant aux tests et à l'analyse des résultats.
- Insister sur les aspects innovants et démonstratifs du projet.

Remarque : une assistance technique à la rédaction des projets est prévue par la commission www.enviropea.com

### En savoir plus

- www.diagademe.fr : Diagademe est un portail des aides à la décision « Énergie-Environnement » de l'ADEME. Il permet notamment de mettre en relation entreprises et bureaux d'études.
- www.ademe.fr/entreprises.

### Les aides hors appel à projets

Le programme de soutien à la R&D de l'ADEME peut être considéré comme un « appel à projets permanent ». En tant qu'industriel, bureau d'études ou laboratoire, vous pouvez à tout moment présenter des propositions à l'Agence sur l'ensemble des thèmes mentionnés dans ce programme. Les aides aux projets de R&D ne sont pas systématiques. L'instruction et la gestion des dossiers sont assurées, en toute confidentialité, par l'ingénieur.

# Aide à la décision : accompagnement, expertise, conseil, études

## Aides à la décision de l'ADEME

Ce soutien a pour but de permettre à l'entreprise de se positionner sur la mise en œuvre d'un changement de process en vue de la réduction des émissions de polluants. Il se concrétise par un accompagnement à la réflexion et l'apport d'expertise. Deux niveaux d'intervention sont prévus :

- état des lieux de l'entreprise : pré-diagnostic ou diagnostic « environnemental » ;
- recherche de solutions performantes : étude de faisabilité technico-économique de technologies adaptées.

**Condition** : étude réalisée par un bureau d'études indépendant spécialisé, dans le respect du cahier des charges technique de l'ADEME.

**Montant de l'aide : 50 à 70 %** selon la taille de l'entreprise, plafonnée selon le type d'intervention (prédiagnostic, diagnostic, étude) entre **5 000 et 100 000 euros.**

**Organisme(s) à contacter** : Directions régionales de l'ADEME.

### En savoir plus

www.ademe.fr/appels-propositions
www.ademe.fr/regime-aides, document « Recherche Développement et Innovation » [pdf].

## Investissements d'avenir de l'ADEME

Ce dispositif ADEME intervient sur différents thèmes dont celui intitulé « Chimie verte ». Il soutient notamment :

- La recherche industrielle et les démonstrateurs de recherche ;
- l'expérimentation préindustrielle ;
- les projets soutenus peuvent être d'ampleur très variable, allant jusqu'à plusieurs dizaines de millions d'euros.

**En savoir plus**

www.ademe.fr : rubrique Recherche et investissements d'avenir/Stratégies et Orientations/Investissements d'avenir.

### Aides de l'Agence nationale de la recherche [ANR]

Les programmes de financement de l'ANR visent à favoriser le partenariat entre organismes de recherche, grandes entreprises, PME, pouvoirs publics. Ils financent notamment des projets de recherche fondamentale, industrielle et de développement expérimental.

**En savoir plus**

www.agence-nationale-recherche.fr : document Modalités des aides de l'ANR.

### Aides des Pôles de compétitivité [appel à projets]

Les pôles de compétitivité ont pour objectif de développer des synergies entre entreprises, laboratoires de recherche et établissements de formation sur des thématiques précises dont plusieurs concernent l'environnement. Les financements des pôles de compétitivité concernent notamment :
- les appels à projets et plates-formes d'innovation ;
- le label « Jeune entreprise innovante » destiné aux TPE - PME.

Selon les structures en place, les pôles de compétitivité proposent aussi un accompagnement des entreprises au montage des dossiers de recherche de financement.

**En savoir plus**

- competitivite.gouv.fr/les-financements-des-poles-356.html
- www.apce.com/pid1653/jeune-entreprise-innovante.html

### Cofinancement des thèses de doctorat par l'ADEME

L'accueil d'un doctorant permet d'intégrer le volet recherche au sein de l'entreprise. Cela peut concerner toute entreprise, française mais également étrangère, et favoriser ainsi les partenariats transfrontaliers. Environ 60 allocations de thèses sont octroyées chaque année par l'ADEME.

Conditions :
- un **engagement sur 3 ans** (embauche des doctorants par l'ADEME en CDD de 3 ans maximum) ;
- possibilité de mise à disposition du doctorant dans un laboratoire public ;
- pilotage de la thèse par les cofinanceurs : ADEME, laboratoire et entreprise.

**Montant de l'aide** : l'entreprise contribue à l'allocation du doctorant à part égale avec l'ADEME.

**Veille** : appel à candidatures de janvier à fin mars.

**Organisme à contacter** : ADEME

**En savoir plus**
- www.ademe.fr/theses
- www.thesenet.ademe.fr

## Aides à l'investissement

### Aides à l'investissement de l'ADEME

Dans ce cadre, l'ADEME soutient des projets à fort caractère exemplaire et démonstrateur.

**Conditions** :
- le projet doit aller au-delà de la réglementation ;
- l'aide de l'ADEME doit permettre d'améliorer la valeur actuelle nette (VAN) des investissements déficitaires.

**Montant de l'aide** : en fonction du projet et de ses caractéristiques techniques.

**Organisme à contacter** : ADEME

**En savoir plus**
www.ademe.fr/entreprises

# 2 Les cofinancements : banques, organismes de crédit et autres dispositifs

## Prêts verts OSEO

Ils s'adressent à des PME indépendantes, jusqu'à 5 000 salariés, pour financer des équipements ou des technologies permettant à l'entreprise de mieux maîtriser ou de diminuer l'impact sur l'environnement de son activité. Par exemple :

- substitution des solvants ;
- récupération et réutilisation des solvants ;
- équipements de réduction des émissions ;
- traitements destructifs des COV ;
- programmes de détection et de récupération des émissions fugitives.

L'assiette des prêts doit comprendre au minimum 60 % d'investissements corporels mais peut également inclure la conception, la mise en place du processus, les frais de mise au point des matériels et outillages, les démarches d'éco-conception (mise aux normes, certification).

**Conditions :**

- cofinancement d'une banque ou d'un organisme de fonds propres, d'un montant au moins égal à celui du prêt et d'une durée de 5 ans minimum ;
- le prêt peut s'accompagner d'une garantie par OSEO sur les financements.

### En savoir plus

www.oseo.fr : rubrique Votre projet/Croissance/Aides et financements/Financements bancaires/Prêt verts bonifié.

### Prêts bonifiés pour les travaux d'amélioration de l'impact environnemental des entreprises

Ils sont souvent adossés au Livret de développement durable [LDD] ou soutenus par l'Union européenne. Exemple : le nouveau dispositif du Crédit coopératif finance les projets jusqu'à 3 millions d'euros sur 3 à 20 ans à un taux bonifié sans exigence de garantie complémentaire. Les conditions sont à étudier directement avec les banques.
En savoir plus : www.acces2finance.eu

**OSEO**

OSEO est un EPIC (Établissement public à caractère industriel et commercial) chargé de soutenir l'innovation et la croissance des PME. OSEO est présent sur l'ensemble du territoire grâce à ses directions régionales.
OSEO soutient financièrement les projets apportant des avancées technologiques significatives, les partenariats en recherche et innovation (interentreprises, entreprise-laboratoire, entreprise-recherche publique...). OSEO dispose à ce titre de différents dispositifs d'aide :

- ISI : Innovation stratégique industrielle ;
- APT : Aide au partenariat technologique ;
- ADI : Aide pour le développement de l'innovation ;
- ATT : Aide au transfert de technologie.

## Crédit impôt recherche (CIR)

Le CIR finance :

- des dépenses de recherche que ce soit de l'investissement, du personnel, des dépenses de fonctionnement, de la sous-traitance, des brevets, de la veille technologique, etc. ;
- les dotations aux amortissements de biens.

**Montant du crédit** : jusqu'à **100 millions d'euros** de dépenses de recherche : 30 % de crédit d'impôts (5 % au-delà avec une majoration de 50 % puis 40 % l'année suivante) pour les entreprises qui en bénéficient pour la première fois depuis au moins 5 ans.

**En savoir plus**

Code général des impôts Art. 244 quater B
Précis de fiscalité du Ministère du budget, Livre II, 5e partie, Titre 2, Chapitre 3.

**À savoir : Aide complémentaire pour les entreprises certifiées**

Les entreprises qui sont engagées dans une démarche de certification ISO 14 001 pour les grandes entreprises, 123 Environnement ou Envol pour les petites et moyennes entreprises, peuvent bénéficier d'un soutien complémentaire.

## Autres pistes de recherche

- **Crédit bail**
  www.asf-france.com : rubrique Publications/Les livrets, tous les avantages des financements réunis dans le choix Sofergie.
- **Fonds propres** (capital d'amorçage, capital risque, capital développement...)
  Les fonds se distinguent selon leur type, leur montant, leur secteur d'activité (exemple : Chimie, Cleanteach). Chaque fonds a l'habitude d'investir une certaine fourchette de budget représentant une part du capital.

## En savoir plus

- www.afic.asso.fr (liste de fonds publiée par l'Association Française des investisseurs en capital réseaux régionaux des Business Angels)
- www.appuipme.fr
- www.financersaboite.capital-pme.oseo.fr (met en relation entrepreneurs, porteurs de projet et investisseurs)

- **Pôle innovation**
  Accompagnement des artisans et des TPE dans l'innovation et le développement (soutien technique et d'orientation). Exemples :
  – le 2Pi : Pôle Innovation de l'imprimerie ;
  – le CNIDEP (Centre national d'innovation pour le développement durable et l'environnement dans les petites entreprises).
- **Chambres consulaires**
  Les chambres consulaires (Chambres de métiers, Chambres de commerce et d'industrie) proposent des services de conseil, diagnostic, orientation par des consultants spécialisés.
  – Consulter les pages Environnement des sites Internet des réseaux consulaires.
  – Voir également les aides aux entreprises, en général.

## En savoir plus

- www.cma.fr/Espace artisanat/Développement durable
- www.cci.fr/web/developpement-durable
- www.artisanat.fr/Espaceartisanat

## À savoir

• L'Observatoire des aides aux entreprises et du développement économique **de l'Institut supérieur des métiers** donne accès gratuitement à l'ensemble des aides financières publiques sur des thèmes variés. Exemples :
- amélioration des conditions de travail ;
- environnement ;
- études conseil diagnostic ;
- innovation recherche diffusion technologique ;
- investissements matériels.

• **Les réseaux d'éco-entreprises** ont pour objectif de renforcer la compétitivité individuelle et collective des entreprises et des filières d'excellence dans le domaine des éco-activités. Une liste des réseaux d'éco-entreprises est disponible sur le site de l'Association française des chambres de commerce et d'industrie (AFIC).
En savoir plus :
- www.afic.asso.fr
- www.eco-entreprises.fr
- www.pexe.fr
- www.innoveco-paris.com

- **Caisse d'assurance retraite et de santé au travail (CARSAT, ex-CRAM)**
  Elle peut aider les investissements liés à la sécurité et aux conditions de travail des salariés. Contacter la CARSAT de votre région.
  www.risquesprofessionnels.ameli.fr/
- **Collectivités : conseil général, conseil régional, communes, communautés d'agglomération**
  Selon les programmes environnementaux de chacun, certains dispositifs sont à étudier. Certains conseils régionaux lancent des appels à projets pour susciter et soutenir des projets éco-innovants ayant pour objet le développement, l'industrialisation de produits, de procédés, services et mesures portant sur des thématiques environnementales.

## Quelques conseils

Il ne faut jamais considérer qu'une aide est acquise et à l'inverse, ne jamais considérer d'emblée, qu'il n'existe aucune aide pour votre projet. Pour cela il ne faut pas hésiter à aller au-devant des organismes et les questionner sur les priorités définies dans leurs programmes et le contenu des aides existantes. Même si cela peut prendre du temps, cette démarche peut avoir un impact déterminant dans l'évolution de votre projet. Bonne recherche !

| G |

# Démarche pour mettre en œuvre une réduction des émissions de COV

Identification des produits émetteurs .................................. 98

Identification des émissions canalisées et diffuses de COV .............. 99

Détermination de la réglementation applicable ......................... 99

Quantification des rejets .................................................. 99

Recherche des meilleures solutions techniques disponibles
pour la réduction des rejets de COV à l'atmosphère..................... 100

La stratégie de réduction des émissions de COV dans une entreprise nécessite une démarche structurée afin de **caractériser** et **quantifier** les différentes sources d'émission de COV [en mode canalisé comme en mode diffus] et de définir les différentes solutions d'amélioration possibles pour le site industriel.
Tout au long de cette démarche, l'industriel ne doit pas hésiter à se faire accompagner par des organismes spécialisés :

- bureaux d'études pour un prédiagnostic, un diagnostic plus complet, une étude de faisabilité, etc. ;
- laboratoires agréés ou bureaux d'études spécialisés pour la réalisation des mesures de COV ;
- centres techniques pour l'information sur les technologies existantes ou en cours de développement.

La démarche de réduction des émissions de COV est présentée ici de façon succincte et linéaire, avec des renvois vers les chapitres détaillés correspondants.

## Identification des produits émetteurs de COV

Il s'agit **d'identifier**, à partir des fiches de données de sécurité et des informations fournies par les fournisseurs des produits mis en œuvre (fiches techniques par exemple), **l'ensemble des produits entrants et sortants qui sont susceptibles d'émettre des COV.**

- Caractérisation des matières premières :
  - composition,
  - extrait sec, teneur en eau,
  - état (liquide, gaz, solide),
  - pression de vapeur,
  - classification (CMR, arrêté du 02/02/98 - voir la partie Réglementation),
  - quantités utilisées (achats, données de production, variations de stocks).
- Caractérisation des produits finis :
  - quantité (masse, unités, volume, surface, etc.),
  - extrait sec (cas des produits finis contenant des COV).
- Caractérisation des déchets :
  - types de déchets (avec ou sans COV),
  - masse générée (par installation, sur l'année, etc.),
  - teneur en COV, en eau et en extrait sec.

### Pour en savoir plus

Consulter les rubriques suivantes de la Fiche de données de sécurité [FDS] des substances mises en œuvre :

- Rubrique 3 : Information sur les composants
- Rubrique 9 : Propriétés physico-chimiques
- Rubrique 15 : Informations réglementaires

## Identification des émissions canalisées et diffuses de COV

Il s'agit ici d'identifier l'ensemble des émissions de COV, canalisées et diffuses.

L'analyse des installations et procédés va permettre d'identifier les activités émettrices de COV (procédés de fabrication, stockage, nettoyage, procédés d'épuration, etc.), ainsi que tous les points de rejets (canalisés et diffus).

- Installations (cabines d'application, local de préparation des mélanges, local de nettoyage, laboratoire, etc.).
- Procédés.
- Stockage des matières contenant des COV (matières premières et produits finis).
- Stockage des déchets.
- Flux et volume de circulation des produits.
- Temps de fonctionnement annuel, nombre de batch ou d'opérations.
- Détermination et caractérisation des rejets : temps de fonctionnement des rejets, débit des ventilateurs d'extraction des rejets canalisés, rendement des procédés d'épuration, surface d'évaporation pour les rejets diffus, etc.

## Détermination de la réglementation applicable

Cette partie doit permettre de déterminer l'ensemble de la réglementation applicable au site étudié.

L'ensemble de la réglementation en vigueur concernant les COV est présenté dans la partie E de ce guide.

## Quantification des rejets

Une fois les émissions de COV identifiées, il faut les quantifier.

- **Pour les émissions canalisées**, cela se fera la plupart du temps à travers une campagne de mesures (cf. chapitre Mesures). Dans certaines activités comme l'application de revêtements sur supports divers, une bonne connaissance du produit pulvérisé et des conditions de renouvellement d'air permet également de déterminer les émissions canalisées.
- **Pour les émissions diffuses**, cela se fera à travers un bilan des flux entrants et sortants ou par application de modèles de calculs (cas des stockages vracs par exemple). Dans certains cas et en fonction de la configuration des installations, certaines mesures sont aussi parfois possibles.

**À savoir**

À ce niveau de la démarche, l'entreprise sait désormais se positionner d'un point de vue réglementaire vis-à-vis de ses rejets canalisés et de ses émissions diffuses.

## Recherche des meilleures solutions techniques disponibles pour la réduction des émissions de COV à l'atmosphère

L'entreprise doit désormais chercher des solutions de réduction de ses rejets de COV à l'atmosphère. Elle devra étudier l'intérêt d'intégrer cette recherche de réduction à l'intérieur d'un Schéma de Maîtrise des Emissions (SME) (voir la partie E).

Dans tous les cas, cette recherche s'orientera en priorité vers des solutions permettant de **supprimer totalement ou partiellement les émissions de COV à la source.**

Lorsque la suppression totale des émissions de COV à la source n'est pas possible pour des raisons techniques et/ou économiques, il sera nécessaire de s'orienter vers des solutions comportant **une collecte de l'air pollué par les COV et un traitement** de cet air, si possible pour récupérer et valoriser les COV, sinon pour les détruire (voir chapitre Traitement des émissions).

Le dimensionnement de cet équipement de traitement dépendant du flux à traiter, une réduction partielle des émissions à la source permettra de choisir un équipement de plus petite taille ou moins sollicité, ce qui aura un impact très probablement positif en termes de coût d'investissement et de fonctionnement.

L'étude comparative des différentes actions envisagées, que ce soit des technologies propres ou des solutions de traitement, devra intégrer les paramètres suivants :

- performances ;
- coûts d'investissement et de fonctionnement de chaque solution ;
- évaluation précise des enjeux économiques liés à la réduction des émissions et des possibilités de temps de retour sur l'investissement (récupération matière et énergie en particulier) ;
- prise en compte des éventuels transferts de pollution dans les solutions étudiées ;
- place disponible sur site ;
- compétences du personnel pour gérer une nouvelle installation (formation), etc.

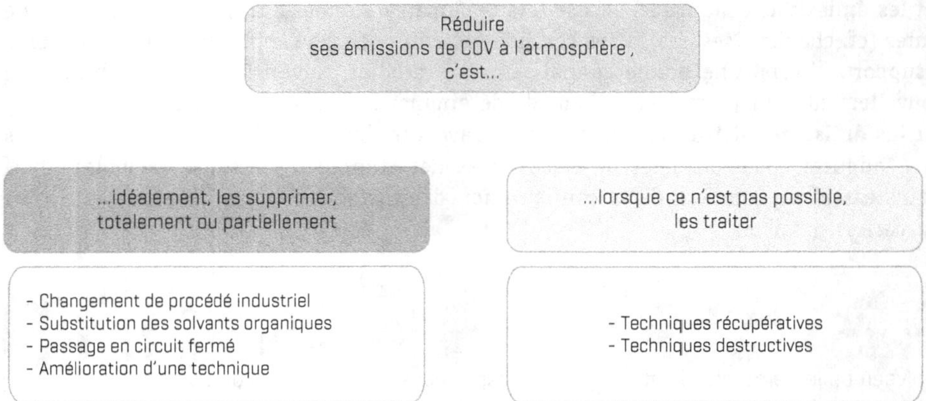

H

# Comment réduire à la source mes émissions de COV : utilisation rationnelle des solvants


1. **Stockage et manutention des solvants neufs........................103**
   Organisation de la zone de stockage
   Réservoirs fixes
   Conteneurs mobiles

2. **Manipulation et emploi des solvants..................................105**

3. **Transport ..........................................................106**

4. **Gestion des déchets de solvants et des emballages vides ...........108**
   Gestion des solvants usagés
   Emballages vides ayant contenu des solvants

Les enjeux de la réduction à la source des émissions de COV sont multiples :

• environnementaux : les COV sont notamment des précurseurs de la formation d'ozone dans l'atmosphère (voir partie C, chapitre 2) ;

• sanitaires : la réduction à la source conduit à une meilleure qualité de l'air intérieur dans les ateliers, mais aussi souvent pour les utilisateurs des produits finis (voir partie D, chapitre 2) ;

• financiers : la suppression totale des émissions de COV supprime l'obligation de traitement des effluents émis (voir partie J, chapitre 4), la réduction partielle permet de moins solliciter l'appareil de traitement.

La réduction à la source concerne majoritairement les activités industrielles utilisatrices de solvants organiques. Pour les secteurs émettant des COV non liés à l'utilisation de solvants organiques, la mise en place de traitements est souvent l'unique recours pour réduire les émissions de COV (sauf cas particulier, comme celui des fonderies, où des actions sont possibles comme présenté dans le chapitre suivant).

Ce chapitre est consacré à la prévention des émissions de COV par une **utilisation rationnelle des solvants**. L'ensemble du procédé utilisateur de solvant doit être (re)pensé à toutes les étapes pour limiter les émissions de COV.

Le chapitre suivant présente les **solutions existantes de réduction à la source des émissions de solvants** dans une vingtaine de secteurs d'activité. Il est disponible en téléchargement sur le site www.dunod.com.

# 1 Stockage et manutention des solvants neufs

Les principaux risques liés au stockage des solvants pouvant générer des émissions accidentelles de COV, sont :

- l'incendie ou l'explosion ;
- la chute, le renversement ou la dégradation des emballages (écoulement, mélange de produits incompatibles...) ;
- le déversement ou la fuite de solvants ;
- l'augmentation des dangers intrinsèques des solvants sous l'effet de l'humidité, de la chaleur, de la lumière, de l'oxygène de l'air...

> Réduire les solvants à la source, c'est aussi moins de contraintes liées à leur utilisation, leur transport et leur traitement.

En plus d'une logistique tendant à minimiser les volumes stockés, l'organisation des zones de stockage doit donc être conçue en termes d'agencement et de facilité d'intervention.

**Conseil**

Dans la mesure du possible, l'entreprise doit limiter les quantités stockées pour éviter un classement contraignant dans la nomenclature des installations classées pour la protection de l'environnement (ICPE) avec les exigences qui en découlent en termes de réduction des risques.

## Organisation de la zone de stockage

Les recommandations suivantes devront être appliquées.

- Stocker sur le lieu de travail uniquement le nombre d'emballages strictement nécessaire.
- Tenir à jour un registre de gestion du stockage. Installer une gestion informatisée des données de stockage permettant la mise en place d'une procédure d'élimination des solvants périmés ou dégradés.
- Assurer la formation aux risques du personnel (interne, externe et sous-traitance) intervenant sur la zone de stockage. Garder à disposition les fiches de données de sécurité (FDS).
- Sensibiliser régulièrement les intervenants aux risques. Vérifier l'application des bonnes pratiques de manipulation.
- Minimiser le nombre et la durée d'intervention dans la zone de stockage.
- Maintenir le stockage en zone non fumeur.
- Utiliser des engins de manutention adaptés pour les déplacements. Ne pas faire rouler les fûts, ni les pousser sur leur base.
- Ne pas utiliser d'air comprimé pour chasser les produits des fûts.

- Prévoir de larges voies de circulation pour les personnes, les fûts et les engins de manutention.
- Mettre en place les moyens de lutte contre l'incendie. Vérifier régulièrement leur fonctionnement.
- Appliquer les recommandations pour l'installation électrique en zone à risque d'incendie et d'explosion.

## Réservoirs fixes

Dans le cas de stockage de solvants dans des réservoirs fixes, les règles suivantes seront appliquées.

- Choisir de préférence des réservoirs aériens. Dans ce cas, ils devront être conçus pour minimiser les pertes par respiration. Prévoir un revêtement à faible absorbance solaire et des évents munis de soupapes tarées.
- Pour les réservoirs enterrés, une double paroi est indispensable ainsi qu'un système de détection des fuites.
- Concevoir une zone de stockage sous abri ventilé avec un sol imperméable et des cuvettes de rétention qui permettent la séparation physique des solvants « incompatibles ». Le volume de la cuvette de rétention doit avoir la plus grande dimension entre le volume total du plus grand réservoir ou la moitié du volume total de tous les réservoirs présents dans cette cuvette.

## Conteneurs mobiles

Pour les conteneurs mobiles, il sera nécessaire de suivre les règles suivantes.

- Veiller au maintien en bon état des fûts et de l'étiquetage qui doit être facilement accessible et lisible.
- Utiliser des stockages adaptés aux solvants entreposés pour éviter toute dégradation du récipient par le solvant.
- Éloigner les fûts de toute source de chaleur, de froid, d'eau, de lumière et d'ignition. Ces phénomènes peuvent engendrer une dégradation des emballages et des cuves, ils peuvent également augmenter les dangers liés aux produits.
- Stocker les emballages pleins (fûts et bidons) debout et fermés, mais ne pas gerber sur plus de deux hauteurs.
- Ne pas exercer de pression sur leurs parois.
- Prévoir un sol et des cuvettes de rétention en matériau adapté qui permettent la séparation physique des produits « incompatibles ».

# 2 Manipulation et emploi des solvants

Lors de l'utilisation des solvants, les précautions suivantes devront être prises.

- Réserver l'usage des solvants à du personnel préalablement formé et régulièrement informé.
- À partir des citernes, ne pas transvaser les solvants « au seau » ni introduire de l'air comprimé ou de l'oxygène pour effectuer des transvasements. Privilégier les transferts par pompe ou par gravité dans des canalisations non enterrées pour identifier les fuites.
- Pour la vidange des fûts, limiter les transvasements intermédiaires et privilégier l'utilisation de pompes plongeantes avec système de récupération des émissions. Sinon s'assurer de l'adéquation de la taille du fût avec la trappe de chargement et installer une extraction des émissions au niveau des trappes pour limiter l'inhalation des vapeurs de solvants.
- Ne pas laisser les récipients contenant un solvant à l'air libre sans couvercle.
- Travailler dans des conditions de température de la phase liquide inférieure d'au moins 15 °C par rapport à la valeur du point d'éclair. Ou sinon installer des moyens additionnels de prévention du risque d'incendie ou d'explosion (ventilation, inertage, vide, etc.).
- Privilégier les interventions sur des machines vidées du liquide et des vapeurs ainsi qu'« assainies » conformément au mode opératoire d'entretien de ces machines.
- Capter les vapeurs à la source d'émission et limiter les pertes par évaporation.
- Ne pas utiliser les solvants près d'une source de chaleur (à plus forte raison près d'un feu « nu » : panneau radiant, poste de soudure...).
- Privilégier les opérations en circuit fermé sur les liquides et les vapeurs.
- Prévoir des installations électriques conformes aux zones à risque d'incendie et d'explosion. Éviter l'accumulation d'électricité statique en installant des prises de terre et des liaisons équipotentielles.
- Canaliser les dégazages.

# 3 Transport

Le transport des marchandises dangereuses est strictement réglementé et doit être effectué par des entreprises spécialisées, tant pour les solvants neufs que pour les solvants usagés. C'est un maillon incontournable dans la chaîne fournisseur-utilisateur de solvants ou producteur-éliminateur de déchets.

**À savoir**

L'entreprise de transport spécialisée doit :
- disposer des autorisations nécessaires (agrément des véhicules, certificat de formation spéciale des chauffeurs) ;
- encadrer strictement la sous-traitance ;
- proposer des prestations dans des conditions optimales de sécurité, encadrées par l'intervention obligatoire de son conseiller à la sécurité.

L'utilisateur de solvants ou le producteur de déchets de solvants doit pour sa part suivre les règles suivantes.

- Concevoir les aires de chargement-déchargement en fonction des types de conditionnement et des gabarits des camions. Balisage, sens de circulation, rétention, ventilation, éclairage, etc., sont des éléments clés dans la prévention des risques.
- Prévoir un limiteur de remplissage permettant d'arrêter automatiquement la pompe surtout en cas de déchargement de citernes routières dans des bacs ou réservoirs de faible capacité.
- Installer des systèmes de fermeture automatique aux deux extrémités de la connexion citerne routière/citerne fixe prévenant les fuites dues au démarrage intempestif du camion avec débranchement de la connexion.
- Établir le protocole de sécurité définissant les procédures de chargement-déchargement. Ce document doit être disponible sur le site de chargement-déchargement. Bien déterminer quel intervenant (transporteur, client) est responsable des différentes opérations.
- Ne pas décharger des fûts en les faisant rouler. Utiliser des chariots élévateurs à fourches, manipulés par du personnel formé.
- Vérifier le respect des obligations réglementaires relatives au transport de marchandises dangereuses :
  - documentation complète (document de transport et consignes de sécurité),
  - agrément du véhicule (camions-citernes et porte-conteneurs citernes),
  - équipement du véhicule et du conducteur,
  - formation du conducteur.
- S'assurer que le transport sera effectué dans les conditions optimales de sécurité (état du chauffeur, du véhicule, de la route, météo...).

Le producteur de déchets de solvants doit de plus :

- S'assurer que les emballages sont homologués et correctement étiquetés. La société en charge de l'emballage doit également avoir un conseiller à la sécurité.

**À savoir**

Les solvants usagés ou les emballages souillés ayant contenu des solvants sont des déchets dangereux. Leur collecte relève de l'activité transport des marchandises dangereuses. Les entreprises chargées du transport des déchets sont tenues de les diriger vers des installations qui sont autorisées à les recevoir. Il y a interdiction d'abandon, de déversement ou de déchargement dans une installation non autorisée. **L'entreprise génératrice du déchet en est responsable jusqu'à son élimination finale**.

# 4 Gestion des déchets de solvants et des emballages vides

## Gestion des solvants usagés

Les recommandations suivantes sont à suivre.

- Analyser les solutions logistiques de collecte interne des solvants usagés sur votre site en partenariat avec les prestataires retenus pour le transport et le traitement.
- Privilégier la régénération des solvants. Éviter de mélanger les solvants usagés (la régénération devient difficile, voire impossible et l'incinération peut coûter plus chère).
- Conserver les solvants usagés et les chiffons ou lingettes imprégnés de solvants usagés dans des récipients fermés spécialement prévus à cet effet.
- Veiller au maintien et à la clarté de l'étiquetage.
- Appliquer les mêmes recommandations que pour le stockage et la manutention des solvants neufs.
- Installer des machines à circuit fermé intégrant le recyclage des solvants, notamment en dégraissage et nettoyage à sec.
- S'assurer des pratiques environnementales du prestataire (par exemple : certification ISO 14 001, etc.).
- Ne confier ses solvants usagés qu'à un centre de traitement autorisé par arrêté préfectoral (régénération ou incinération). En tant que producteur de déchets, votre responsabilité est engagée.
- Rédiger un BSDI (Bordereau de Suivi des Déchets Industriels) qui doit accompagner le déchet jusqu'à sa destination finale.
- S'assurer que le transport des solvants usagés s'effectue selon les modalités réglementaires régissant le transport des marchandises dangereuses.
- Ne pas se débarrasser des solvants, même en petites quantités, dans les ordures ou à l'égout. En raison de leur diversité et de leur hétérogénéité de conditionnement (flaconnages, bidons ou vrac), ces déchets ne peuvent pas être traités directement dans les centres d'incinération et doivent transiter par une plate-forme spécialisée avant d'être transportés vers une unité de traitement spécifique.

## Emballages vides ayant contenu des solvants

Il faudra mettre en œuvre les conseils suivants.

- Réduire le nombre des emballages en optimisant les quantités utilisées, le conditionnement et le stock.
- Utiliser au maximum le solvant neuf en égouttant le fût lors de sa dernière utilisation, pour faciliter le traitement ultérieur de l'emballage usé.
- Réutiliser l'emballage ayant contenu le solvant neuf, si l'état du fût le permet, pour conditionner le solvant usé.
- Ne pas réutiliser l'emballage ou les fûts usagés pour stocker d'autres produits.
- Ne pas mélanger les emballages vides avec les autres déchets et notamment les ordures ménagères.
- Ne pas mettre les emballages vides en centre de stockage.
- Ne pas pratiquer un oxydécoupage ou un découpage mécanique sur des fûts vidés.
- Avoir recours à des filières de traitement autorisées.
- Appliquer les mêmes préconisations (BSDI, registre, etc.) que pour les solvants usagés.

# Réduction à la source des émissions de COV : solutions existantes par secteur d'activité

Ce chapitre présente les solutions existantes de réduction à la source des émissions de solvants dans une vingtaine de secteurs d'activité.

1. Impression sur rotative offset à sécheur thermique
2. Héliogravure d'édition
3. Autres unités d'héliogravure, flexographie, impression sérigraphique en rotative, contre-collage ou vernissage
4. Revêtement et Retouche de véhicules
5. Industrie de revêtement de véhicules
6. Traitement et nettoyage de surface [solvants chlorés et non chlorés]
7. Autres activités de revêtement, notamment sur métal, plastique, carton, papier, textile, etc.
8. Laquage en continu
9. Revêtement du bois
10. Revêtement du cuir
11. Revêtement de fil de bobinage
12. Fabrication de préparations, revêtements, vernis, encres et colles
13. Revêtement adhésif
14. Fabrication de chaussures
15. Imprégnation du bois
16. Conversion du caoutchouc
17. Extraction d'huiles végétales
18. Fabrication de produits pharmaceutiques
19. Nettoyage à sec
20. Fonderies

Chaque secteur d'activité étant spécifique, nous vous proposons de vous rendre sur le site www.dunod.com et de télécharger le document correspondant au secteur recherché.

Pour chaque secteur d'activité, le document numérique téléchargeable contient entre autres :

- un schéma présentant les niveaux de consommation et d'émission de COV dans chaque procédé ;
- un tableau résumant les différentes techniques ou produits de substitution existants, leur domaine et leur niveau d'utilisation, ainsi que les principales informations à connaître sur leurs conditions de mise en œuvre.

| J |

# Comment traiter mes émissions de COV ?


1. **L'intérêt de capter et optimiser les flux d'air à traiter** ................ 115

2. **Exposé des principes généraux.** ...................................... 116
   - Santé et sécurité des personnels
   - Productivité de l'installation et qualité des produits
   - Sécurité du site

3. **Critères de choix du procédé de traitement** ......................... 118
   - Paramètres chiffrés
   - Orientation vers un procédé ou une famille de procédés
   - Caractéristiques spécifiques à chaque site
   - Coût d'investissement et de fonctionnement

4. **Procédés de traitement** ............................................ 121
   - Les traitements récupératifs
   - Les traitements destructifs
   - Intérêts et précautions à prendre

# 1 L'intérêt de capter et optimiser les flux d'air à traiter

Si la substitution totale des émissions de COV n'est pas possible pour des raisons techniques et/ou économiques, ou si les émissions de COV ne sont pas dues à l'utilisation de solvants organiques, il faut alors s'orienter vers leur traitement.
Le traitement des effluents gazeux comporte deux aspects étroitement liés :

- le captage des COV, particulièrement lorsque des solvants sont mis en œuvre, pour constituer l'effluent brut à traiter ;
- le passage de cet effluent dans un procédé de traitement pour récupérer ou détruire les polluants.

La conception d'un système de captage et l'optimisation correspondante des flux d'air à traiter constitue une étape fondamentale dans la démarche de réduction des émissions de COV, en raison de ses conséquences économiques.

Les coûts d'investissement et, dans une large mesure, les coûts d'exploitation d'une unité de traitement sont, en effet, étroitement liés au débit d'air à traiter. Il est donc particulièrement important d'optimiser le captage des effluents en recherchant le débit le plus faible possible.

Le débit : un facteur-clé du coût d'exploitation.

L'importance des enjeux justifie que l'on consacre des moyens suffisants au diagnostic aéraulique préalable à la conception.

L'étude et la mise en place d'une installation de captage doit se faire en tenant compte des procédés et des contraintes d'exploitation. Bien souvent, celles-ci constituent les facteurs limitants de l'efficacité pour les installations existantes. Il est en particulier vivement recommandé que l'industriel soit associé à ce diagnostic pour tout ce qui concerne l'aspect procédé de fabrication, avec le fabricant des machines et un professionnel de la ventilation industrielle.

C'est en effet un domaine où chaque installation est un cas particulier et où les tentatives d'application de solutions éprouvées dans d'autres secteurs peuvent se révéler inadaptées.

Chaque installation est un cas particulier.

# 2 Exposé des principes généraux

Sans solution universelle, il est seulement possible ici de rappeler les principes généraux qui doivent guider les concepteurs d'une installation de captage. Il s'agit en effet de minimiser le volume d'air à traiter en respectant un certain nombre de contraintes :

- ne pas remettre en question la santé et la sécurité des personnels ;
- ne pas compromettre la productivité de l'installation et la qualité du produit ;
- ne pas conduire à une concentration trop élevée en COV de l'effluent à traiter, en raison des risques d'explosion.

## Santé et sécurité des personnels

Le problème de la salubrité et de la sécurité des postes de travail est bien évidemment prioritaire.

Il faut considérer non seulement le respect des valeurs limites de concentration en COV au niveau des opérateurs, mais également les aspects de confort thermique, aéraulique, hygrométrique, acoustique, etc., qui conditionnent l'acceptabilité du système. On trouvera dans les ouvrages spécialisés les recommandations correspondantes.

La conception des captages proprement dits, au plus près des opérateurs, fait l'objet depuis plusieurs années de « guides pratiques de ventilation » publiés par l'INRS. On s'y reportera pour tout ce qui concerne l'assainissement des postes de travail et des ateliers en général.

Un autre aspect très important à considérer sur ce même sujet est la protection des personnels d'intervention ponctuel sur machine en fonctionnement ou à l'arrêt, pour dépannage ou maintenance programmée. En effet, tout système de captage qui conduit à alourdir ou à compliquer le travail des opérateurs risque d'être neutralisé et rendu ainsi inefficace.

Une des premières tâches à effectuer lors du diagnostic est donc l'examen des différents postes de travail permanents concernés et des autres besoins d'intervention humaine sur machines.

Il est souvent possible à ce stade de mettre en place un certain nombre de modifications dans les ateliers ou dans l'organisation du travail qui contribuent à l'optimisation du système de captage et de traitement :

- regroupement de postes par catégorie de solvants employés pour mise en œuvre d'une collecte et d'un traitement séparés ;
- automatisation de certaines fonctions ;
- suppression d'interventions manuelles nécessitant un accès de large ouverture.

On retiendra à ce propos que pour assurer un confinement des COV à l'intérieur d'une machine, il faut extraire 3 600 $m^3/h$ par $m^2$ d'ouverture. Les 3 600 $m^3/h$ extraits doivent être compensés par autant d'air neuf, prélevé à l'extérieur, qu'il faudra traiter en fonction des besoins avec les coûts que cela implique (chauffage, dépoussiérage, déshumidification, etc.).

## Productivité de l'installation et qualité des produits

Le problème du maintien et, si possible, de l'amélioration de la productivité de l'installation et de la qualité des produits est également à considérer dès lors que la salubrité des postes de travail est assurée.

De manière encore plus évidente que dans le domaine de l'assainissement, l'interaction captage-procédé doit être étudiée au cas par cas en associant les différents services concernés : ingénierie, exploitation, maintenance, etc.

## Sécurité du site

Les règles de sécurité doivent être également prises en compte.

Il est recommandé que la concentration en solvants ne dépasse jamais, en tout point, 25 % de la limite inférieure d'explosivité (LIE), valeur qu'il faut adapter aux circonstances de l'installation.

Il faut donc déterminer, par le calcul ou par expérimentation, la LIE des mélanges de solvants considérés et mettre en place un système de détection fiable. Ce système permettra de vérifier que la limite retenue pour garantir la sécurité de l'installation n'est pas atteinte. Il est souhaitable que ce système soit calibré dans les conditions d'utilisation (nature des solvants, concentrations, températures, etc.).

# 3 Critères de choix du procédé de traitement

Le choix d'un procédé de traitement pour la réduction des différents rejets constitue la dernière étape du processus global de réduction des émissions. C'est une opération délicate dans la mesure où il n'existe pratiquement jamais de solution unique et évidente. Il faut donc consacrer du temps et des ressources suffisantes à l'examen des différentes options et à l'établissement de critères généraux ou spécifiques du site pour aider à la décision, sans oublier de tenir compte des évolutions prévisibles du site.

Sachant qu'il n'existe pas de procédé universel permettant de traiter les émissions gazeuses chargées en COV, il convient de définir quelques éléments de choix d'un procédé répondant au mieux à la problématique posée.

Ces choix peuvent reposer sur des **paramètres chiffrés** qu'il faut déterminer, mais les **caractéristiques spécifiques à chaque site** sont également à prendre en compte. Enfin, l'adéquation **des coûts d'investissement et de fonctionnement** aux performances est à définir.

## Paramètres chiffrés

Dans un premier temps, des données précises doivent être générées sur le site industriel. Le diagramme suivant donne les paramètres les plus significatifs à déterminer. Une partie de ces données est déterminée lors du bilan initial des COV émis par l'entreprise, bilan qui permet d'orienter le choix vers la suppression ou le traitement des COV.

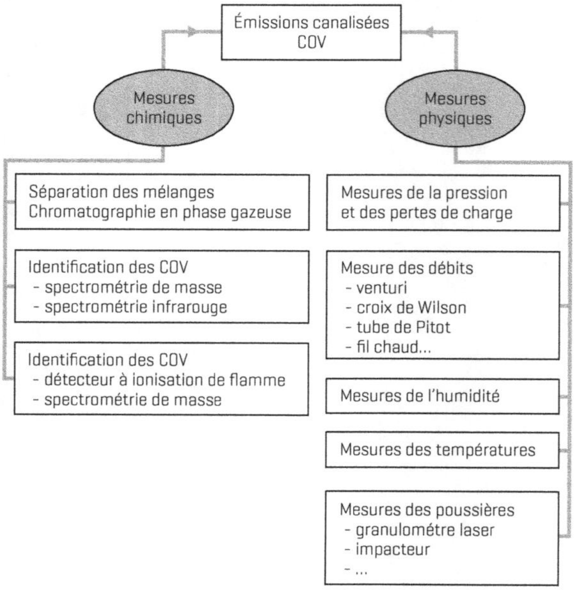


◄ Génération de données nécessaires au choix et au dimensionnement d'un procédé de traitement des COV (Source : P. Le Cloirec, www.techniques-ingenieur.fr)

- La **nature des COV**, en particulier dans le cas des mélanges, et leur **concentration** sont à définir. Les outils nécessaires à l'analyse sont maintenant assez courants comme les couplages chromatographie phase gazeuse – spectrométrie de masse (GC/MS).
  Des analyses sur des durées assez longues sont nécessaires pour intégrer les variations possibles en quantité et en qualité des COV émis.
  Une corrélation de ces valeurs avec l'émetteur, les cycles de production ou encore le stockage-déstockage, sera intéressante pour une meilleure gestion au jour le jour du système de traitement.
- Si l'on étudie l'effluent à traiter, il convient de déterminer le **débit** en tenant compte de ses variations temporelles et de ses caractéristiques comme la **température, l'humidité, la présence de poussières ou de particules, la pression, etc.**

## Orientation vers un procédé ou une famille de procédés

Dans un premier temps, la **nature** des COV à traiter va orienter le choix du traitement vers un procédé ou une famille de procédés.

Les **débits et les concentrations, ainsi que l'objectif d'épuration**, vont également influer sur le choix du procédé de traitement. Le graphe ci-dessous présente les zones d'utilisation économiquement optimales pour les procédés couramment utilisés.

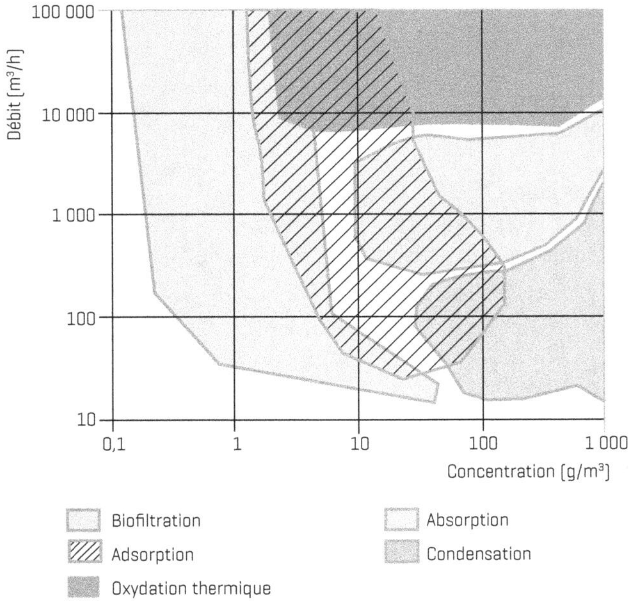


Zone de faisabilité économique des principaux procédés d'épuration d'air chargé en COV [Source : P. Le Cloirec, www.techniques-ingenieur.fr]

Ensuite, le fait que les effluents à traiter ne contiennent pas seulement des COV devra être pris en compte et des traitements adaptés devront être mis en place.

Par exemple, le flux gazeux est souvent chargé en **poussières** provenant soit du process, soit de l'ambiance, qui peuvent perturber le fonctionnement du procédé de traitement par un colmatage rapide du système et donc une augmentation des pertes de charge.

De même, l'**humidité** relative dans l'air à épurer peut atteindre des valeurs importantes voire majoritaires (cas des buées). La vapeur d'eau doit être alors considérée comme un composé pouvant entrer en compétition avec les COV dans les processus d'élimination, et les performances du système peuvent être fortement diminuées voire annihilées si ce paramètre n'est pas pris en compte dès le départ.

## Caractéristiques spécifiques à chaque site

Les caractéristiques spécifiques à chaque site sont également à prendre en compte dans le choix du procédé de traitement :

- site :
  - place disponible et possibilités d'extension,
  - impact visuel ;
- personnel :
  - qualification des personnels,
  - capacité à maîtriser la technologie de traitement,
  - capacité à assurer la maintenance ;
- procédé :
  - unitaire ou centralisé,
  - impact du procédé de fabrication,
  - adaptabilité aux modifications ultérieures du procédé de fabrication ;
- sécurité :
  - contraintes de sécurité,
  - gestion des stocks de produits chimiques ;
- intrants et sortants (les sous-produits à l'issue du traitement) :
  - sources d'énergie disponibles,
  - possibilités de valorisation énergétique,
  - possibilités de récupération des matières premières,
  - génération de liquides plus ou moins pollués, existence de moyens de traitement d'eaux résiduaires,
  - production de déchets.

## Coûts d'investissement et de fonctionnement

Enfin, les coûts d'investissement et de fonctionnement vont bien entendu intervenir dans le choix ultime et définitif du procédé. Ils dépendent fortement des facteurs clés abordés précédemment et il est donc conseillé de réaliser une étude de faisabilité avant toute décision d'investissement dans un traitement.

# 4 Procédés de traitement

Les émissions rejetées à l'extérieur des locaux doivent être traitées afin de respecter l'environnement ou, plus pragmatiquement, les valeurs limites imposées par la réglementation.

Les procédés de traitement se classent en deux grandes catégories :

- les **procédés récupératifs** (au sens de la récupération matière) : toutes les possibilités de réutilisation des COV récupérés doivent être examinées (recyclage dans le même procédé, dans un autre procédé, vente). Parmi ces procédés figurent **l'absorption**, **l'adsorption**, **la condensation**, la séparation sur membrane (peu développée en France),
- **les procédés destructifs** qui comprennent **le traitement biologique**, **l'oxydation thermique** et **l'oxydation catalytique**.

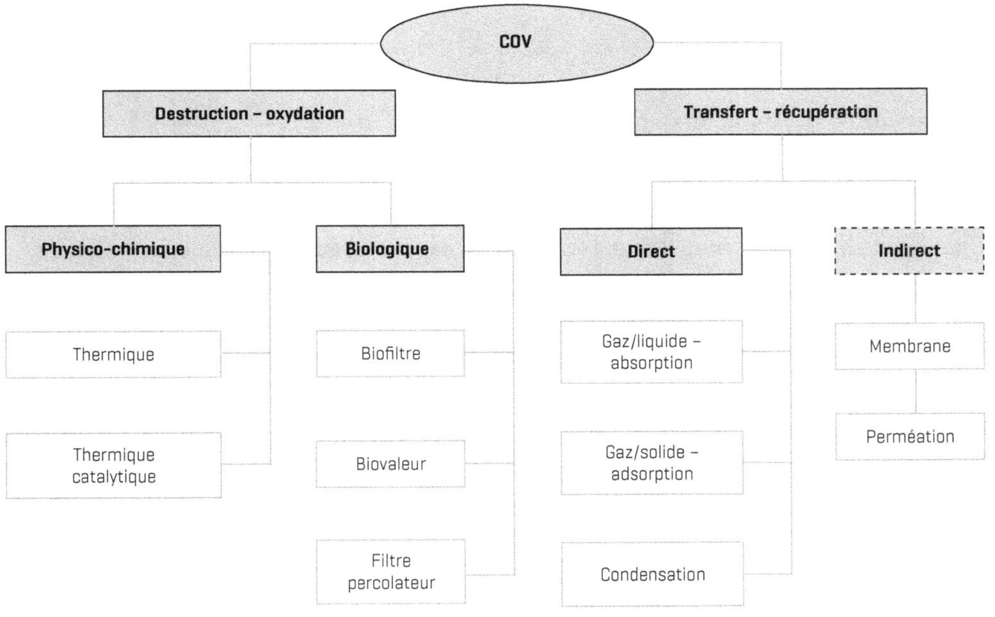


▲ Principaux procédés de traitement des COV [Source : P. Le Cloirec, www.techniques-ingenieur.fr]

## Les traitements récupératifs

> **À noter**
> Si le recyclage du solvant n'est pas utile au final dans l'entreprise, le choix du traitement récupératif peut néanmoins être adopté s'il convient techniquement au site.

Dans cette option, les COV sont récupérés en tant que matière. Le principe du traitement récupératif réside dans l'optimisation maximale de l'utilisation des COV soit :
- par recyclage dans le même procédé (seconde utilisation dans la même installation) ;
- par recyclage dans un autre procédé (seconde utilisation sur le même site) ;
- par recyclage en externe, c'est-à-dire par la vente des solvants récupérés.

## Les traitements destructifs

Dans cette option, les COV sont détruits. Les techniques de destruction sont particulièrement utilisées dans le cas de mélanges de composés, dont la récupération s'avère complexe et coûteuse. Elles peuvent néanmoins être aussi utilisées pour des effluents ne contenant qu'un seul composé, à défaut de faisabilité d'un traitement dit récupératif.

Si dans les traitements destructifs la récupération de matière n'est pas possible, il est par contre envisageable de récupérer l'énergie calorifique produite par le procédé de destruction (dans le cas d'un système de traitement thermique). On parle dans ce cas de valorisation énergétique. Cette possibilité est aussi conditionnée par l'intérêt d'une telle valorisation énergétique sur le site.

## Intérêts et précautions à prendre

Dans les deux cas, on notera un double intérêt :
- le premier est bien sûr la réduction des émissions pour un respect de la réglementation environnementale (la démarche pouvant aller au-delà de la simple mise en conformité) ;
- le second est la valorisation énergétique, induisant quelle que soit l'option, une optimisation économique dont il faut tenir compte dans le bilan économique du traitement.

Dans tous les cas, une étude préalable est nécessaire pour déterminer la composition physico-chimique du gaz à traiter et ses caractéristiques, ce qui permettra de donner une première orientation vers l'axe de traitement envisageable.

Chaque type de traitement présente des exigences quant à la nature des effluents à traiter (traitement d'un mélange de COV ou d'un COV seul, présence de particules et de produits colmatants, etc.) et des conditions de mise en œuvre des procédés (débit, concentration, température, taille de l'installation, etc.). En analysant ces différentes données tout en prenant en compte les spécificités du site, il sera possible de s'orienter vers un type de traitement.

Le but de la partie suivante est de présenter les différents traitements :
- principe et mécanismes,
- conditions de mise en œuvre,
- incidences économiques ;

pour en tirer les clefs essentielles de comparaison et faire le choix de traitement le plus adapté.

K

# Traitements récupératifs des émissions de COV


**1. Traitement par absorption** .......... 125
Présentation
Équipements
Données techniques et économiques

**2. Traitement par adsorption** .......... 133
Présentation
Matériaux de garnissage
Équipements
Adsorption-désorption
Données techniques et économiques

**3. Traitement par condensation** .......... 142
Présentation
Équipements
Données techniques et économiques

**4. Traitement par techniques membranaires** .......... 147
Présentation
Procédés
Données techniques et économiques

**5. Séparation des mélanges de solvants en phase liquide** .......... 151

**6. Récapitulatif des traitements récupératifs** .......... 152

# 1 Traitement par absorption

## Présentation

### Principe

**L'absorption est un processus de transfert de masse d'un composé, de la phase gazeuse vers la phase liquide. Le traitement par absorption consiste donc au passage de COV de l'effluent gazeux vers un liquide de lavage.** On appelle l'effluent à traiter, *l'absorbat* et le liquide de lavage, *l'absorbant*. La performance de traitement qui peut en être attendue est un taux d'épuration supérieur à 90 %.

L'absorption gaz-liquide s'effectue dans un « laveur de gaz » (appelé aussi scrubber ou contacteur), dont le rôle est la mise en contact du polluant gazeux et du liquide. On distingue :

- l'absorption physique : mise en contact gaz-liquide. Il s'agit d'une absorption simple sans modification du composé à transférer. Elle est conditionnée par la solubilité du polluant dans le liquide ;
- l'absorption physico-chimique : mise en contact gaz-liquide et réaction chimique entre le polluant et le réactif présent dans la phase liquide. Cette dernière permet de modifier, si nécessaire, les concentrations en jeu et d'augmenter le transfert du COV du gaz vers le liquide.

### Paramètres du traitement par absorption

- Paramètres liés à la nature de l'effluent à traiter : les COV dans l'effluent à traiter doivent être solubles dans les liquides utilisés pour réaliser l'absorption. Un prétraitement de l'effluent peut être nécessaire en cas de présence d'aérosols, de particules, de poussières dans le gaz et pour le refroidir.
- Débits : 200 à 100 000 $Nm^3/h$
  Le procédé par absorption constitue une technique souple et adaptable aux variations de charge et de débit.
- Concentration : quelques mg à 50 $g/Nm^3$.

### Paramètres liés à la mise en œuvre du procédé

#### Quantité de matière transférable du gaz vers le liquide

Ce paramètre est à la fois lié à la solubilité du ou des COV à traiter et à la qualité du liquide de lavage :

- Solubilité : une bonne solubilité de l'effluent de COV à traiter est indispensable. La solubilité augmente quand la température diminue. Il est donc conseillé de travailler à température la plus basse possible.

- Qualité du liquide de lavage :
  - un pouvoir de dissolution du composé à absorber et un pouvoir mouillant importants pour bien se disperser sur les garnissages des colonnes de lavage (Voir le paragraphe Équipement),
  - une régulation du pH de façon à obtenir une solubilité optimale des composés,
  - une faible volatilité pour limiter les pollutions secondaires, et une faible viscosité pour limiter les pertes de charge dans l'installation,
  - une bonne stabilité chimique par rapport au composé à absorber,
  - peu coûteux ou facilement recyclable.

Type de liquide de lavage : l'eau possède toutes les caractéristiques requises d'un liquide de lavage. C'est le liquide de lavage le plus fréquemment utilisé quand le composé à éliminer est miscible ou dissociable dans l'eau. Cependant, ce n'est pas le cas pour beaucoup de COV et il faut alors utiliser des liquides absorbants organiques (exemple : huile).

## Régénération du liquide de lavage

Le liquide de lavage peut être coûteux et sa régénération est conseillée. Il faut pour cela le déconcentrer en permanence pour pouvoir le recycler en tête de colonne. L'absorption est un procédé particulièrement intéressant si la régénération du liquide de lavage est facile.

▼ Schéma de lavage de gaz avec régénération du liquide de lavage

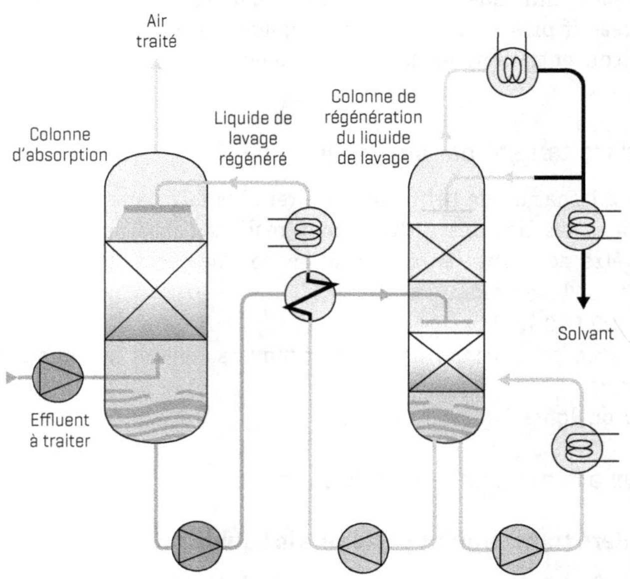


### Temps et surface de contact gaz-liquide

Ces deux paramètres sont liés au type d'absorbeur, en particulier le nombre d'étages d'équilibre[1] qu'il possède (Voir le paragraphe Équipement).

1. Les absorbeurs doivent être conçus de façon à offrir un temps et une surface de contact suffisants entre le gaz à traiter et le liquide de lavage pour permettre au phénomène d'absorption d'avoir lieu avec la meilleure efficacité possible : les étages dits « d'équilibre » conditionnent la qualité du contact liquide-gaz.

# Équipements

## Colonne à garnissage

### Principe

Le procédé consiste au ruissellement du liquide sur un garnissage : le gaz et le liquide circulent en général à contre-courant (le gaz dans le sens ascendant et le liquide dans le sens de la gravité, descendant).

### Utilisation

Les limites d'utilisation sont liées au débit de l'effluent gazeux : il ne doit pas être trop important au risque de provoquer l'engorgement du garnissage.

### Choix du garnissage

Le choix du garnissage est un des éléments essentiels dans le procédé d'absorption et il est conditionné par :

- la surface de contact possible entre le gaz et le liquide utilisé,
- la perte de charge qu'il engendre lors de l'écoulement des deux phases,
- le prix,
- la résistance du matériau vis-à-vis des COV.

Il existe de nombreux types de garnissages : anneaux, selles, tissus, etc. Ils se présentent dans des matériaux variés : verre, céramiques, grès, métal, plastique et peuvent être rangés, structurés ou disposés en vrac.

Exemples de garnissage

| Garnissage | Diamètre (mm) | Densité (kg/m³) |
|---|---|---|
| Anneaux Rashig céramique | 6-50 | 650-960 |
| Anneaux Rashig métal | 6-50 | 590-2 130 |
| Anneaux Pall en polypropylène | 16-88 | 64-112 |
| Selle Intalox zen céramique | 6-50 | 600-860 |

### Schéma de l'installation

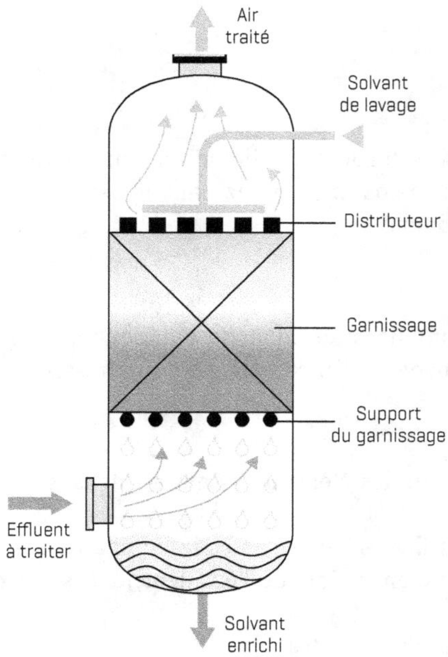


- Composition du système :
  - 1 grille de support de garnissage (elle doit pouvoir supporter le poids du garnissage et du liquide) ;
  - 1 entrée pour le gaz ;
  - 1 système de distribution du liquide ;
  - 1 dévésiculeur pour éliminer les gouttes de liquide qui pourraient être entraînées par le gaz.
- Dimensionnement d'une colonne de garnissage : nécessite une étude hydrodynamique pour la détermination des vitesses d'engorgement et le calcul du dimensionnement du diamètre de la colonne, ainsi qu'une étude du transfert de matière pour les calculs des hauteurs et du nombre d'unités de transfert de la colonne.
- Continuité de fonctionnement : un fonctionnement discontinu est possible car la mise en route et le redémarrage du procédé sont immédiats.
- Principale contrainte d'utilisation : risque de colmatage lié à la présence de poussières dans l'effluent à traiter.

## Colonne à plateaux

### Principe

Le contact entre le gaz et le liquide est réalisé avec des plateaux perforés. Ce système ne fonctionne qu'à contre-courant.

### Utilisation

Il est préférable d'opter pour un système de colonne à plateaux lorsque :

- le système de colonne de garnissage (voir plus haut) est estimé aux limites de ses capacités au risque d'un engorgement,
- le débit de liquide est insuffisant pour mouiller le garnissage,
- il est nécessaire de chauffer ou de refroidir préalablement l'effluent pollué,
- il est nécessaire d'avoir recours à une réaction chimique,
- l'effluent contient des poussières.

### Schéma de l'installation

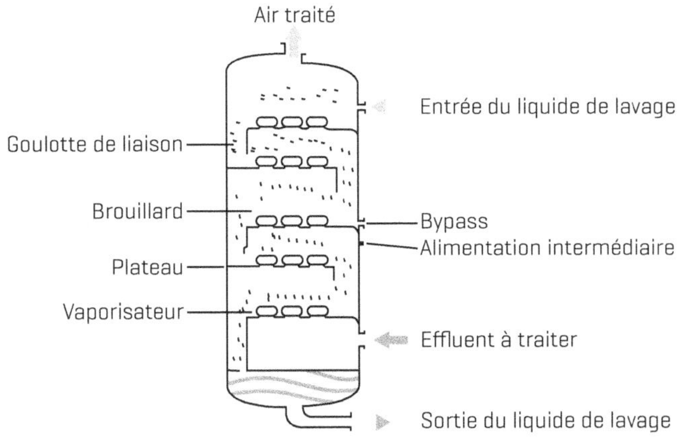


Ce type d'absorbeur ne peut fonctionner qu'à contre-courant. La colonne est équipée d'une série de plateaux disposés en quinconce et munis d'orifices permettant le passage du gaz. Le liquide s'écoule par gravité d'un plateau à l'autre. Un système de déversoir permet de maintenir sur chaque plateau une couche de liquide à travers laquelle le gaz se disperse sous forme de bulles.

## Colonne à pulvérisation et atomisation

### Principe

Le gaz à traiter est envoyé dans une colonne vide où le liquide de lavage est pulvérisé par un système de buses ou de dispersion à contre-courant (ou à co-courant).

### Utilisation

Les colonnes à pulvérisation ne sont mises en œuvre que lorsque les composés à traiter sont très solubles en phase liquide et lorsque la réaction chimique est rapide.

## Schéma de l'installation

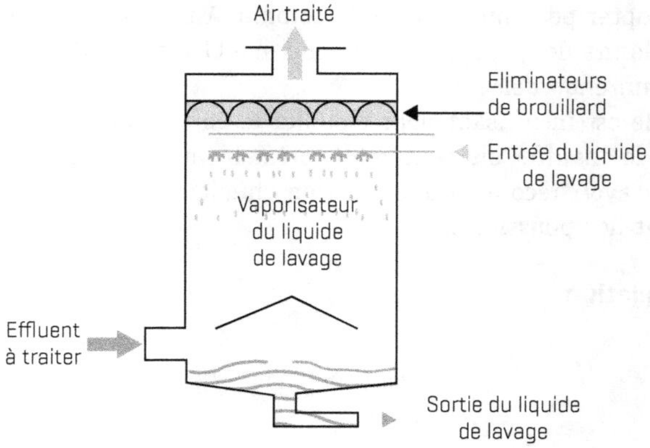


Le liquide de lavage est pulvérisé et dispersé dans la colonne vide, sous forme de gouttelettes, ce qui présente l'avantage de développer une grande surface d'échange.

- les plus grosses tombent au pied de la colonne ;
- les plus fines sont entraînées par le flux gazeux et doivent être récupérées par un dévésiculeur.

Le système fonctionne donc en régime mixte, contre-courant et co-courant.

Un compromis est à rechercher entre le souci d'avoir des gouttes de taille aussi faible que possible pour développer une surface d'échange importante et la nécessité de privilégier le régime à contre-courant, plus efficace si l'absorption est de type physique.

Ce système est caractérisé par des pertes de charge réduites.

## Colonne à pulvérisation

Un des systèmes les plus performants est l'atomiseur Venturi : l'appareil est constitué d'un système convergent-divergent traversé par le gaz à traiter. L'apport de gaz sous pression provoque l'éclatement et l'atomisation du liquide de lavage injecté avant dans le col du Venturi.

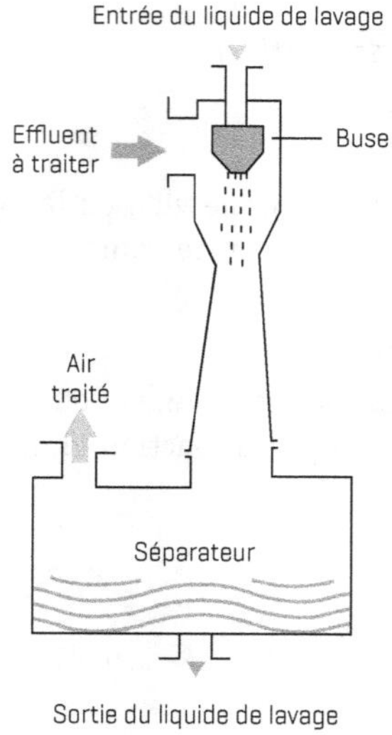


Atomiseur Venturi

La vitesse atteinte dans le col de Venturi est élevée : de l'ordre du m/s à quelques m/s (10 à 20). La vitesse doit être suffisamment élevée pour créer un régime de turbulences et améliorer le contact entre phase gazeuse et phase liquide. L'étranglement du réacteur a pour effet d'augmenter la vitesse des gaz (« effet Venturi »).

### Mélangeur statique

#### Principe

Dans ce système, les mélangeurs sont directement placés dans les canalisations ce qui permet un gain de place important.

#### Utilisation

L'utilisation du mélangeur statique est recommandée lorsque l'absorption fait intervenir une réaction chimique qui doit être rapide.

Les mélangeurs statiques sont encore mal connus dans le traitement des gaz mais peuvent être une alternative intéressante pour une installation compacte.

Les aires d'échanges et les coefficients volumiques de transfert de ces appareils sont très importants. En contrepartie, ceci induit aussi une perte de charge importante dans le circuit.

## Données techniques et économiques

### Les critères de choix à retenir

Le choix vers un traitement par absorption devra prendre en compte :

- la taille de l'installation ;
- l'efficacité de l'absorption recherchée ;
- la présence éventuelle de composés corrosifs (pour le choix des matériaux des équipements) ;
- la possibilité d'assurer un long temps de séjour de ce dernier ;
- la capacité à « traiter » la phase liquide, car il ne s'agit que d'un transfert de pollution ;
- la nécessité d'extraire de la chaleur ou de soutirer du liquide à différents niveaux ;
- les pertes de charge ;
- les possibilités d'arrêter ou non l'installation de traitement ;
- le coût du liquide de lavage et de sa régénération.

Pour l'absorption en régime physique on préfèrera les colonnes à garnissage ou à plateaux.

### Domaines d'application

Ce procédé de traitement est mis en œuvre dans les industries chimiques, pétrochimiques et pharmaceutiques, et dans l'industrie agroalimentaire qui utilisent l'absorption comme technique de séparation. L'absorption est particulièrement adaptée pour la récupération :

- de produits lourds : kérosène, naphtalène, anthracène, PVC, etc., et notamment pour le traitement des gaz de cokerie et la récupération du kérosène dans le laminage à froid de métaux non ferreux ;
- de cétones ;
- de tétrahydrofuranes (secteur de la fabrication de bandes magnétiques où il peut être récupéré par lavage à l'huile et réutilisé dans le procédé).

Dans les années 80, notamment aux Etats-Unis, ce procédé a été également introduit dans des secteurs tels que le traitement de surface et le dégraissage.

## Coût

Le coût dépend :
- du débit du liquide de lavage utilisé : plus le débit est élevé plus le coût est élevé ;
- de l'énergie électrique nécessaire pour le fonctionnement des pompes, des ventilateurs, des unités de réfrigération ;
- de l'énergie électrique nécessaire pour la régénération de l'absorbant.

Les autres points à prendre en compte sont :
- le prix du liquide de lavage : peu élevé ou régénérable à faible coût ;
- en présence d'une réaction chimique : coût du réactif, coût de son stockage ;
- en l'absence de réaction chimique : une étape de régénération/traitement du liquide sera nécessaire ce qui induit également un coût supplémentaire.

Comparatif synthétique des systèmes d'absorption

| Équipement | Utilisation | Coût énergétique |
|---|---|---|
| Colonne à garnissage | Tous usages | Moyen |
| Colonne à plateaux | Faibles débits de gaz | Moyen |
| Colonne à pulvérisation | COV à grande solubilité | Faible |
| Tour à atomisation | COV à grande solubilité | Élevé |
| Système venturi | Recommandé avec réaction chimique | Élevé |
| Mélangeur statique | Recommandé avec réaction chimique | Élevé |

## Compétences et savoir-faire

Le traitement par absorption nécessite des compétences pour le fonctionnement et la maintenance. Des contrôles permanents doivent être effectués sur :
- la perte de charge de la colonne ;
- la concentration en réactifs par mesure du pH ou d'oxydoréduction afin d'assurer le bon fonctionnement de l'unité de lavage.

L'entretien préventif et correctif représente 10 à 15 jours par an selon la taille de l'installation.

Dans le cadre de la régénération du liquide de lavage, la mise en place d'un procédé permanent de déconcentration pour pouvoir le recycler en tête de colonne doit être précédée d'une étude des COV à traiter et de leur utilisation ultérieure. Cette étude requiert des compétences en génie chimique pour déterminer parmi toutes les techniques de séparation utilisables (distillation, strippage, extraction liquide-liquide, liquide-solide) celle qui convient le mieux.

# 2 Traitement par adsorption

## Présentation

### Principe

**L'adsorption est un phénomène de transfert d'une molécule depuis la phase gazeuse ou liquide vers la surface d'un solide.** On appelle le polluant, l'*adsorbat* et le solide l'*adsorbant*. L'adsorption repose sur la propriété qu'ont les surfaces solides de fixer certaines molécules de manière réversible par des liaisons électrostatiques.

Cette réversibilité permet la désorption ultérieure de l'adsorbant.

Dans la pratique, le flux de gaz à traiter traverse une colonne d'adsorbant dans laquelle se constitue un front d'adsorption. La phase d'adsorption s'arrête lorsque le matériau est saturé et que le polluant n'est plus retenu en quantité suffisante. Dans la plupart des cas, l'adsorbant doit être régénéré. (Voir également le paragraphe Désorption).

On distingue :

- **l'adsorption physique :** elle met en œuvre des énergies « attraction-répulsion » par un système de forces électrostatiques. Il s'agit de forces de Van der Waals, en particulier des liaisons de types hydrogènes ou entre noyaux aromatiques. Ces interactions apparaissent quand le matériau utilisé possède des fonctions de surface ; la structure microporeuse joue également un rôle important.
  Le caractère réversible de ces interactions donne la possibilité d'une régénération de l'adsorbant par une désorption simple ;
- **l'adsorption chimique :** elle met en œuvre une énergie d'interaction plus élevée produisant des liaisons covalentes entre les molécules de la phase gazeuse et la surface solide. La stabilisation du système rend dans ce cas, l'adsorption difficilement réversible.

### Paramètres du traitement par adsorption liés aux COV

- **Nature des COV :**

Le traitement par adsorption est mieux adapté aux effluents gazeux à composition simple (avec un nombre limité de COV), surtout pour éviter des séparations ultérieures complexes lorsque l'on souhaite récupérer les solvants.
Certaines familles de composés sont mieux adsorbées que d'autres. Lorsque des mélanges complexes de COV sont traités, certaines molécules peuvent avoir plus d'affinités que d'autres avec l'adsorbant. Ceci rend la prévision du temps de rupture difficile (stade auquel l'adsorbant arrive à saturation et doit être régénéré ou changé).
L'effluent gazeux doit être exempt de composés ou d'aérosols (liquides ou solides), de résines ou de substances polymérisables pouvant se déposer sur l'adsorbant et en réduire ses capacités par :

- une réduction du passage inter-granulaire qui entraînerait une augmentation de la perte de charge ;

– une diminution du temps de séjour des gaz par une diminution du degré de vide et donc un temps de contact plus faible entre le polluant et l'adsorbant.

La performance de traitement qui peut en être attendue est de 95-98 %.

- **Débits** : le procédé permet une large amplitude de débits : 200 à 100 000 $Nm^3/h$ et accepte des pics de débit.
  C'est la technique la plus adaptée lorsque les débits sont très faibles (évents de cuves de stockage, remplissage de réservoirs...).
- **Concentrations :** la plage de concentration admise est assez large : de 1 à 50 $g/m^3$. De plus, ce type de traitement supporte bien les fluctuations de concentrations.

## Paramètres liés à la mise en œuvre du procédé

L'efficacité du procédé d'adsorption dépend des critères propres au matériau adsorbant et des critères propres à l'effluent.

### Critères de qualité du matériau adsorbant

- surface spécifique ;
- volume poreux, diamètres poreux ;
- taille des grains (qui conditionne l'écoulement et donc la perte de charge) ;
- vitesse de passage qui doit être de l'ordre de 0,15 m/s (jusqu'à 0,55 m/s pour certains composés très adsorbables) ;
- propriétés chimiques de surface (acidité/basicité, affinité avec les composés polaires ou non polaires) ;
- tenue mécanique et friabilité (pour éviter les baisses de performances et les pertes de matériaux lors des cycles d'adsorption-désorption).

L'adsorbant doit fixer préférentiellement des COV par rapport à d'autres espèces adsorbables, comme la vapeur d'eau, et être insensible aux gaz permanents constituant l'effluent, tels que $N_2$, $O_2$, $CO_2$, etc.

### Caractéristiques du composé à traiter

- **Concentration :** plus elle est élevée, plus la capacité d'adsorption est grande.
- **Humidité :** plus l'air est humide, moins les capacités d'adsorption sont bonnes. La teneur en humidité du gaz à adsorber ne doit pas dépasser 50 % à 60 %.
- **Température :** la température de l'effluent doit se situer en deçà de 30 ou 40 °C.

> **Attention**
>
> Plus la température est élevée, moins l'adsorption est efficace : la capacité statique de l'adsorbant diminue en effet lorsque la température augmente.
> Dans tous les cas, l'adsorption est un phénomène exothermique mais l'exothermicité est plus importante avec certains composés comme les cétones, et des règles de sécurité sont à respecter.

# Matériaux de garnissage

## Charbon actif

### Composition du charbon actif

Il s'agit d'un carbone microporeux obtenu par des éléments naturels : tourbe, bois, lignite, charbon bitumineux, noix de coco, etc.

Les charbons actifs à base de bois ou de noix de coco sont les adsorbants les plus couramment utilisés et ce depuis très longtemps dans le traitement des COV, en raison de leur affinité pour les molécules organiques. Il existe des charbons acides et des charbons basiques suivant la composition du matériau précurseur et le mode d'activation (par imprégnation chimique avant activation ou par activation sous gaz $CO_2$ ou $H_2O$).

### Aspect du matériau adsorbant

La présentation du matériau dépend de son mode de préparation et de son type d'utilisation.

Le charbon actif est produit sous différentes formes :
- poudres : diamètre médian de 8 à 80 µm ;
- granulés : diamètre médian de 6 µm à 200 µm ;
- extrudés : 0,8 mm à 5 mm et longueur de 5 mm à 2 cm ;
- feutres, tissus ou fibres qui peuvent être constitués, soit de charbon actif à 100 %, soit de dépôt de charbon actif en poudre ou billes sur un support textile.

Les granulés ou extrudés sont les plus utilisés dans les systèmes en lit fixe (Voir le paragraphe Équipement) car ils permettent de traiter des débits élevés avec une perte de charge acceptable.

### Caractéristiques du charbon actif

- **Surface spécifique :** de 800 à 2 000 $m^2/g$ (à titre comparatif, le sable développe une surface d'environ 5 $m^2/g$). Elle a une influence sur la capacité d'adsorption.
- **Volume poreux et rayon des pores** est à comparer avec les molécules à piéger dont la masse moléculaire doit être comprise entre 45 à 130 g/mole. Le volume et le rayon des pores influencent la capacité statique et la cinétique de l'adsorption. (Voir aussi les caractéristiques de l'effluent ci-après).
- **Taille et dureté du grain** qui ont une influence sur :
  - la vitesse d'adsorption,
  - la perte de charge dans le lit filtrant,
  - la stabilité des lits.

### Points de vigilance : réactions secondaires et risques d'inflammation

Avec le charbon actif, mauvais conducteur thermique, des élévations locales de température peuvent se produire en présence de concentrations en polluants élevées. La présence de composés particuliers tels que la méthyléthylcétone ou la cyclohexanone peut produire des réactions secondaires (déshydratation exothermique) et entraîner une accumulation de chaleur, lorsque l'installation est à l'arrêt, puis une inflammation du charbon en présence d'oxygène. Des précautions doivent être prises contre les risques d'incendie (voir plus loin la zéolithe qui supporte des températures plus élevées) et il est notamment préconisé de maintenir un débit minimal sur l'installation afin de limiter la création de points chauds dans le lit de charbon actif, ou bien, d'inerter le lit de charbon actif avec de l'azote avant d'arrêter l'installation.

Exemples de capacités maximales d'adsorption du charbon actif pour divers solvants en kg de solvant par tonne de charbon actif
[source : P. Le Cloirec, 1998]

| Charbon | Tétrachlorure de carbone | Perchloroéthylène | Trichloroéthylène | Toluène | Monochlorobenzène |
|---|---|---|---|---|---|
| Noix de coco 1 | 725 | 715 | 720 | 470 | 620 |
| Noix de coco 2 | 810 | 880 | 785 | 500 | 640 |
| Noix de coco 3 | 755 | 830 | 730 | 440 | 515 |
| Extrudé tourbe | 690 | 730 | 670 | 400 | 500 |
| Extrudés bois | 1000 | 1150 | 990 | 600 | 760 |

## Zéolithes

### Constitution

La base des zéolithes est un squelette cristallin alumino-silicaté tridimensionnel. Ces solides cristallisés ont une structure microporeuse faite de cavités et de canaux de taille bien définis. Les propriétés adsorbantes des zéolithes hydrophobes reposent sur cette structure microporeuse importante, sur la taille des pores et sur leur composition chimique.

La performance d'adsorption de la zéolithe est inférieure à celle du charbon actif mais elle présente deux intérêts : elle est moins sensible aux températures élevées et possède des propriétés sélectives intéressantes.

**Remarque**

Ces dernières années, la recherche s'est intéressée à la synthèse de nouvelles structures stables à pores de plus en plus larges. Des zéolithes dont l'ouverture des cages et la forme des pores s'ajustant au mieux au réactif à traiter sont en cours d'élaboration.

**Caractéristiques de la zéolithe**

- **Surface spécifique :** jusqu'à 900 $m^2/g$
- **Taille des pores :** entre 3 et 13 angström
- **Stable en température :** incombustible, ce qui permet des températures de régénération élevées (800 °C). Étant donné le niveau relativement bas de la température de régénération (< 200 °C), elles ne subissent aucune modification de structure au cours du temps et conservent donc leur capacité d'adsorption.

Certaines zéolithes hydrophobes sont pratiquement insensibles à des humidités de l'ordre de 50-70 %. Elles ont aussi l'avantage d'être stables en température.

**Autres types d'adsorbants**

Argiles particulières, alumine activée, gel de silice, résines, autres précurseurs synthétiques du type viscose, phénolique ou polyacrylonitrile utilisés pour la fabrication des fibres de carbone activé.

# Équipements

## Lit fixe

### Principe

L'effluent à traiter est amené sur un lit fixe. La section de ce lit est calculée de manière à ce que la vitesse de passage apparente (colonne supposée vide) soit de l'ordre de 0,3 m/s. Selon les applications, des vitesses plus faibles (0,05 m/s) ou plus fortes (0,5 m/s) peuvent être adoptées. L'effluent à traiter est, s'il y a lieu, filtré et refroidi, avant de pénétrer dans le lit de charbon actif. Le système fonctionne avec des alternances de phases d'adsorption et de désorption.

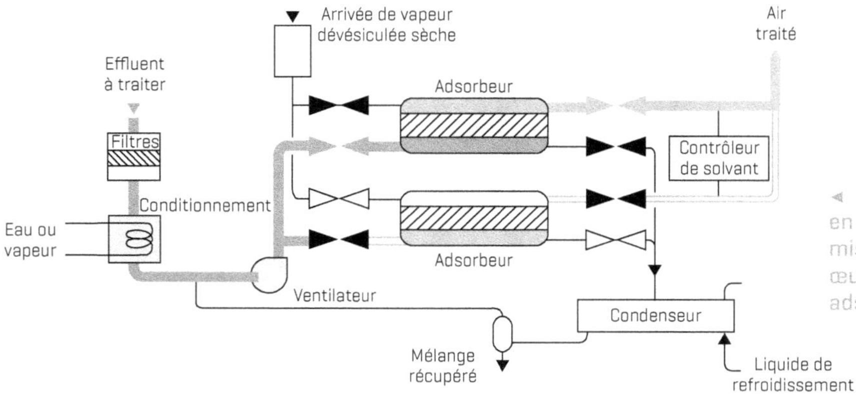


◄ Adsorption en lit fixe : mise en œuvre de deux adsorbeurs

### Dimensionnement

Le lit fixe épais est le plus fréquemment utilisé ; la hauteur du lit est généralement comprise entre 0,5 et 1,5 m mais en fonction des composés à traiter et des objectifs de concentration en sortie, la hauteur des lits peut parfois atteindre 7 m.

Les adsorbeurs à lit fixe se présentent en général sous la forme de cylindres verticaux ou horizontaux comportant des plateaux perforés sur lesquels repose l'adsorbant.

Le nombre de lits est fonction du débit à traiter : pour un débit de 100 000 $Nm^3/h$, 3 ou 4 lits sont prévus.

## Concentrateur à roue « Rotor »

### Principe

Cette technologie permet une régénération en continu de l'adsorbant. Elle peut se décrire comme un lit fixe tournant sur son axe, horizontal ou vertical.

À chaque rotation, il y a successivement adsorption des COV, puis désorption à contre-courant par un gaz chaud (air ou gaz inerte) dont le volume est 4 à 20 fois plus faible que le volume de l'effluent à traiter.

Ce gaz chaud, très fortement chargé en polluants, peut ensuite être traité par incinération thermique ou catalytique (voir chapitres 1 et 2 de la partie L) ou bien par condensation, afin de récupérer les solvants dans des conditions économiques beaucoup plus favorables que le mélange initial.

> **À noter**
>
> Certaines zéolithes sont utilisées sur des rotors en préalable à une oxydation et en alternative au charbon actif, en particulier pour leurs propriétés hydrophobes et leur moindre sensibilité à une élévation de température.

**Schéma de l'installation**

▼ Rotor axial (à gauche) et rotor radial (à droite)

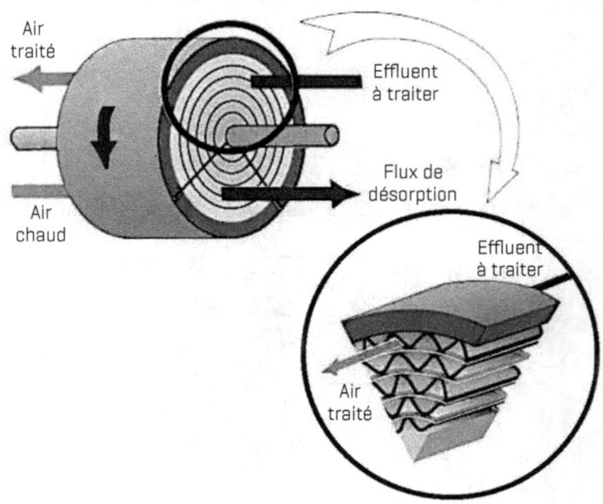


Le rotor, de forme cylindrique, a un rapport diamètre/hauteur élevé.

Exemple : un rotor de 2,4 m de diamètre et de 0,4 m de hauteur permet de traiter un débit de 27 000 $Nm^3/h$.

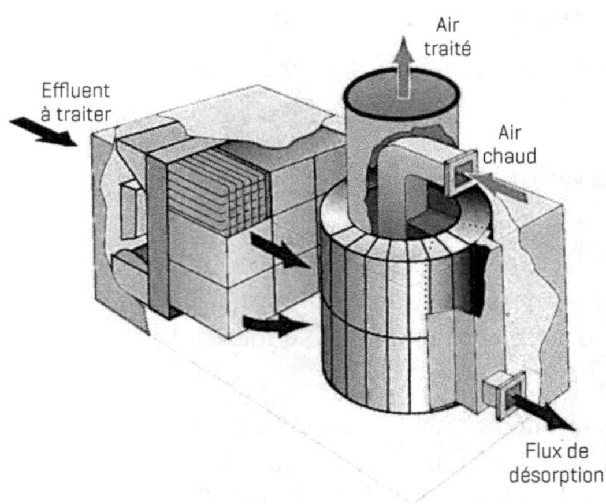


Sa structure se présente généralement sous forme monolithique, type « nid d'abeille », sur laquelle est déposé l'adsorbant (charbons actifs ou zéolithes) à l'état de poudre. L'avantage de cette configuration est une très faible perte de charge avec une bonne efficacité d'adsorption.

Le rotor peut également être constitué de paniers contenant l'adsorbant sous forme de granulés, ce qui permet leur changement éventuel plus aisé. Il peut y avoir également une zone intermédiaire de refroidissement.

Le système est calculé pour que la durée d'une révolution soit inférieure au temps de rupture de la couche d'adsorbant. Le rotor tourne en général en continu à très faible vitesse (de l'ordre de 2 tours/h) sur un axe parallèle à la direction du flux gazeux.

# Adsorption-désorption

## Principe

Après saturation du matériau adsorbant par les COV, il est nécessaire de le régénérer. C'est le rôle de la désorption (sauf exception de supports perdus et envoyés en déchets).

La régénération de l'adsorbant doit être envisagée même s'il n'y a pas récupération des molécules piégées. La désorption peut être déclenchée soit par la détection du point de rupture au moyen d'un analyseur placé en aval du système, soit au bout d'un temps déterminé par l'expérience de l'exploitation de l'installation.

On distingue :

- **la désorption in situ :** elle se fait par diverses techniques, en cycle court. Elle permet une réutilisation du filtre immédiate après désorption : le solvant ou le mélange de solvants peut être récupéré et remis en œuvre au niveau du process ;
- **la régénération chez le fournisseur** du matériau adsorbant : la tendance actuelle est à la régénération effectuée chez le fabricant dans le cas où la récupération de molécules piégées n'est pas envisagée. Il s'agit en fait d'une réactivation à haute température des matériaux saturés.

## Procédés de désorption

La régénération est réalisée par voie thermique, chimique, biologique ou encore par dépressurisation.

### Régénération thermique

La régénération thermique peut être réalisée de manière directe ou indirecte selon que l'on utilise, ou non, un fluide caloporteur :

- indirecte, avec fluide caloporteur :
  - vapeur d'eau : c'est la technique la plus utilisée car facile à mettre en œuvre sur un site possédant un circuit de vapeur. La désorption par la vapeur consiste à faire passer la vapeur surchauffée (entre 120 et 140°) ou à basse pression (0,5 bar) au travers du garnissage. Le mélange composé de la vapeur d'eau et de la vapeur du solvant est ensuite condensé puis séparé par décantation si le solvant est peu soluble dans l'eau. Un refroidissement et un séchage sont effectués avant la nouvelle utilisation. Elle pose cependant certains problèmes de dégradation ou de solubilisation de certains composés (cas du 1,1,1-trichloroéthylène et de l'éthylène). De plus des phénomènes de corrosion peuvent apparaître,
  - gaz inerte ou air chaud : cette technique permet un travail à haute température et évite les problèmes de décomposition. La faible conductivité de l'air, ou du gaz chaud, nécessite des débits importants ;
- directe, avec chauffage *in situ* :
  - effet Joule (ou Effet Joule indirect : induction) : la régénération utilisant le chauffage électrique par effet Joule est une technologie de désorption efficace sur tissus de charbon actif (davantage que sur grain). Le matériau, se comportant comme une résistance, est chauffé par passage du courant. La régénération s'effectue in situ et est facilement automatisable sans besoin d'installations annexes importantes. Lors du chauffage par effet Joule, le désorbat est poussé par de l'air ou un fluide inerte hors de l'adsorbeur, puis est ensuite séparé après passage sur un système à condensation. Le régénérat peut aussi être oxydé thermiquement. Elle apparaît intéressante tant du point de vue de sa conception et de son fonctionnement que de sa consommation énergétique.

### Régénération chimique

Elle est utilisée uniquement dans des cas très spécifiques lorsque le polluant est composé d'un seul produit. Exemples :

- les aminoalcools désorbés par de l'acide chlorydrique à 70-130 °C ;
- les composés acides de type $H_2S$ éliminés par un lavage basique ;
- des charbons actifs saturés par $H_2S$ transformé en soufre élémentaire peuvent être régénérés par du $CS_2$.

### Régénération biologique

Elle peut être utilisée à condition que les molécules adsorbées soient biodégradables :

- mise en contact avec une biomasse bactérienne ;
- lit immergé avec recirculation d'une suspension bactérienne additionnée de nutriments (carbone, azote, phosphore, oligo-éléments).

La suspension bactérienne est issue de boues de stations d'épuration (mélange de bactéries) ou au contraire d'une sélection de souches pour leur capacité à dégrader un composé en particulier.

Le taux de régénération attendu peut être de 95 % mais avec un temps très long (jusqu'à 2 mois).

### Régénération par dépressurisation

La désorption est réalisée par diminution de la pression du gaz dans la phase gazeuse en équilibre. Cette technique peut être couplée au chauffage du matériau. Elle est généralement réservée à des COV très volatils ou peu retenus par l'adsorbant.

# Données techniques et économiques

## Critères de choix à retenir

**Remarque**

Les zéolithes sont environ dix fois plus chères que le charbon actif, mais dans le cas d'un équipement de type « rotor » où les quantités de matériau adsorbant mises en œuvre sont beaucoup plus faibles qu'en lit fixe, l'écart de prix se resserre : la part de l'adsorbant dans l'investissement global est donc plus faible.

**Récapitulatif des meilleures conditions d'application d'un traitement par adsorption :**

- le nombre de COV dans l'effluent est limité (afin de favoriser leur récupération pour réutilisation) ;
- les masses molaires des composés adsorbés se situent entre 45 et 130 g/mole pour le charbon actif ;
- la température de l'effluent est inférieure à 30 °C ou 40 °C ;
- la concentration est comprise entre 0 et 50 g/Nm$^3$ (une trop forte concentration induit une réaction exothermique non favorable à une bonne adsorption) ;
- l'humidité relative de l'effluent est assez faible ou du moins inférieure à 50-60 % (la capacité d'adsorption d'un charbon actif est inversement proportionnelle à l'humidité de l'air) ;

- l'effluent à traiter :
  - ne présente aucune substance pouvant provoquer un colmatage de l'adsorbant (résines, substance polymérisable, poussières, etc.). Certaines molécules organiques (oléfines, aromatiques) peuvent être nocives pour les tamis moléculaires (zéolithes),
  - ne contient si possible aucun produit susceptible de provoquer une inflammation à très fortes concentrations (> 100 g/m$^3$) (méthyléthylcétone ou de la cyclohexanone avec le charbon actif). Dans le cas contraire des dispositions particulières doivent être mises en place pour limiter ce risque.

## Domaines d'application

Le procédé d'adsorption trouve de nombreuses applications dans les industries les plus diverses, en particulier lors de l'usage de mono-solvants. Il existe également des réalisations dans les secteurs de l'application de peinture, l'enduction, l'impression, la chimie, la pharmacie et la pétrochimie.

## Coût

### Investissement

L'investissement dépend :

- du débit de l'effluent à traiter ;
- de la nature et de la quantité du matériau adsorbant choisi ;
- de la présence ou non d'un circuit de vapeur sur le site permettant une adsorption-désorption vapeur ;
- des prétraitements éventuellement nécessaires ;
- des techniques de séparation à mettre en œuvre pour séparer les produits récupérés et permettre la réutilisation des solvants (simple décantation ou distillation, stripping...) et du traitement éventuel des eaux résiduaires.

### Exploitation

Les coûts d'exploitation dépendent notamment :

- de la consommation de fluide de désorption (exemple : la consommation de vapeur est de 3 à 5 kg/kg de solvant récupéré et représente un tiers au moins des coûts d'exploitation) ;
- des frais de maintenance ;
- de la consommation d'électricité : l'obtention d'une valeur limite très basse peut conduire à surdimensionner le lit de matériau adsorbant et à prévoir des phases d'échanges et de refroidissements plus importantes, d'où un coût énergétique plus fort ;
- de la consommation d'eau ;
- de la température de désorption requise.

Pour le charbon actif, le coût d'exploitation dépend en plus du renouvellement de la charge : dans le cas d'une régénération in situ, les charbons actifs ont une durée de vie moyenne de 6 à 8 ans. Tous les 2 à 3 ans, le lit doit être tamisé pour éliminer les particules fines et une partie doit être remplacée. Des régénérations de charge sont observées tous les mois lorsque le charbon actif est utilisé en lit « perdu ».

# 3 Traitement par condensation

## Présentation

### Principe

**Le procédé de condensation consiste à faire passer le ou les COV de la phase gazeuse à la phase liquide ou solide par abaissement de la température.** Le liquide ou le solide est ensuite séparé du gaz émetteur puis récupéré et traité en vue de sa réutilisation ou de sa destruction.

Dans certains cas, des systèmes de condensation sont utilisés comme étape de prétraitement des effluents. Le traitement final peut alors être réalisé par diverses techniques : incinération pour les solvants les plus courants, adsorption pour les solvants chlorés, ou séparation membranaire.

> **En savoir plus**
>
> Lorsque l'on refroidit un gaz contenant un seul composé condensable, la première goutte de liquide apparaît lorsque la pression partielle du composé atteint sa pression de vapeur saturante : c'est le point de rosé. Lorsque la température diminue encore, la pression partielle du composé à condenser décroît : c'est la phase de condensation.

Le captage des COV par condensation repose sur l'équilibre liquide et vapeur d'un mélange air-COV ou azote-COV. Elle est la plupart du temps mise en œuvre en trois étapes :

1. étage de refroidissement et élimination de l'eau ;
2. récupération des composés les moins volatils ;
3. récupération des composés les plus volatils.

La performance attendue du traitement par condensation est de 80 à 90 % en condensation classique (froid mécanique), jusqu'à 99 % et plus en condensation cryogénique.

### Paramètres du traitement par condensation liés à la nature de l'effluent à traiter

- **Nature des COV :** la condensation classique est particulièrement adaptée à des solvants à faibles tensions de vapeur. Le développement de la cryogénie permet d'étendre le procédé à l'ensemble des COV.
- **Débits :** la condensation peut s'appliquer à une large amplitude de débits. Le plus souvent la condensation est appliquée à des débits inférieurs à 2 000 $Nm^3/h$ (la limite du critère débit est liée à la puissance des machines frigorifiques et au coût énergétique, celui-ci étant directement proportionnel au débit à traiter).

- **Concentration** : la concentration doit être supérieure à 10 g/Nm$^3$.

### Paramètres liés à la mise en œuvre du procédé

- **Pression de vapeur saturante du solvant** : la pression de vapeur d'un gaz est la pression de vapeur exercée à l'équilibre avec la phase liquide ou solide.
- **Température :** la température de travail se situe entre -20 °C et – 80 °C.
  Pour descendre à une température inférieure à – 40 °C (limite des groupes frigorifiques à compression mécanique), des fluides cryogéniques en azote liquide ou $CO_2$ sont utilisés.
  L'objectif de dépollution est fixé, soit en termes d'efficacité d'épuration, soit en termes de valeur limite de rejet. Il permet de déterminer pour une substance donnée la température minimale à atteindre. Si cet objectif le permet, il vaut mieux travailler au-delà du point triple (ou point de congélation) pour éviter la formation de solides par cristallisation. La température minimale à atteindre est conditionnée par le composé le plus volatil à traiter contenu dans l'effluent gazeux.

**Débit**

Il est possible de réinjecter en amont l'air épuré ou un gaz vecteur afin ce stabiliser les flux de COV entrant dans les étages à basse température.

**Concentration**

Pour écrêter les pointes de concentration, une unité d'adsorption peut être placée en amont : la concentration en COV du gaz désorbé sera constante et plus élevée, ce qui est favorable à la condensation.

Les différentes sources de froid sont fonction des températures à atteindre :

- **eau ou air :** pour un pré-refroidissement (si l'effluent à traiter a besoin d'être refroidi), température de 10 à 20 °C,
- **eau saline ou autre fluide peu frigoporteur** : dans ce cas, la condensation peut être précédée d'une compression à un ou plusieurs étages ce qui permet de réduire de manière significative le niveau de température à atteindre,
- **réfrigération mécanique :** pour des températures comprises entre 0° et -30 °C,
- **fluides cryogéniques :** essentiellement l'azote liquide (pour des températures jusqu'à -196 °C) mais également le dioxyde de carbone liquide (pour des températures jusqu'à -140 °C).

**Azote liquide**

En se vaporisant (passage de l'état liquide à celui de gaz), 1 l d'azote liquide à -196 °C fournit 38,3 kcal et libère environ 690 l d'azote gazeux.

## Équipements

### Condensation à contact direct avec le réfrigérant

La mise en contact du fluide réfrigérant et du gaz à traiter se fait :

- par pulvérisation ;
- dans un contacteur gaz-liquide à garnissage ou à plateaux (mise en œuvre combinée de la condensation et de l'absorption).

Les COV sont condensés sous forme de gouttelettes ou de particules solides. Dans ce type de condensation directe, les risques de bouchage ou de givrage sont limités car les particules solides sont en suspension et peuvent être éliminées.

**À noter**

Un **dévésiculeur** peut être mis en place de part et d'autre du condenseur :
- **en amont,** pour filtrer les aérosols et les particules qui peuvent se déposer sur la surface d'échange de l'étage de condensation et limiter les transferts thermiques.
- **en aval**, afin d'éviter l'entraînement des gouttelettes qui peut nuire aux performances du système.

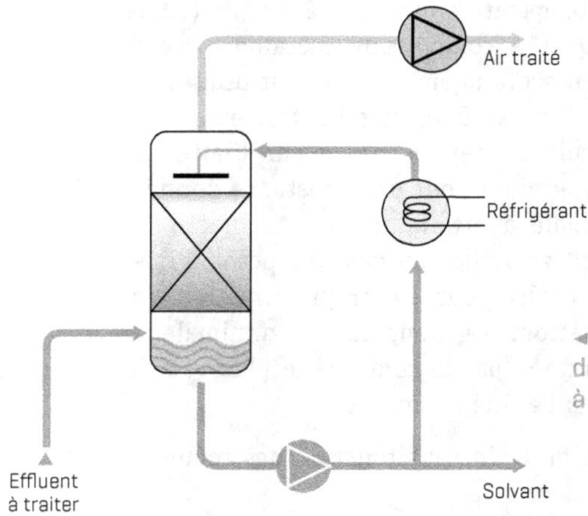


◂ Principe de condensation à contact direct

## Condensation à contact indirect avec le liquide réfrigérant

Selon le débit à traiter et les risques de cristallisation, ce type de condensation fait intervenir un échangeur à plaques, tubulaire ou à spirale. Les équipements les plus répandus sont les multitubulaires.

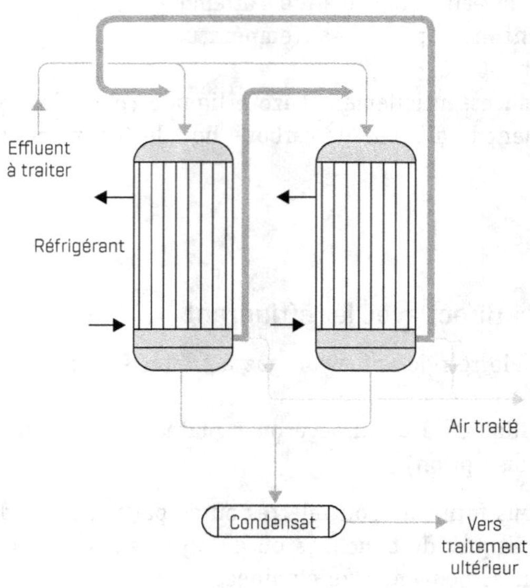


◂ Principe de condensation à contact indirect

### Condensation indirecte avec fluide frigoporteur direct

Quand la température à atteindre dans le condensateur est supérieure au point triple du COV, il est préférable d'utiliser la puissance frigorifique du fluide de refroidissement en mettant en œuvre un fluide caloporteur intermédiaire.

Ce fluide caloporteur est refroidi dans un échangeur vaporisant de l'azote liquide puis est transféré vers le condenseur de COV par une pompe de circulation. L'intervention de ce fluide caloporteur intermédiaire entre le circuit d'azote liquide et l'effluent à traiter permet d'assurer une température plus uniforme à l'intérieur du condenseur.

La température opératoire peut ainsi être mieux définie et régulée, indépendamment de la charge de l'appareil, ce qui évite le givre en cas de variation de débit ou de décomposition de l'effluent à traiter.

Ce procédé est adapté à une large gamme de puissances frigorifiques (5 à 200 kW).

▼ Condensation cryogénique : utilisation indirecte avec fluide caloporteur

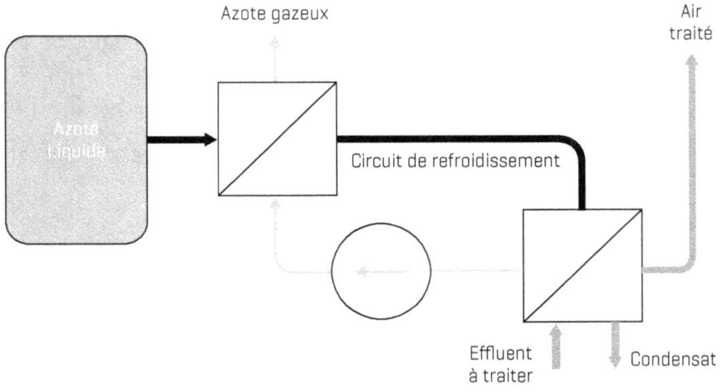


## Données techniques et économiques

### Les critères de choix à retenir

- La composition du gaz : tous types de condensation réunis (classique ou cryogénique), ce type de procédé peut s'appliquer à l'ensemble des composés organiques ;
- la température de condensation ;
- le débit du gaz ;
- le point de rosée du mélange.

### Domaines d'application

Le traitement par condensation s'applique aux :

- installations de dégraissage ou de revêtement trempé ;
- installations fonctionnant en circuit fermé (machines à dégraisser, nettoyage à sec) ;
- installations fonctionnant en batch dans l'industrie chimique ou pharmaceutique ;
- installations fonctionnant sous atmosphère inerte : fours de séchage dans le secteur de l'enduction, de la cuisson de peinture (l'utilisation de l'azote liquide évaporé lors de la condensation cryogénique pour assurer l'inertage des installations s'avère intéressante) ;
- opérations de remplissage ou de purge de stockage de produits pétroliers.

## Coût

### Investissement

Le coût d'investissement d'une installation de condensation est fonction :

- du débit à traiter ;
- de la concentration de l'effluent à traiter ;
- de la nature des COV ;
- de la présence d'eau dans l'effluent.

Deux éléments constituent la majeure partie de l'investissement :

- l'échangeur thermique : le prix de l'échangeur dépend essentiellement de sa surface d'échange et des matériaux de construction employés ;
- la machine frigorifique s'il y a lieu : le prix de la machine frigorifique est fonction de la puissance nécessaire au refroidissement de l'effluent et à la condensation.

### Exploitation

Le coût d'exploitation dépend principalement :

- de l'énergie consommée pour amener et maintenir le fluide réfrigérant à la température adéquate ;
- de la consommation d'azote liquide directement liée à l'énergie nécessaire à la condensation.

Cependant, l'azote liquide, s'il est nécessaire au niveau du process, peut être récupéré au niveau du procédé et ne pas engendrer de coût supplémentaire.

## Avantages et inconvénients

La principale limite de la condensation est la présence de vapeur d'eau qui peut entraîner :

- un givrage à la surface du condenseur d'où une baisse de l'efficacité de l'échange thermique et un risque de colmatage. Solution : utilisation de deux condenseurs en parallèle fonctionnant alternativement en condensation et en dégivrage ou surdimensionnement du condenseur (installations fonctionnant en continu) ;
- la formation de produits corrosifs par hydrolyse de certains COV comme les solvants chlorés ce qui nécessite la mise en œuvre de matériaux appropriés ;
- des difficultés de récupération des COV condensés et nécessité d'un traitement de dépollution de l'eau contenant encore des traces de COV.

Pour y remédier, une partie de la vapeur d'eau peut être éliminée par un premier étage de condensation, vers 0 °C, ce qui réduit d'autant la charge sur le condenseur principal.

Des procédés de séchage par adsorption ou par perméation sont également envisageables.

# 4 Traitement par techniques membranaires

## Présentation

### Principe

**Les techniques membranaires ou de perméation de vapeur consistent à placer l'effluent à traiter (air chargé en COV) au contact d'un film polymère dense, c'est-à-dire exempt de cavités supérieures à 2 nm, maintenu sous pression réduite à sa face aval.** L'inégale résistance au transfert offerte par la membrane vis-à-vis des composés et les différentes caractéristiques chimiques de ceux-ci se traduit par l'enrichissement en l'un ou l'autre des constituants dans le compartiment aval.

L'emploi d'un film polymère élastomère facilite le passage des COV au détriment des composés de plus petite taille ($N_2$, $O_2$, H, etc.)

Toute technologie membranaire destinée à séparer les COV au départ d'un mélange est conçue afin de maintenir une différence de pression tout au long du procédé et soutenir ainsi la force motrice du transfert, et donc la séparation attendue.

### Paramètres du traitement par techniques membranaires liés à l'effluent à traiter

- **Nature des COV :** les COV contenus dans l'effluent à traiter ne doivent pas altérer la membrane.
- **Débits :** cette technique est adaptée pour des petits voire de très petits débits : de 600 à 6 000 $Nm^3/h$.
- **Concentration :** les systèmes membranaires constituent la meilleure solution lorsqu'il s'agit de traiter des effluents possédant une charge supérieure à 1 $g/Nm^3$ et des débits inférieurs à 100 $Nm^3/h$. La performance est peu sensible aux variations de concentration de la charge à traiter.

**Important**

La qualité de la membrane doit répondre à trois exigences :
- permettre une grande sélectivité,
- provoquer un flux élevé,
- avoir une durée de vie longue.

La longévité de la membrane implique qu'elle soit chimiquement et mécaniquement stable en présence des composés à séparer. Pour cela, la nature des composés qu'elle est sensée séparer ne doit pas provoquer d'altérations.

## Module membranaire

Pour pouvoir être utilisée à l'échelle industrielle, une membrane doit être incorporée dans un dispositif dont la conception est déterminée par des considérations techniques et économiques afférentes au problème de séparation de COV rencontré.
Un tel dispositif est appelé module membranaire. Les modules comportent une surface membranaire classiquement comprise entre 5 et 20 m$^2$ par unité et doivent être exploités dans des conditions de température et de pression inférieures à 60 °C et 15 bars. Ils doivent être compacts [rapport surface/volume élevé], offrir une faible perte de charge côté aval et répartir au mieux le mélange gazeux dans son espace utile.

# Procédés

Ils se différencient en fonction du type de pression exercée sur l'une ou l'autre des faces de la membrane.

## Perméation gazeuse [ou perméation de vapeur]

Les deux faces de la membrane sont en contact avec des phases gazeuses. Le choix des pressions en amont et en aval de la membrane représente un point clé du procédé, tant en termes d'efficacité qu'en coût de fonctionnement. Trois possibilités sont offertes :

- **comprimer, par surpression, en amont de la membrane le mélange à séparer.** Les valeurs courantes de pression en amont varient de 2 à 10 bars. Cette solution a pour avantage d'améliorer la compacité de l'installation mais peut être délicate en présence de COV facilement inflammable ;
- **maintenir un vide partiel en aval de la membrane** : dépression du côté de la collecte des composés qui ont diffusé (appelé « perméat »), de l'ordre de 10 à 200 mbars ;
- **associer les deux méthodes :** surpression en amont et sous pression en aval.

**À savoir**

Il est préférable de travailler à une température peu élevée* : une augmentation de la température se traduit généralement par une diminution de la perméabilité du COV.
En conséquence, il peut être intéressant de refroidir une unité de perméation de vapeur pour en améliorer les performances. Mais l'opération de refroidissement a un coût énergétique et la plupart des installations existantes fonctionnent à la température de rejet de l'effluent, souvent proche de la température ambiante.
*Il faut cependant noter que le procédé membranaire permet de travailler à une température plus élevée [jusqu'à 200 °C] que les autres procédés récupératifs.

## Pervaporation

Ce procédé comporte plusieurs étapes qui sont l'adsorption, la diffusion et la désorption. En effet, la pervaporation fractionne les mélanges liquides (elle les vaporise à travers une membrane dense placée en surface). La phase d'adsorption consiste à partager à l'interface amont les composants (l'adsorption dépend de l'affinité produit/membrane). La deuxième phase est une diffusion à travers la membrane alors que la désorption consiste en la vaporisation au niveau de la face aval de la membrane maintenue.

La pervaporation peut être mise en œuvre selon trois processus : mise sous vide du perméat, balayage du gaz ou abaissement de la température (thermo-pervaporation).

▼ Deux dispositifs de traitement de COV par perméation de vapeur

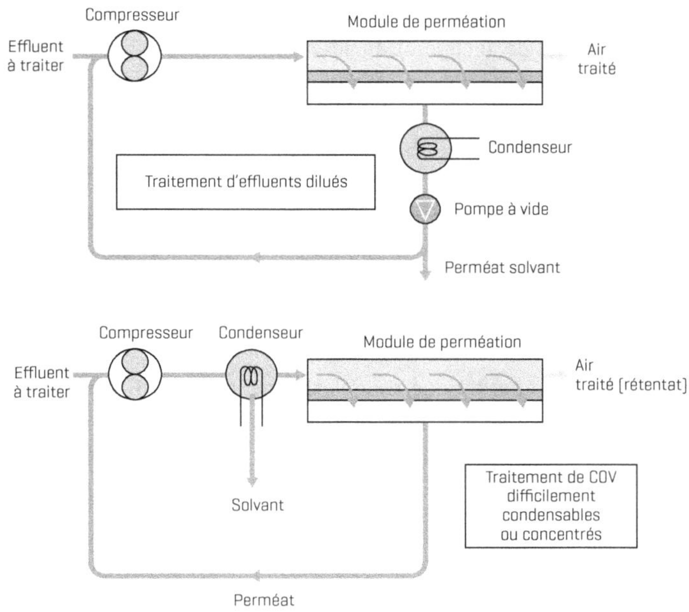


Le système fonctionne en continu sans régénération. Les arrêts et les reprises de fonctionnement sont très simples.

## Données techniques et économiques

### Critères de sélection

Les principaux critères de sélection pour ce type de procédé sont la charge, la composition et le débit du gaz à traiter.

### Domaines d'application

Les techniques membranaires s'utilisent notamment dans les cas de :

- l'abattement et la récupération du chlorure de vinyl provenant de la polymérisation du PVC ;
- la récupération de vapeurs d'essence ou de solvants de peinture.

### Combinaison avec d'autres procédés

Les techniques membranaires sont très peu utilisées au niveau industriel pour le traitement des COV. Il existe quelques dizaines d'unités industrielles aux États-Unis, en Allemagne et au Japon.

En association avec d'autres procédés de traitement, les techniques membranaires peuvent être très intéressantes. Par exemple :

- **Incinération :** le passage préalable sur une membrane peut permettre d'atteindre une concentration en COV pouvant assurer un fonctionnement en autothermie de l'incinérateur.
- **Condensation :** le passage préalable sur membrane permet de concentrer les effluents à traiter et, pour un taux de récupération identique, de travailler à une température de condensation beaucoup plus élevée qu'en condensation cryogénique.
- **Adsorption :** un procédé membranaire en amont d'un dispositif d'adsorption permet l'élimination des pics de concentration et l'abaissement de la teneur en eau du mélange (en effet, la perméabilité du polymère à l'eau est inférieure à celle des COV).

Le procédé membranaire optimise le fonctionnement des procédés auxquels il est associé et souvent, réduit les consommations énergétiques en permettant d'accéder plus rapidement aux températures optimales de traitement.

## Coût

Le coût de fonctionnement énergétique est relativement faible. Il correspond à la consommation électrique d'un compresseur et/ou d'une pompe à vide et est de l'ordre de 0,2 à 0,3 kWh/m$^3$ d'effluent traité.

# 5 Séparation des mélanges de solvants en phase liquide

Quel que soit le procédé de traitement utilisé, dans une optique de récupération, celui-ci doit être complété par un traitement de la phase liquide obtenue qui peut être :
- un solvant ;
- un solvant et de l'eau ;
- un mélange de solvant avec de l'eau ou non.

## Choix de la technique de traitement

Le choix de la technique de traitement de cette phase liquide dépend :
- de l'effluent gazeux initial (nature, composition, caractéristiques) ;
- du procédé de traitement d'épuration préalablement choisi ;
- de la réutilisation des solvants souhaitée.

## Caractéristique du solvant et techniques correspondantes

- Solvant non miscible à l'eau (heptane) : décantation gravitaire.
- Solvant miscible à l'eau (éthanol, acétone, tétrahydrofurane) : distillation.
- Solvant partiellement miscible à l'eau ou en trace : strippage.

Il existe aussi des techniques plus complexes non détaillées dans ce guide :
- le séchage chimique ;
- la distillation avec compression mécanique de vapeur de solvant suivie d'un stripping en circuit fermé ;
- la distillation continue avec pervaporation (brevet commun : IFP ASOLVAIR).

Il est courant d'associer plusieurs techniques.

# 6 Récapitulatif des traitements récupératifs

| Descriptif | | Nature des COV | Conditions de mise en œuvre | | |
|---|---|---|---|---|---|
| Procédé | Principe | | Température-Humidité | Débit | Concentration |
| **ABSORPTION**<br>*Domaines d'application : industrie chimique et pétrochimique, industries pharmaceutiques, industries agroalimentaires* | Passage de l'effluent gazeux pollué dans un liquide de lavage | – COV solubles<br>– Mélanges simples avec solubilités homogènes | Température basse (la solubilité augmente quand la température diminue) | 200 à 100 000 Nm³/h | 500 mg à 50 h/Nm³ |
| **ADSORPTION**<br>*Domaines d'application : nombreux domaines utilisant des solvants : peinture, enduction, impression, indutries chimiques et pharmaceutiques* | Passage et fixation des molécules polluées à la surface d'un solide | – COV de préférence de composition simple<br>– Possibilité de traitement des COV chlorés<br>– Effluent gazeux exempt de composés pouvant se déposer sur l'adsorbant (baisse d'efficacité) | Température < 40°C<br>Humidité < 50 % | 200 à 100 000 Nm³/h | 1 à 50 g / Nm³ |
| **CONDENSATION**<br>*Domaines d'application : dégraissage, revêtements, industries chimiques et pharmaceutiques, enductions, cuisson peinture, stockage de produits pétroliers* | Passage de l'effluent gazeux en phase liquide ou solide par abaissement de la température | COV à faible tension de vapeur | – 20°C à – 80°C | < 2 000 Nm³/h | 10 g / Nm³ |
| **TECHNIQUES MEMBRANAIRES**<br>*Domaines d'application : opérations de récupération de certains COV : toluène, chlorure de vinyle, solvants, peinture, vapeurs d'essence* | Séparation sélective de composés à travers une membrane semi-perméable | COV sans risque d'altération de la membrane | Jusqu'à 200°C | 600 à 6 000 Nm³/h | 2 à 50 % de COV |

| Performance | Paramètre spécifiques | Avantages | Limites – recommandations |
|---|---|---|---|
| > 95 % | – Température<br>– Solubilité<br>– Type de garnissage<br>– Présence d'une réaction chimique (absorption chimique) ou non (absorption physique) | – Technique souple et adaptable aux variations de charge et de débit.<br>– Utilisation facile | – Coûts d'exploitation à étudier :<br>· liquide de lavage<br>· réactifs (en cas d'absorption chimique)<br>· électricité pour le fonctionnement de l'équipement<br>· stockage de produits (liquide de lavage, réaction)<br>– Transfert de pollution vers un rejet acqueux à traiter ou régénération)<br>– Compétences et contrôles réguliers nécessaires |
| > 95 % | – Température<br>– Type d'adsorbant<br>– Adsorption des COV<br>– Vitesse de transfert | – Accepte les variations de flux et de concentration<br>– Adapté au fonctionnement intermittent<br>– Traitement des solvants chlorés<br>– Utilisation facile | – Conditions spécifiques de température et d'humidité<br>– Coût d'exploitation et de régénération à étudier :<br>· matériau adsorbant et son renouvellement<br>· électricité pour le fonctionnement de l'équipement<br>· récupération des solvants adsorbés<br>– Compétences et savoir-faire nécessaires pour la maintenance<br>– Auto-ignition à très fortes concentrations<br>– Règles de sécurité à respecter |
| | – Température de condensation<br>– Point de rosée du mélange<br>– Débit<br>– Concentration | – S'applique à tous les COV en cas d'utilisation de la cryogénie<br>– Récupération des solvants<br>– Très bonne performance en condensation cryogénique | – Performances limitées par l'équilibre themodynamique en condensation classique<br>– Procédé limité en cas de mélange de COV trop important. Ce type de traitement convient généralement avec un maximum de trois types de molécules dans un mélange<br>– Présence de vapeur d'eau (risque de givrage)<br>– Coût d'investissement à étudier en fonction des paramètres spécifiques et de la nature des COV à traiter<br>– Coût d'exploitation :<br>· obtention de la température requise<br>· consommation d'azote liquide<br>· maximum de 3 types de molécules conseillé en cas de mélange |
| | – Charge de l'effluent à traiter<br>– Sélectivité des COV<br>– Débit | – Peu sensible aux variations de concentration<br>– Coût de fonctionnement énergétique faible<br>– Combinaison avec d'autres procédés (incinération, condensation, adsorption) | Technique encore peu exploitée : utilisation aux États-Unis, en Allemagne, au Japon |

# | L |

# Traitements destructifs des émissions de COV

**1. Oxydation thermique** .................................................. 157

Principe

Conditions de mise en œuvre

**2. Oxydation catalytique** .................................................. 160

Rappel du principe de la catalyse

Caractéristiques du catalyseur

**3. Oxydation thermique/catalytique : récupérative ou régénérative** ...... 162

Principe

Fonctionnement du procédé thermique-récupératif

Fonctionnement du procédé thermique-régénératif

Fonctionnement du procédé catalytique-récupératif

Fonctionnement du procédé catalytique-régénératif

**4. Oxydation biologique** .................................................. 167

Critères généraux de performance de l'oxydation biologique

Les trois grands types de procédés biologiques : biofiltre, lit bactérien et biolaveur

Avantages et limites de l'oxydation biologique et de ses différents procédés

**5. Récapitulatif des traitements destructifs** ............................ 174

L'oxydation est le processus de conversion, en présence d'oxygène, des COV en dioxyde de carbone ($CO_2$), en eau ($H_2O$) et éventuellement en différents sous-produits d'oxydation.
Elle peut être classiquement réalisée par trois grands types de procédés :

- oxydation thermique,
- oxydation catalytique,
- oxydation biologique.

# 1 Oxydation thermique

## Principe

**Dans ce procédé, les COV sont considérés comme des combustibles et sont détruits à une température très élevée.** L'oxydation thermique est souvent appelée « incinération » et l'équipement permettant ce procédé « incinérateur ».

## Conditions de mise en œuvre

Plusieurs paramètres sont à prendre en compte afin d'optimiser l'oxydation thermique et améliorer son rendement d'épuration, c'est-à-dire le taux de destruction des COV dans l'incinérateur.

### La règle des 3T

Les conditions de base d'une destruction thermique de polluants gazeux sont rappelées dans la « règle des 3T » :

- température ;
- turbulence ;
- temps de séjour.

Ces trois paramètres doivent être à un niveau optimal pour assurer l'efficacité du traitement par oxydation thermique.

#### Température

Pour mener à bien la combustion et provoquer la réaction d'oxydation destructrice des COV, la température doit être suffisamment élevée (généralement entre 800 et 850 °C et peut aller jusqu'à 1 300 °C selon le type de COV à détruire). Elle est choisie nettement supérieure à la température d'auto-inflammation du gaz à traiter (en général 100 °C au-dessus).

La composition chimique des COV influe sur leur vitesse de combustion. Certains COV sont plus difficiles à dégrader que d'autres. En cas de mélange, la température d'oxydation est déterminée en fonction du composé le plus difficile à détruire.

Toutefois, il existe des phénomènes de compétition entre COV qui peuvent augmenter ou diminuer la température de combustion d'un COV déterminé. Un test en mélange est conseillé pour bien choisir la température de combustion optimale.

Remarque

Ces trois conditions sont différentes dans le cas d'une oxydation avec catalyseur. Nous détaillons cette variante dans le chapitre suivant.

**Turbulence**

Elle permet une répartition homogène du mélange polluant-oxygène. L'oxygène, indispensable à la réaction d'oxydation doit être à un niveau minimum situé entre 12 et 16 % du mélange :

- elle améliore la convection thermique et assure une répartition homogène de la température évitant ainsi la création de points froids ;
- elle favorise également le coefficient et la surface d'échange.

**Temps de séjour**

En général le temps de séjour des gaz à la température requise se situe entre 0,3 et 2 secondes.

Parallèlement à cette règle des « 3T », d'autres paramètres doivent être considérés, notamment la nature du COV, sa concentration et sa faculté d'autothermie.

Exemples de température d'oxydation pour différents COV (pour un temps de résidence de 2 secondes)
(Source : *Pollutions olfactives, origine, législation, analyse, traitement*, éditions Dunod, 2008)

| Composés | Température (°C) |
|---|---|
| Acrylonitrile | 830 |
| Tétrachlorure de carbone | 750 |
| Benzène | 730 |
| Chlorobenzène | 710 |
| 1.2-Dichlorométhane | 770 |
| Hexachlorométhane | 600 |
| Tétrachloroéthylène | 850 |
| Nitrobenzène | 670 |
| Chloroforme | 590 |

## Nature des COV

Tous les composés organiques volatils peuvent être totalement transformés par oxydation en composés inorganiques ($CO_2$ et $H_2O$) mais il est important de bien connaître leurs caractéristiques physico-chimiques afin d'anticiper la présence éventuelle de sous-produits de combustion (générés par des « hétéro-atomes ») qui pourra nécessiter un post-traitement.

### Hétéro-atome

Un composé organique volatil est généralement composé d'atomes de carbone (C), d'hydrogène (H) et, dans certains cas, d'oxygène (O). Un hétéro-atome est un atome de nature différente s'ajoutant à la composition du COV ; c'est le cas du soufre, de l'azote ou des halogènes (chlore, brome, fluor, iode). L'oxydation va dans ce cas générer des sous-produits de réaction (SOx, NOx, HCl, HF) qui constituent alors des « polluants secondaires » à éliminer car toxiques et/ou également visés par la réglementation.
Par exemple, la présence de composés halogénés chlorés risque d'entraîner la formation d'espèces chimiques considérées comme particulièrement toxiques telles que les dioxines chlorées, en plus de l'acide chlorhydrique (HCl) formé. Dans ce cas, si la solution de traitement par incinération est néanmoins choisie, il sera nécessaire de prévoir une étude particulière des matériaux constitutifs de l'installation et un complément de traitement pour éliminer l'acide chlorhydrique formé et les traces éventuelles de produits chlorés secondaires (par lavage réactif alcalin, adsorption, etc.).

Dans l'idéal on étudiera la solution pour des COV dont la combustion génèrera uniquement du $CO_2$ et de l'eau.

## Concentration et autothermie

L'intérêt de l'oxydation thermique réside essentiellement dans la possibilité d'utiliser le pouvoir calorifique du COV pour produire la chaleur qui va le détruire : c'est ce que l'on appelle l'autothermie. Celle-ci est d'autant plus favorisée que le Pouvoir Calorifique Inférieur (PCI) du COV est élevé et que la température de traitement minimale est basse.

Dans le cas où l'autothermie n'est pas atteinte, un apport de chaleur complémentaire est nécessaire, ce qui devra être pris en compte dans le bilan thermique du procédé.

Caractéristiques de quelques composés organiques volatils

| Nature du polluant | Formule chimique | Pouvoir calorifique inférieur (PCI) en kWh/kg | Température d'inflammation en °C |
|---|---|---|---|
| Toluène | $C_7H_8$ | 11,37 | 585 |
| Méthanol | $CH_4O$ | 5,23 | 510 |
| Acétone | $C_3H_6O$ | 7,89 | 560 |
| Acétate d'éthyle | $C_4H_8O_2$ | 6,13 | 490 |

### PCI = Pouvoir calorifique inférieur

Désigne la quantité de chaleur dégagée par la combustion d'une unité de masse de produit (1 kg) dans des conditions standardisées.
Plus le PCI est élevé, mieux le produit brûle.
Il s'exprime généralement en kilocalories par kilo (kcal/kg).

### Remarque

L'appoint en chaleur peut provenir d'une réutilisation de la chaleur émise au cours de la mise en œuvre du process.
D'autre part, si les émissions de COV à traiter sont déjà à une température supérieure à la température ambiante, ce surplus d'énergie calorifique peut également être un plus pour atteindre l'autothermie.

# 2 Oxydation catalytique

## Rappel du principe de la catalyse

**Le catalyseur est une substance qui augmente notablement la vitesse d'une réaction chimique et va permettre la transformation des constituants les plus toxiques en éléments moins toxiques (eau et $CO_2$).** Dans le cas de l'oxydation catalytique, les COV sont transformés comme dans l'oxydation thermique, mais à des températures moins élevées de l'ordre de 200 °C à 450 °C selon la nature du COV.

La réaction catalysée, réalisée à une température plus basse, permettra non seulement de réduire les besoins énergétiques (autothermie plus facile à atteindre) mais également d'éviter ou de limiter la formation de certains produits secondaires tels que les oxydes d'azotes (NOx) ou les dioxines.

## Caractéristiques du catalyseur

### Définition

Le terme « catalyseur » désigne l'ensemble composé :

- **de l'espèce active responsable de la catalyse :** on distingue deux grandes familles de catalyseurs :
  – les catalyseurs à base de **métaux précieux** (platine, palladium, rhodium...) dits « PGM » pour « Platinum Group Metal »,
  – les catalyseurs à base d'**oxydes métalliques** : oxydes à base de Cr, Fe, Mo, W, Mn, Co, Cu, Ni) dits « BMO » pour « Base Metal Oxide » et à base de terres rares (La, Sr, perovskites) ;
- **du support inorganique** (comme l'alumine) sur lequel est déposé l'espèce active. Cependant, dans le cas des catalyseurs à base d'oxydes métalliques et de terres rares un support n'est pas indispensable.

Les catalyseurs employés sont fréquemment à base d'oxydes métalliques. Ils offrent une résistance importante à l'empoisonnement par des substances toxiques (voir ci-dessous) en raison de la proportion prise par la partie « active » qui représente 10 à 20 % du poids total de l'ensemble du catalyseur par rapport à son support (à comparer avec les 0,1 à 1 % pour des catalyseurs à base de métaux précieux). Pour cette même raison, ces catalyseurs offrent une résistance plus forte à l'abrasion et aux pics de température. Par contre, ils sont généralement actifs à des températures supérieures aux catalyseurs à base de métaux précieux.

### Mise en œuvre

Pour sa mise en œuvre, le catalyseur est conditionné sous forme de billes, de pastilles, de granulés ou d'extrudés. La matière active peut également être déposée sur une structure de type nid d'abeilles monolithique (métallique ou céramique). La structure monolithique permet d'obtenir des pertes de charge plus faibles, une résistance mécanique plus importante et présente un avantage lorsque l'effluent contient des poussières.

## Désactivation

Le catalyseur n'est pas « consommé » au cours des réactions. Cependant, dans certaines conditions de fonctionnement, son activité peut se trouver réduite et entraîner une baisse de performance du système. La désactivation d'un catalyseur peut provenir :

- **d'un empoisonnement chimique :** la désactivation résulte alors d'une interférence entre l'espèce active (métal précieux ou oxyde métallique) et des composés présents dans l'effluent en quantité significative tels des halogènes, du phosphore, des silicones et certains métaux (zinc, fer, plomb, étain, nickel, vanadium, etc.).
  Il existe sur le marché des catalyseurs plus résistants à ces inhibiteurs, mais des précautions particulières doivent être prises pour l'oxydation de composés halogénés ;
- **d'une obstruction physique des sites actifs :** l'activité du catalyseur est réduite par une accumulation de matériaux solides inorganiques ou non combustibles à la surface des pores du catalyseur.
  Ces phénomènes se produisent lorsque l'effluent est chargé en poussières qui peuvent être des oxydes métalliques, des produits de corrosion ou de carbonisation.
- **d'une perte de matière active par usure** ;
- **d'effets thermiques** : une température bien supérieure à celle d'utilisation normale peut modifier la nature du catalyseur initial.

> **Remarques**
> Le fournisseur du système de traitement doit connaître la composition de l'effluent à traiter afin de choisir le catalyseur le plus approprié et de concevoir l'installation en conséquence : prétraitement, maintenance, dimensionnement du lit catalytique, etc. (d'où la nécessité d'élaborer une étude d'identification des effluents gazeux à traiter en amont du choix de traitement : voir la partie G).

Pour compenser la baisse de rendement d'épuration au fil du temps, il est possible d'augmenter de quelques degrés la température de fonctionnement tout en restant dans l'intervalle de température de fonctionnement autorisé du catalyseur. Dans tous les cas, la régénération du catalyseur (souvent possible), ou son renouvellement est indispensable.

## Régénération

Trois méthodes de régénération de catalyseur existent :

- par traitement chimique ;
- par traitement physique (nettoyage par soufflage d'air sous pression, parfois additionné d'eau) ;
- par traitement thermique (en général de 150 à 200 °C au-dessus de la plage de fonctionnement, voire plus dans certains secteurs, notamment l'imprimerie).

Ces méthodes peuvent être mises en œuvre dans l'entreprise (sans sortir le catalyseur de son réacteur, notamment pour les régénérations thermiques et physiques), ou bien chez le fournisseur ou encore, dans une entreprise spécialisée.

La durée de vie d'un catalyseur est très dépendante des caractéristiques de l'effluent, du type de catalyseur, du dimensionnement et des conditions de fonctionnement de l'installation. De façon générale, cette durée de vie est comprise entre 3 et 7 ans.

# 3 Oxydation thermique/catalytique : récupérative ou régénérative

## Principe

Quel que soit le type d'oxydation, thermique ou catalytique, deux systèmes se différencient par le mode de valorisation de l'énergie mise en œuvre :

- dans le mode **« récupératif »** il s'agit de récupérer la chaleur émise par le procédé d'oxydation pour :
  - préchauffer, si besoin, l'effluent à traiter,
  - valoriser l'énergie calorifique obtenue en sortie d'installation pour une utilisation secondaire (eau chaude, vapeur, fluide thermique...). Cette option nécessite une identification préalable des besoins en récupération de chaleur dans l'entreprise ;
- dans le mode **« régénératif »** il s'agit de créer un procédé complètement autonome dans lequel l'énergie et la chaleur produites sont totalement utilisées pour son fonctionnement.

## Fonctionnement du procédé thermique-récupératif

Les effluents à traiter sont introduits dans une chambre de combustion où la température est maintenue à plus de 750 °C (par appoint de combustible si la concentration en polluants n'est pas suffisante).

Afin de compenser une partie des pertes thermiques (pertes au niveau des parois de l'installation et/ou pertes dans les fumées de combustion) et limiter la consommation en combustible d'appoint, un préchauffage de l'effluent à l'entrée de l'épurateur est réalisé à l'aide d'un échangeur dit « primaire ».

▼ Schéma du système d'oxydation thermique récupérative avec échangeur entourant la chambre de combustion

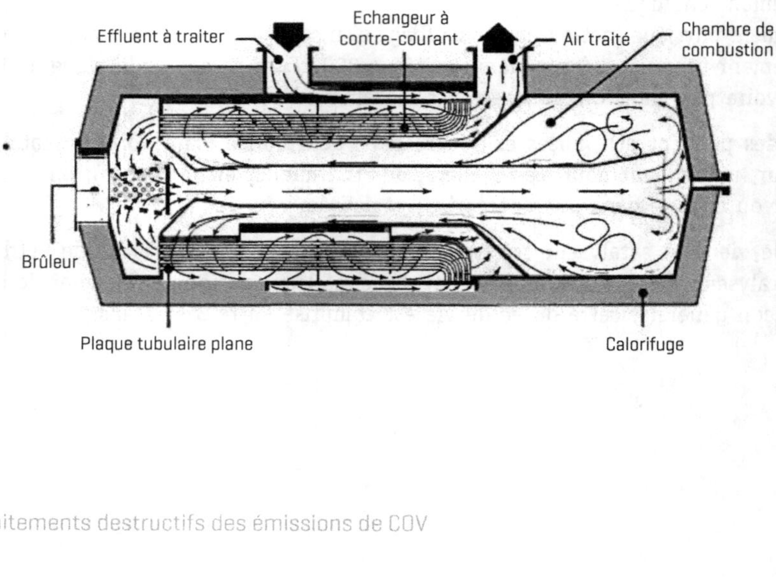

**À noter**

L'efficacité de l'échangeur primaire est de l'ordre de 60 – 70 % pour éviter que l'auto-inflammation des COV ne se produise avant la chambre de combustion.
Une dilution complémentaire de l'effluent peut même être nécessaire afin de maintenir une concentration en COV inférieure à 25 % de la LIE (Limite inférieure d'explosivité), soit de l'ordre de 10 à 12 g/Nm$^3$ pour la plupart des COV.

## Fonctionnement du procédé thermique-régénératif

Le principe de base d'un incinérateur en mode régénératif repose sur la présence :
- de lits en céramique (ou autre matériau dense) en général au nombre de 2 ou 3 mais pouvant aller jusqu'à 7 pour des cas particuliers ;
- d'un transfert thermique entre lit et gaz ;
- de l'inversion des flux de gaz, le plus souvent préréglés à la température atteinte.

### Lit de préchauffage du gaz à traiter

Le gaz contenant les COV passe par un premier lit de céramique chaud (indice A sur le schéma ci-après) où il est porté à une température proche de la température de combustion requise. Il se produit alors un transfert thermique : le gaz se réchauffant, le lit de céramique est lui-même refroidi.

L'incinérateur thermique régénératif contient des échangeurs à base de céramique qui améliorent la récupération d'énergie (95 %) ce qui permet de réchauffer davantage l'effluent entrant. Conséquences :
- l'écart de température entre l'entrée dans la chambre de combustion et la température nécessaire pour l'oxydation est faible ;
- les concentrations en COV nécessaires pour atteindre le seuil d'autothermie sont plus faibles.

### Chambre de combustion

Le gaz atteint la zone de combustion où se produit l'oxydation des COV.

**Remarque**

Si la température de combustion nécessaire n'est pas obtenue, un apport énergétique complémentaire peut être réalisé via le brûleur alimenté au gaz naturel.

▼ Schéma de principe de l'oxydation thermique régénérative à deux lits

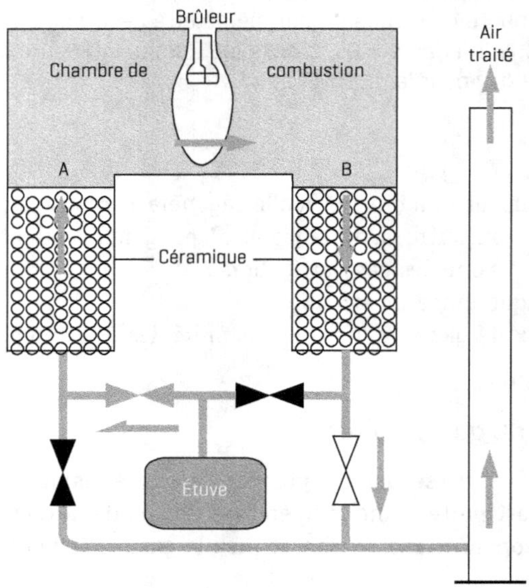


> **Remarque**
>
> La fréquence de basculement des vannes pénalise le système : la durée des cycles est en effet comprise entre 1 et 3 minutes. L'étanchéité des vannes et le bon fonctionnement des purges sont les points sensibles de ce système.

## Lit de récupération de la chaleur du gaz traité

Le gaz épuré est évacué de la chambre de combustion et passe par le second lit de céramique (indice B sur le schéma) où se produit alors un autre transfert thermique, cette fois-ci du gaz chaud vers le lit de céramique.

Lorsque la température du 2e lit est suffisante pour assurer à son tour le préchauffage du gaz à traiter, l'injection du flux de gaz à traiter est inversée.

Le rôle de chacun des lits : entrée/sortie et préchauffage/refroidissement est ainsi alterné toutes les 1 à 3 minutes environ selon les installations.

▼ Schéma de principe de l'oxydation thermique régénérative à trois lits

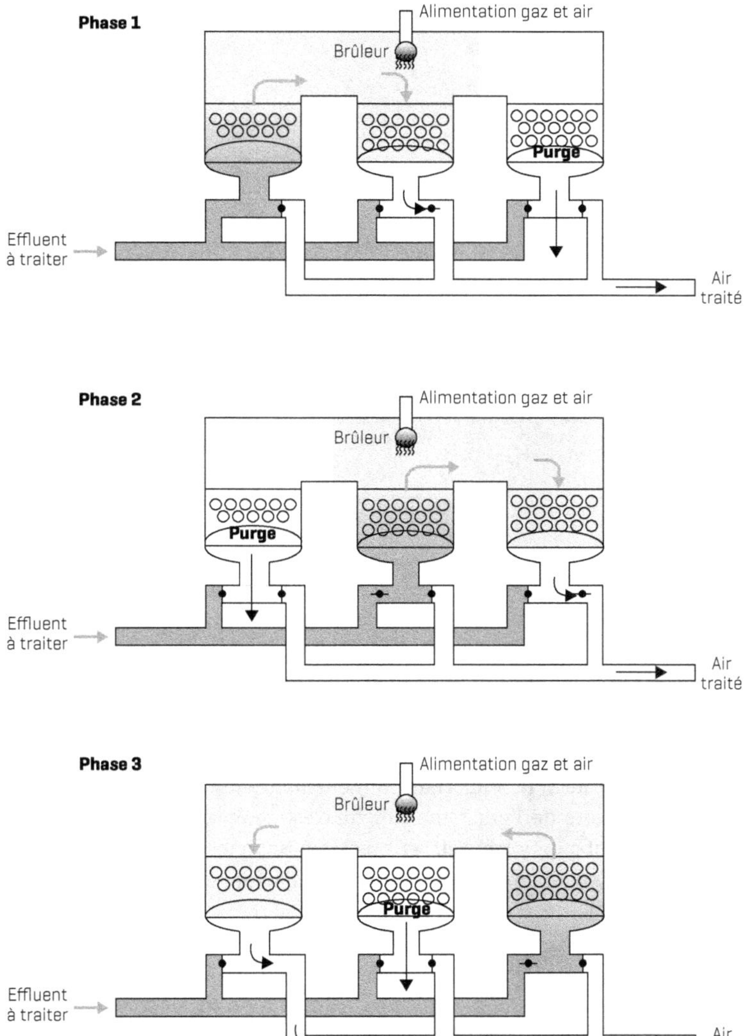


Dans le cas de l'oxydation thermique régénérative à trois lits (voir schéma), au moment de l'inversion, si aucun dispositif spécifique n'est prévu, un volume d'air non traité contenu dans le premier lit est inévitablement rejeté à l'atmosphère. Afin d'éviter ces rejets ponctuels, un 3$^{e}$ lit est généralement intégré au système afin de prévoir en fin de cycle une purge, d'éliminer au maximum la présence de COV et d'atteindre un meilleur rendement d'épuration.

## Fonctionnement du procédé catalytique-récupératif

L'installation catalytique en mode récupératif s'avère peu différente de celle d'une installation thermique de même type, si ce n'est la présence d'un catalyseur dans la chambre de combustion.

▼ Schéma de principe d'une installation d'oxydation catalytique récupérative

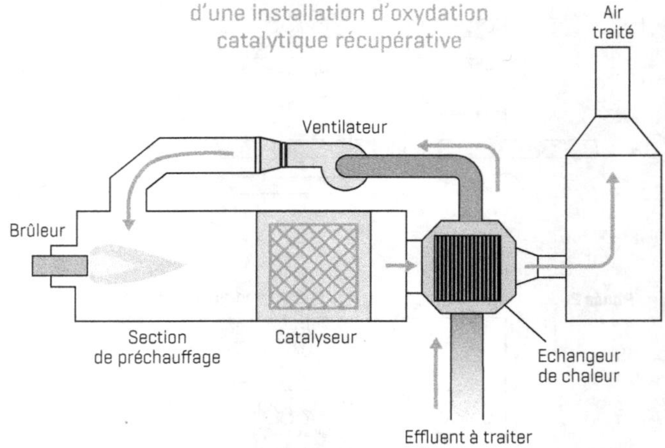


## Fonctionnement du procédé catalytique-régénératif

Comme pour les systèmes catalytiques récupératifs vu précédemment, les systèmes catalytiques régénératifs sont similaires dans leur conception aux systèmes thermiques de même type, si ce n'est la présence de catalyseurs dans chaque lit de céramique.

Dans certains systèmes actuels, le 3e lit traditionnellement employé pour éviter les rejets ponctuels de gaz non traités lors de l'inversion des flux est remplacé par un système « by-pass ». Ces derniers systèmes sont plus compacts et plus économiques que les traditionnels systèmes à 3 lits. De plus, les pertes de charge engendrées sont généralement inférieures.

▼ Schéma de principe d'une installation d'oxydation catalytique régénérative

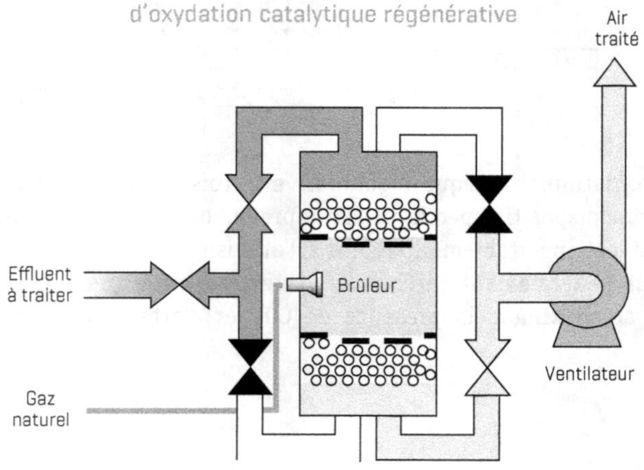

# 4 Oxydation biologique

## Principe

Le principe de l'oxydation biologique consiste à mettre en contact l'effluent gazeux pollué avec des micro-organismes en suspension dans un liquide ou déposés sur un solide régulièrement arrosé. Les micro-organismes vont utiliser les composés organiques volatils comme substrat et les dégrader en une biomasse composée d'eau et de produits minéraux, de $CO_2$ et éventuellement de sous-produits d'oxydation (dans le cas d'une oxydation incomplète).

- **Les micro-organismes :** ils sont pour la plupart des bactéries et des champignons microscopiques (moisissures, levures, algues, etc.). Ils doivent être sélectionnés avec soin en fonction des composés à dégrader. Il est généralement plus intéressant d'avoir un mélange de plusieurs genres et espèces.
  La croissance et l'activité métabolique des micro-organismes dépendent de la présence d'éléments nutritifs (carbone, azote, phosphore, soufre, etc.), du degré d'humidité, du pH du milieu de croissance, et de la température.

- **Les composés organiques volatils concernés :** les COV qui peuvent être traités par ce procédé doivent être biodégradables et suffisamment solubles.
  Pour certains composés organiques facilement biodégradables comme les alcools, les acides, les esters et les cétones, il est relativement facile de trouver les micro-organismes susceptibles de les dégrader. Dans ce cas, le développement de la population de micro-organismes dans le réacteur de traitement se fait en 10 jours environ.

  Pour les composés plus difficilement biodégradables, en particulier les composés aromatiques et les solvants chlorés, il sera nécessaire de sélectionner des micro-organismes avec une force de dégradation adaptée. La sélection consiste à mettre préalablement en contact l'effluent gazeux à épurer avec un milieu bactérien comprenant tous les nutriments d'équilibre nécessaires.
  Les micro-organismes spécifiques, c'est-à-dire ceux qui vont se révéler les plus actifs, vont se développer rapidement au dépend d'autres moins actifs. Le milieu ainsi sélectionné (souche unique ou culture mixte) peut ensuite être introduit dans l'installation de traitement et s'y développer rapidement.

> Parce qu'il s'agit d'un milieu vivant, un temps d'expérimentation est nécessaire avant de déterminer le mélange de micro-organismes adéquat. Les spécialistes de ce type de traitement sont là pour vous apporter leurs conseils et expérience.

Le procédé présente des temps de réaction et des volumes différents de ceux des oxydations thermiques ou catalytiques : la dégradation métabolique est longue et les installations peuvent être volumineuses.

## Critères généraux de performance de l'oxydation biologique

Les procédés biologiques permettent d'atteindre un rendement de dégradation supérieur à 90 %. En plus de la biodégradabilité et solubilité des COV, les bonnes conditions de mise en œuvre d'une oxydation biologique sont les suivantes :

- **température :** inférieure à 40 °C car la plupart des micro-organismes sont détruits au-delà ;
- **concentration :** le traitement biologique est adapté pour des concentrations allant de 10 mg à un peu plus de 1 g/m$^3$. En revanche, elle doit être homogène car les fluctuations de concentration sont mal supportées. Un lissage peut préparer l'effluent gazeux en amont du traitement ;
- **débit :** le débit n'est pas un facteur limitant mais peut conduire à des installations de très grandes dimensions (1 m$^3$ de filtre environ pour 100 m$^3$ d'air traité) ;
- **bonnes conditions d'humidité et de pH.**

**Attention**

Les métabolites issus des réactions de dégradation peuvent entraîner des variations de pH ou bien être directement toxiques pour les micro-organismes.

## Les trois grands types de procédés biologiques : biofiltre, lit bactérien et biolaveur

C'est le caractère mobile ou statique de la solution liquide d'une part et de la biomasse bactérienne d'autre part, qui différencie les procédés d'oxydation biologique.

| Procédés | Solution liquide | Biomasse | COV |
|---|---|---|---|
| **Biofiltre** | statique | fixe | +/- soluble |
| **Lit bactérien** | mobile | fixe | très solubles |
| **Biolaveur** | mobile | libre | très solubles |

### Le biofiltre : solution liquide statique et biomasse fixe

#### Procédé

Le biofiltre consiste à passer le gaz à traiter à travers un garnissage, entouré d'un biofilm humide sur lequel sont fixés des micro-organismes.

Phénomène mis en jeu : absorption.

Les COV et l'oxygène présents dans l'effluent à traiter sont transférés vers le biofilm par absorption où la dégradation microbienne a lieu. La biodégradation conduit dans le cas de produits carbonés simples à la production de gaz carbonique et d'eau.

**L'humidité**

Elle est maintenue par une aspersion ponctuelle d'eau, en général à contre-courant du flux gazeux (cet apport d'eau peut contenir des éléments nutritifs complémentaires).
La part d'humidité du matériau doit représenter entre 40 et 60 % du poids de l'ensemble du filtre et être répartie de façon homogène.
Avec des aspersions ponctuelles, le biofiltre est plus adapté aux COV hydrophobes qui ne supporteraient pas les autres techniques (lit bactérien et biolaveur), pour lesquelles la solution liquide est omniprésente et mobile (voir ci-après).

### Matériau de garnissage

Les matériaux les plus couramment utilisés en industrie sont des mélanges à base de tourbes, de compost, d'écorces ou de copeaux de bois. Ces matériaux peuvent apporter au système des éléments nutritifs et leurs propres micro-organismes.

Ils peuvent être associés à d'autres éléments : charbon actif (rôle tampon), maërl (substrat constitué de débris d'algues marines riches en calcaire, de sable et de débris coquilliers), calcaire (en cas de pH trop acide), billes de polystyrènes ou de verre, argile poreuse (pour améliorer la structure du film).

Il existe aussi des garnissages en plastique. Dans ce cas, l'apport de nutriments est obligatoire.

### Critères de performance

Il est important de maintenir un milieu homogène tant au niveau de sa composition que de sa structure. Les qualités requises des matériaux de garnissage sont :

- un comportement hydrodynamique adapté assurant un bon transfert ;
- une surface spécifique élevée ;
- de bonnes capacités d'accrochage des micro-organismes permettant le développement du biofilm ;
- de bonnes capacités de rétention d'eau (et des nutriments : azote, phosphore, potassium, oligo-élements) ;
- un pH régulé. Le pH d'un biofiltre n'est pas régulé, ce qui constitue un point faible ;
- pas de création de passages préférentiels ;
- une perte de charge minimale.

Les risques à prévenir :

- un **excès d'humidité** peut entraîner la formation de zones anaérobies (sans oxygène) ou le lessivage de l'installation ;
- le **compactage du matériau** peut entraîner des pertes de charges élevées, voir un colmatage. Les copeaux de bois ou billes de polystyrène permettent de limiter ce risque ;
- l'**hétérogénéité du milieu** peut provoquer des cheminements préférentiels de l'air ;
- une **acidité trop élevée** peut inhiber l'action biologique. Le pH du filtre doit être surveillé en permanence et corrigé. Une acidité élevée peut être causée par la non-élimination de produits de transformation tels que les acides lors de la dégradation de composés chlorés. Le pH peut être corrigé par apport de chaux, calcaire ou maërl.

En fonction des caractéristiques des gaz à traiter, un certain nombre de traitements préalables peuvent être nécessaires :

- **dilution :** pour que les concentrations ne dépassent pas 3 à 5 $g/m^3$ ;
- **filtration :** pour limiter la présence de poussières, graisses, résines, pouvant colmater le système ;
- **préchauffage ou refroidissement :** pour arriver dans une gamme de température comprise entre 10 °C et 40 °C supportable par les micro-organismes.

### Équipement

La hauteur du garnissage est généralement comprise entre 0,5 et 1 mètre. Un compromis est à trouver entre efficacité de l'épuration et perte de charge. Les installations peuvent occuper une surface au sol importante en fonction du débit à traiter.

▼ Schéma de principe d'un biofiltre

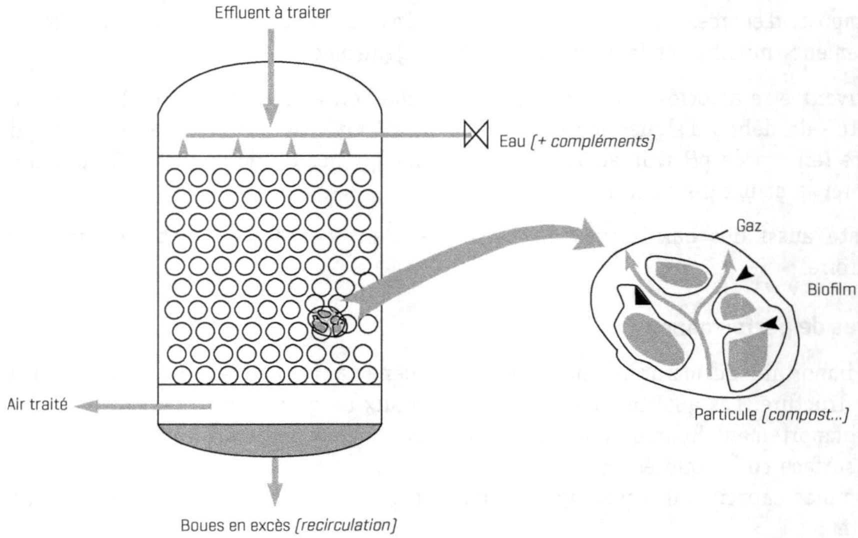


Les 4 étapes de la biofiltration :

1. transport de l'effluent gazeux ;
2. diffusion des polluants dans la phase d'absorption ;
3. phénomène d'adsorption/désorption sur le support ;
4. biodégradation.

Le biofiltre est le procédé qui a fait l'objet du plus grand nombre d'applications industrielles, dans le domaine du traitement biologique des COV.

La plupart des biofiltres construits sont des biofiltres ouverts. Des systèmes clos et parfois multi-étagés sont cependant développés. Bien que plus coûteux, ils présentent de nombreux avantages : meilleures conditions pour une humidification homogène, encombrement réduit, moindre maintenance, sensibilité moindre aux conditions climatiques.

## Le lit bactérien : solution liquide mobile et biomasse fixe

### Procédé

Phénomènes mis en jeu : adsorption (micro-organismes)/ absorption (COV et oxygène)

Le procédé met en œuvre un lit bactérien (dit aussi « filtre percolateur ») et exploite la faculté des micro-organismes à s'adsorber sur un solide, formant ainsi un biofilm à la surface d'un support fixe. Celui-ci est un matériau de garnissage inerte, vrac (de type anneaux Rasching) ou structuré. Le biofilm peut ainsi se développer à la surface du support, sur plusieurs millimètres d'épaisseur.

Un arrosage continu conduit à la formation d'une couche liquide autour du biofilm dans laquelle les COV et l'oxygène sont absorbés et transportés vers le biofilm où ils sont dégradés. Cet arrosage continu présente plusieurs avantages :

- le maintien de l'humidité ;
- l'apport de nutriments (N, P, K, et oligo-éléments), ici obligatoire en raison de l'inertie du matériau ;

- la régulation du pH ;
- la régulation de la température ;
- les boues qui se forment, en partie entraînées par la phase liquide, sont éliminées par simple décantation.

Ce procédé de traitement présente une grande efficacité sur des COV solubles. De plus, à performance identique, le volume occupé est inférieur à celui d'un biofiltre.

### Équipement

▼ Schéma de principe d'un filtre percolateur

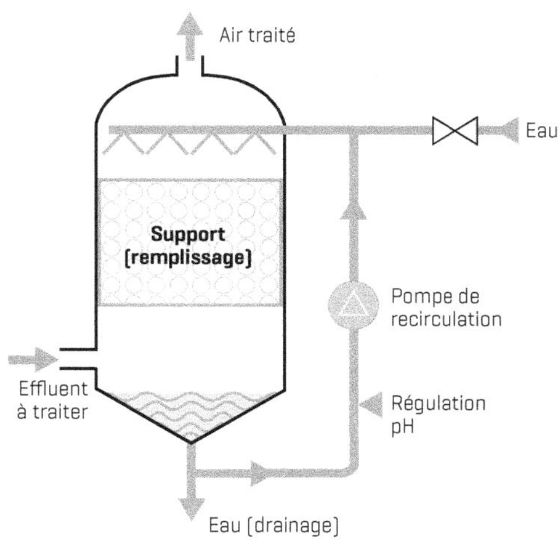


Un lit bactérien peut fonctionner à co-courant comme à contre-courant, l'eau étant introduite par le haut de la colonne et circulant par gravité.

Un grand volume de vide est laissé au passage du gaz, diminuant ainsi les risques de pertes de charge importantes ou de colmatage liés au développement du biofilm.

## Le biolaveur : solution liquide mobile et biomasse libre

### Procédé

À l'inverse du biofiltre et du percolateur, la biomasse est ici en suspension dans le liquide de lavage.

Phénomènes mis en jeu : adsorption (micro-organismes)/ absorption (COV et oxygène)

Il s'effectue en deux étapes :

1. **absorption** du gaz dans le liquide. Le contacteur gaz-liquide est en général un laveur à pulvérisation ;
2. **dégradation biologique**. En général ces deux étapes s'effectuent dans deux réacteurs distincts : une colonne d'absorption (ou colonne de lavage) et un bassin d'activation où se produit l'oxydation biologique.

### Équipement

▼ Schéma de principe d'un biolaveur avec biomasse circulante

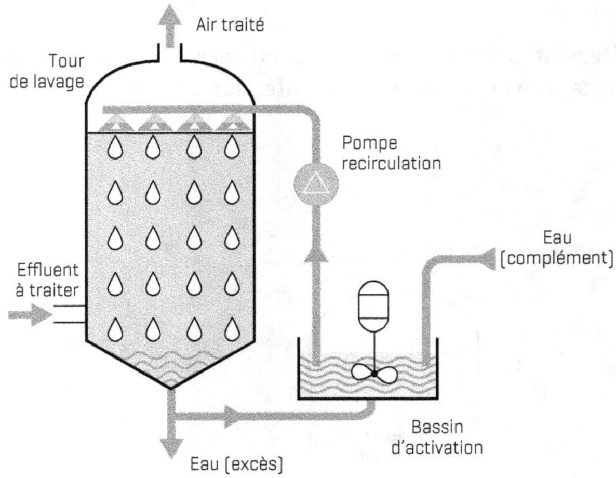


Les boues activées peuvent être renvoyées en haut de la tour de lavage pour absorber à nouveau des solutés et commencer leur dégradation. La concentration en boue est de l'ordre de 0,2 à 1 kg/m$^3$ de matières sèches.

Un décanteur est installé à la suite du bassin d'activation. La biomasse produite peut être valorisée ou détruite.

Par rapport aux biofiltres, les biolaveurs présentent les mêmes avantages que les filtres percolateurs :

- encombrement moindre ;
- grande flexibilité grâce à la variation possible de la quantité d'eau en circulation, du pH et de la composition des nutriments ;
- possibilité d'évacuer les produits de réactions secondaires ;
- moindre sensibilité au colmatage par risque de prolifération de la biomasse.

Temps de séjour de l'eau : elle doit être limitée entre 20 et 40 jours.

L'emploi de biolaveurs utilisant l'eau comme liquide de lavage est limité :

- aux polluants solubles et faiblement toxiques pour les micro-organismes ;
- aux débits faibles et relativement constants en raison de l'effet tampon limité de la phase aqueuse.

Pour des polluants peu solubles ou pouvant présenter une toxicité vis-à-vis des micro-organismes (de par leur nature chimique comme le benzène, le styrène, les solvants chlorés ou de par leur concentration), il est possible d'utiliser une émulsion huile/eau.

Cette phase organique doit avoir les propriétés suivantes :
- non dégradable ;
- à faible tension de vapeur ;
- pouvoir solubilisant important pour le polluant ;
- très peu miscible à l'eau ;
- non toxique pour les micro-organismes ;
- inodore.

Ce type de procédé ne connaît pas encore de réalisation industrielle mais son développement se poursuit.

## Avantages et limites de l'oxydation biologique et des différents procédés

| | Avantages | Limites |
|---|---|---|
| **Biofiltre** | ▪ Utilisant peu d'eau (par rapport aux autres procédés), il convient aux COV hydrophobes<br>▪ Démarrage et maintenance facile<br>▪ Possibilité d'opération en discontinu<br>▪ Faible coût d'opération<br>▪ Peu de déchets<br>▪ Valorisation de résidus biologiques solides | ▪ Surface requise importante<br>▪ Difficulté de maintien de certaines conditions opératoires : température, pH, humidité |
| **Lit bactérien ou filtre percolateur** | ▪ Très efficace pour les COV solubles<br>▪ Bonne rétention des espèces microbiennes<br>▪ Bon contrôle des nutriments<br>▪ Bonne régulation du pH (apport continu en eau)<br>▪ Encombrement moindre que le biofiltre | ▪ Faible surface spécifique de contact gaz-liquide<br>▪ Démarrage difficile et périodes d'arrêt non tolérées<br>▪ Production de déchets liquides (excès de biomasse)<br>▪ Coûts d'opérations élevés |
| **Biolaveur** | ▪ Convient aux COV solubles peu toxiques et à lente dégradation.<br>▪ Bonne régulation du pH<br>▪ Grande flexibilité de fonctionnement<br>▪ Moins de risque de colmatage<br>▪ Encombrement moindre que le biofiltre | ▪ Faible surface spécifique de contact gaz-liquide<br>▪ Démarrage difficile et périodes d'arrêt non tolérées<br>▪ Production de déchets liquides (excès de biomasse)<br>▪ Apport d'oxygène nécessaire<br>▪ Coûts d'investissement et de maintenance élevés |

# 5 Récapitulatif des traitements destructifs

| Descriptif | | Nature des COV | Conditions de mise en œuvre | | |
|---|---|---|---|---|---|
| **Procédé** | **Principe** | | **Température/ Humidité** | **Débit** | **Concentrations** |
| **OXYDATION THERMIQUE** Domaines d'application : opérations de séchage (peinture encre, vernis) et de fabrication (agro-alimentaire, industries pharmaceutique) | Oxydation par combustion | Ne convient pas aux effluents comprenant du chlore, du soufre, du fluor | - Récupérative : > 700 C<br>- Régénérative : > 800°C | - Récupérative : 1 000 à 100 000 $Nm^3/h$<br>- Régénérative : 1 000 à 300 000 $Nm^3/h$ | - Récupérative : 5 à 15 $g/Nm^3$<br>- Régénérative : 1 à 8 $g/Nm^3$ |
| **OXYDATION CATALYTIQUE** Domaines d'application : opération de séchage (peinture encre, vernis) et de fabrication (agroalimentaire, industries pharmaceutique) | Oxydation par combustion sans flamme | Tous sous-réserve d'une étude des sous-produits de combustion. | - Récupérative : 200 à 450 °C<br>- Régénérative : 300 à 350°C | - Récupérative : < 30 000 $Nm^3/h$<br>- Régénérative : < 100 000 $Nm^3/h$ | - Récupérative : 1 à 12 $g/Nm^3$<br>- Régénérative : 0 à 5 $g/Nm^3$ |
| **OXYDATION BIOLOGIQUE** Domaines d'application : agriculture, industries agroalimentaires, stations d'épuration, lieux de stockage | Dégradation des COV par des micro-organismes | COV biodégradables et solubles (sauf le benzène toxique pour les bactéries) | - Température < 40 °C<br>- Humidité > 90 % | 3 000 à 300 000 $m^3/h$ paramètre non limitant | 10 $mg/m^3$ à 1 $g/m^3$ |

| Performances | | Paramètres spécifiques | Avantages | Limites/ recommandations |
|---|---|---|---|---|
| récupérative | régénérative | | | |
| - Rendements thermique primaire : 60-70 %<br>- COV après traitement : < 200 mg/Nm³ | - Rendements thermique primaire 90-98 %<br>- COV après traitement : < 20 mg/Nm³ | - Température de combustion<br>- Temps de séjour<br>- Concentration en oxygène<br>- Concentration en COV<br>- PCI du gaz | - Simplicité de mise en œuvre<br>- Performances élevées<br>- Capacité de traitement de mélanges complexes<br>- Récupération de chaleur | - Coût énergétique élevé (récupération énergique souhaitable)<br>- Coût d'investissement élevé<br>- Les fumées contiennent du $CO_2$, CO et $NO_x$ |
| - Rendements thermique primaire : 80 %<br>- COV après traitement : < 50 mg/Nm³ | - Rendements thermique primaire : 90-95 %<br>- COV après traitement : < 50 mg/Nm³ | - Température de combustion<br>- Temps de séjour<br>- Concentration en oxygène<br>- Concentration en COV<br>- PCI du gaz<br>- Propriétés du catalyseur | - Simplicité de mise en œuvre<br>- Performances élevées<br>- Capacité de traitement de mélanges complexes<br>- Récupération de chaleur | - Coût d'investissement (plus élevé qu'en oxydation thermique)<br>- Coût de maintenance (moins élevé qu'en oxydation thermique)<br>- Ne tolère pas certains métaux et poussières (érosion et empoisonnement du catalyseur)<br>- Tolère mal les variations de concentrations |
| > 90 % | | - Taille de l'installation<br>- Type de garnissage<br>- Prétraitement du gaz<br>- Température<br>- Biodégradabilité des polluants | - Coût d'investissement pouvant être moins élevé qu'un procédé thermique.<br>- Coût d'exploitation faible (si pas de traitement des eaux de lavage et arrosage).<br>Voir aussi selon les équipements : biolitre, filtre percolateur, biolaveur | - Surface au sol importante<br>- Forte perte de chage<br>- Procédé délicat nécessitant un suivi important (humidité, éléments nutritifs, pH)<br>- Tolère mal les variation de flux COV |

M

# Traitements émergents

**1. Couplage de procédés** ........ 179
Un gain économique pour l'oxydation thermique
Adsorption-oxydation catalytique
Absorption-oxydation biologique
Adsorption-ozonation

**2. Photocatalyse** ........ 182
Principe
Le catalyseur
Paramètres de mise en œuvre
Avantages et limites

**3. Plasma froid** ........ 185
Rappel sur la notion de plasma
Principe du plasma froid
Avantages et limites
Le couplage plasma froid/catalyse

**4. Récapitulatif des traitements émergents** ........ 187

Les techniques de traitement des émissions de COV les plus utilisées en France et en Europe sont l'oxydation thermique, l'oxydation catalytique, les procédés d'absorption et d'adsorption et le traitement biologique.

Le couplage de certains procédés se révèle intéressant et donne à ces technologies dites « classiques » un nouveau champ d'application. Il s'agit notamment de l'association des techniques :

- d'adsorption-oxydation ;
- d'absorption-oxydation biologique ;
- d'adsorption-ozonation.

Mais il existe aussi d'autres techniques émergentes qui méritent d'être suivies étant donné leur potentiel dans le traitement des effluents gazeux. Il s'agit principalement de :

- la photocatalyse ;
- le plasma froid.

# 1 Couplage de procédés

Le couplage de deux procédés classiques est de plus en plus étudié par les industriels. En effet, cette solution peut permettre d'aboutir à la mise en place d'un système de traitement moins coûteux que dans le cas d'un procédé classique seul.

## Un gain économique pour l'oxydation thermique

L'exemple le plus connu et déjà appliqué aujourd'hui dans l'industrie est le couplage de l'adsorption avec l'oxydation thermique. Ce dernier procédé, lorsqu'il est mis en œuvre seul, peut conduire à l'utilisation d'un gaz d'appoint pour faire face aux périodes de production où les émissions de COV sont plus faibles, en termes de débit et/ou de concentration. La consommation en gaz d'appoint peut alors devenir le poste de dépense le plus important du procédé en fonctionnement. L'adsorption au préalable permet de concentrer les COV de sorte à les libérer de manière constante et permettre ainsi à l'oxydateur thermique de fonctionner sans gaz d'appoint (de façon autotherme).

D'autres procédés « hybrides » ont été testés dans le cadre de projets de recherche et développement. Certains, malgré des résultats satisfaisants, sont restés au stade du laboratoire alors que d'autres sont toujours en cours de développement et proches de la démonstration industrielle.

Ce chapitre n'a pas pour objectif de donner une liste exhaustive de tous les couplages réalisés et testés mais vise simplement à fournir quelques exemples.

## Adsorption-oxydation catalytique

Lorsque les concentrations en COV sont faibles mais qu'un traitement est toujours nécessaire, notamment dans le cas de COV particuliers tels que certains solvants chlorés, les COV appartenant à la famille des BTEX ou encore le formaldéhyde, les technologies classiques telles que l'adsorption ou l'oxydation catalytique ne sont pas efficaces.

C'est pourquoi de nouveaux procédés sont développés basés sur l'adsorption sélective du polluant couplée à un procédé d'oxydation catalytique à basse température. L'adsorption permet une préconcentration des COV de la phase gazeuse tandis que l'oxydation catalytique est utilisée pour la conversion des COV en molécules non toxiques dans des conditions douces de réaction.

Les caractéristiques de ce procédé seront :
- une limitation de la consommation énergétique par utilisation d'un couplage adsorption/catalyse ;
- une utilisation d'adsorbants et de catalyseurs bon marchés (sources naturelles, absence de métal noble).

Si la majeure partie des expériences dans ce domaine sont effectuées à l'échelle du laboratoire, des projets visent aujourd'hui des essais sur pilotes semi-industriels en vue de répondre à une problématique industrielle réelle.

## Absorption-oxydation biologique

Certains COV sont hydrophobes, caractérisés par une faible solubilité dans l'eau. Les procédés biologiques et l'absorption physique dans l'eau ne peuvent donc pas être envisagés. Un procédé couplant l'absorption des COV dans une phase non aqueuse, suivie d'une étape de régénération de la phase organique par biodégradation, a été identifié pour répondre à cette problématique.

Le couplage de ces deux techniques de traitement passe par un choix judicieux d'une phase organique à utiliser ; celle-ci doit en effet, dans un premier temps, permettre une bonne absorption des COV et, dans un second temps, ne pas être assimilable par les microorganismes pour pouvoir être totalement régénérée et réutilisée, sans pour autant être toxique vis-à-vis d'eux. La phase organique a deux rôles prépondérants dans ce procédé :

- absorber une grande quantité de COV pour épurer au maximum l'effluent gazeux passant dans un contacteur gaz-liquide.
- être un réservoir à COV. Dans le bioréacteur, cette phase organique est considérée comme un réservoir à polluants et permet également de limiter le contact entre le polluant et les microorganismes, et donc ainsi d'éviter tout risque de concentration toxique.

Selon le procédé, la phase organique est choisie pour son affinité avec les polluants à dégrader et ne doit pas interférer sur le système microbien. Elle est utilisée uniquement et exclusivement comme réservoir et non comme source de carbone et d'énergie pour les microorganismes, ce qui engendrerait des effets négatifs sur la vitesse de dégradation des COV et des pertes non négligeables.

Les premiers résultats expérimentaux obtenus permettent d'envisager l'utilisation d'un procédé couplant absorption et biodégradation pour le traitement de composés organiques volatils hydrophobes. Ce couplage est toujours en cours de développement aujourd'hui et des tests sur pilotes industriels sont envisagés.

## Adsorption-ozonation

Le traitement par adsorption constitue une solution technique bien connue mais l'adsorbant usuel, le charbon actif, présente des inconvénients qui, dans certains cas, freinent son développement (inflammabilité, performances sensibles à l'humidité, régénération coûteuse, maintenance de l'installation, etc.).

Un procédé dit hybride combinant l'adsorption sur zéolithe hydrophobe et l'ozonation des COV adsorbés a été testé. Le procédé comprend donc deux étapes : tout d'abord une saturation du solide poreux, puis une régénération de l'adsorbant par oxydation. Le couplage de l'adsorption avec un procédé d'oxydation dans un seul et même réacteur est l'un des points intéressants de ce procédé. L'effluent gazeux est envoyé dans un réacteur rempli d'un lit de matériau adsorbant, en l'occurrence des zéolithes. Les COV sont adsorbés et saturent peu à peu le matériau. Lorsque celui-ci est suffisamment saturé, la régénération du lit par oxydation à l'ozone à température ambiante peut être effectuée.

Les premiers résultats obtenus avec de la méthyléthylcétone (MEC) ont montré que les principaux produits de l'oxydation de la MEC adsorbée sont, de façon prévisible, $CO_2$ et $H_2O$. Par ailleurs, quelques sous produits tels que la butane-2,3-dione et l'acide acétique ont pu être identifiés. Quelques essais d'adsorption/ozonation de butane-2,3-dione ont permis de montrer que ce composé s'adsorbe correctement et qu'il peut être oxydé par l'ozone avec un bon rendement.

Ces premiers résultats sont donc encourageants pour l'avenir de ce type de procédé. Il reste cependant beaucoup de travaux à réaliser pour tester d'autres familles de composés et pour aller vers une optimisation du procédé à l'échelle industrielle.

# 2 Photocatalyse

L'application de ce procédé dans le traitement des émissions de COV est en développement et particulièrement dans la lutte contre leurs nuisances olfactives.

## Principe

La photocatalyse correspond à une oxydation catalytique en présence de lumière. Il s'agit d'une technique d'oxydation avancée dont le principe de dégradation des polluants repose sur une réaction physico-chimique (oxydation-réduction) se produisant en surface d'une couche catalytique activée par une source de lumière ultraviolet (par l'intermédiaire de photons émis soit par le soleil soit par une lampe UV).

▼ Schéma de principe de la dégradation des polluants par photocatalyse
[Source : *Pollutions olfactives, origine, législation, analyse, traitement*, éditions Dunod, 2008]

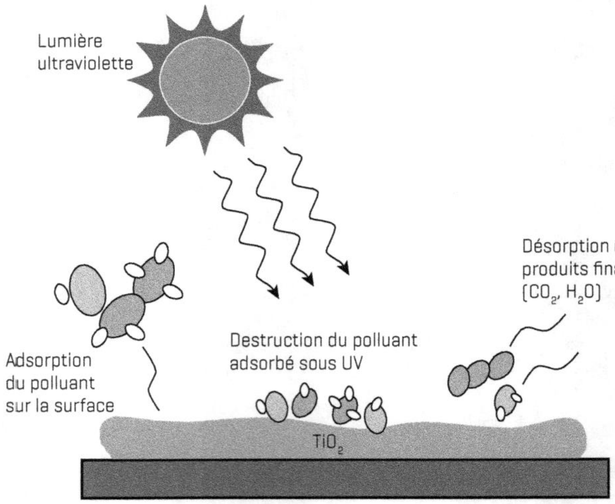


## Le catalyseur

Le catalyseur est un oxyde métallique posé sur un support composé de matériaux inertes (aluminosilicate, papier, verre). L'oxyde métallique le plus souvent utilisé est le dioxyde de titane ($TiO_2$) en raison de sa stabilité thermodynamique et son coût accessible.

## Paramètres de mise en œuvre

### Nature des COV

La photocatalyse est une technique non sélective vis-à-vis des polluants à traiter, c'est-à-dire qu'elle est capable de détruire beaucoup de composés chimiques présents dans l'air jusqu'à leur destruction si le temps de séjour est suffisant (sauf les chlorofluorocarbones). Cependant, certains composés sont capables de désactiver temporairement ou définitivement le catalyseur.

## Débits et concentration

Compte tenu des récents essais d'application de ce procédé pour le traitement des émissions de COV à l'échelle industrielle, les données sur les conditions de mise en œuvre les plus performantes sont encore à développer.

La photocatalyse est cependant à priori plutôt adaptée pour des débits faibles avec un fonctionnement optimum pour des débits compris entre 10 et 1 500 m³/h à des concentrations généralement inférieures à 10 g/Nm³.

**Rendement du procédé**

L'efficacité des traitements est fonction des molécules à dégrader et des débits en entrée de système (le débit conditionne en effet la vitesse de contact entre les polluants et le catalyseur. Celle-ci est optimale autour de 0,5 m/s).
Un rendement supérieur à 95 % peut être attendu.

▼ Efficacité de la photocatalyse par rapport aux autres procédés
(Source : *Pollutions olfactives, origine, législation, analyse, traitement*, éditions Dunod, 2008)

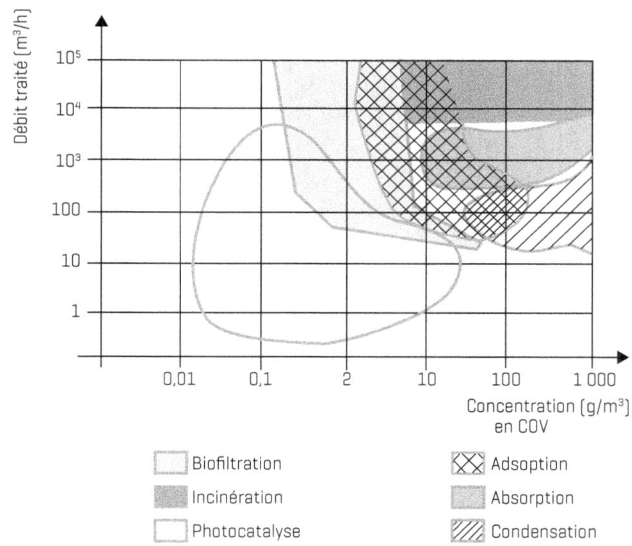


## Conditions de travail

Au niveau industriel, la photocatalyse se déroule de façon optimale à une température comprise entre 20 et 40 °C et avec un taux d'humidité compris entre 40 et 80 %.

## Avantages et limites

Dans les projets menés récemment en conditions réelles d'applications pour le traitement d'effluents industriels contenant des teneurs en COV pouvant aller jusqu'à plusieurs g/m$^3$, il a été démontré que la technologie n'était pas assez mature et nécessitait encore des travaux de développement.

En effet, le rendement du système n'est pas encore suffisant pour traiter la charge réelle de polluants émise par les sites industriels impliqués dans ces projets. Pour accroître le rendement du procédé photocatalytique, il faudrait augmenter le volume du réacteur et donc le nombre de lampes, ce qui conduirait à une consommation en énergie non réaliste.

Cependant la photocatalyse reste un procédé d'avenir pour le traitement des effluents industriels et une fois les verrous levés, elle pourrait concurrencer l'ensemble des procédés destructifs classiques.

# 3 Plasma froid

## Rappel sur la notion de plasma

Il s'agit d'un milieu gazeux constitué d'atomes, d'ions et d'électrons en mouvement, électriquement neutres à l'échelle macroscopique et régis par un comportement collectif.

Le plasma est produit par décharges électriques à très fort voltage de façon hétérogène (densité naturelle d'électrons) ou homogènes (densité provoquée d'un grand nombre d'électrons). Ce plasma joue un triple rôle :

1. précipitateur du fait des phénomènes électrostatiques ;
2. producteur de rayonnement UV ;
3. producteur de radicaux libres.

Les effets induits par ces espèces oxydantes sont la cassure de liaisons C-H et donc, la transformation des COV en $CO_2$ et eau.

### À propos du plasma

Il y a deux catégories de plasmas :

- **les plasmas thermiques** (dits aussi plasmas chauds ou plasma en équilibre thermodynamique « ET »).

Exemples :

plasmas complets : le Soleil, les étoiles ;

plasmas locaux : arcs électriques, torches à plasma industrielles utilisées pour la fusion et la projection de matériaux très réfractaires (découpe, vitrification des déchets).

- **Les plasmas non thermiques** (dits aussi plasmas froids). Exemple : décharge électrique à pression atmosphérique.

## Principe du plasma froid

Dans le cas du plasma froid, les électrons possèdent une énergie insuffisante pour casser les molécules mais suffisante pour les faire vibrer, tourner ou encore les exciter : le plasma froid est en fait un générateur de radicaux et d'espèces excités, très actifs chimiquement, que seule pourrait créer une activation chimique à très haute température. Ces espèces baignent dans un milieu moléculaire à basse température, procurant un effet de trempe permettant des accrochages chimiques stables qu'il serait impossible d'obtenir à haute température[1].

1. Source : energie-plus.com

## Le couplage plasma froid/catalyse

L'abaissement de la température par la présence d'un catalyseur est renforcé par le plasma froid. La température de destruction du 2-heptanone, par exemple, chute ainsi de 180 °C à 80 °C.

Le couplage plasma froid/catalyse vise des économies d'énergie, mais aussi une réduction des polluants secondaires émis par la combustion ($CO_2$, $NO_2$, NOx).

Comme pour la photocatalyse, ce procédé n'a pas encore passé le cap des essais pilotes mais reste tout de même prometteur. Des projets sont toujours en cours afin de passer ce cap et de proposer aux industriels une solution fiable et peu coûteuse pour le traitement des émissions de COV.

# 4 Récapitulatif des traitements émergents

| Descriptif | | Nature des COV | Conditions de mise en œuvre | | |
|---|---|---|---|---|---|
| Procédé | Principe | | Température/ Humidité | Avantages | Limites – recommandations |
| **PHOTOCATALYSE** | Oxydation catalytique en présence de lumière | Tout COV | – Température 20 à 40°C<br>– Humidité 40 à 80 % | ▪ Plages de fonctionnement larges<br>▪ Non-transfert de pollution en cas de réaction complète<br>▪ Investissement moindre par rapport à un système d'oxydation thermique ou biologique<br>▪ Coûts de fonctionnement et d'entretien réduits (sous réserve du nombre de lampes UV nécessaire si le flux à traiter est important) | ▪ Inefficace contre les poussières et polluants particulaires (en cas de présence, un prétraitement s'impose à l'aide d'autres technologies)<br>▪ pollution secondaire : ce procédé, bien que le plus avancé des technologies émergentes, doit encore être étudié en termes de sous-produits d'oxydation et d'empoisonnement de catalyseur<br>▪ diminution de l'activité photocatalytique s'il y a dépôt en surface d'espèces minéralisées (sulfate, nitrate) ou de produit macromoléculaire<br>▪ Régénération périodique nécessaire du catalyseur (surtout si le gaz est concentré) |
| **PLASMA FROID** | Utilisation de décharges électriques à très fort voltage générateur de radicaux qui détruisent chimiquement les COV | Tout COV | – Température 20 à 40°C<br>– Humidité 40 à 80°C | ▪ Le plasma froid permet une grande souplesse d'utilisation, pouvant s'adapter à des débits de gaz très variables<br>▪ Coût de fonctionnement et d'entretien réduits<br>▪ Adaptabilité au site, installation et maintenance faciles<br>▪ Pas de produit chimique ajouté<br>▪ Sécurité (utilisation possible en milieu clos) | ▪ Formation possible de sous-produits |

N

# Mesures


1. **Mesures et domaines d'utilisation** .......... **190**
   Objectif des mesures
   Choix de la méthode d'analyse

2. **Autosurveillance** .......... **192**
   COV totaux
   COV spécifiques
   Mise en œuvre d'une autosurveillance
   Exploitation des mesures

3. **Les contrôles périodiques** .......... **199**
   COV totaux
   COV spécifiques
   Représentativité des prélèvements : stratégie d'échantillonnage
   Exploitation des résultats

# 1 Mesures et domaines d'utilisation

Le présent chapitre a pour but de présenter les différentes méthodes de mesures des COV et leurs domaines d'utilisation.
Pour des informations plus techniques, on se reportera aux différentes publications indiquées en fin de chapitre « Pour aller plus loin ».

## Objectif des mesures

La mise en place d'un programme de mesures devra se faire en fonction de l'objectif poursuivi, afin de choisir la méthode la mieux adaptée. Il pourra s'agir :

- de surveiller de façon régulière les émissions de COV sur un site industriel, pour contrôler que les valeurs limites réglementaires ne sont pas dépassées ;
- d'établir un premier bilan des COV émis et de les comparer aux valeurs limites réglementaires. Selon les résultats obtenus, une démarche de réduction des émissions pourra être nécessaire ;
- de déterminer la contribution d'une phase de production sur les émissions totales, si l'on souhaite agir de façon ciblée et le plus efficacement possible sur les émissions ;
- de mesurer l'impact d'une substitution de produit ou d'un changement de procédé au niveau des émissions de COV ;
- de réceptionner et suivre un nouveau système de traitement, etc.

La surveillance des émissions de COV sur un site industriel est définie par l'arrêté du 2 février 1998 modifié (article 59-7). La **surveillance en permanence (autosurveillance)** des émissions de l'ensemble des COV, à l'exclusion du méthane, est réalisée si, sur l'ensemble de l'installation, l'une des conditions suivantes est remplie :

- le flux horaire maximal de COV, à l'exclusion du méthane exprimé en carbone total, dépasse :
  - 15 kg/h dans le cas général,
  - 10 kg/h si un équipement d'épuration des gaz chargés en COV est nécessaire pour respecter les valeurs limites d'émission canalisées ;
- le flux horaire maximal de COV à l'exclusion du méthane, visés à l'annexe III, ou présentant une mention de danger H340, H350, H350i, H360D ou H360F (ou une phase de risque R45, R46, R49, R60 ou R61), ou les composés halogénés présentant une mention de danger H341 ou H351 (ou étiquetés R40 ou R68), dépasse 2 kg/h (exprimé en somme des composés).

Dans les autres cas, des **contrôles périodiques** seront mis en place si :

- il n'y a pas de COV « spécifiques » au sens de l'arrêté du 2 février 1998 modifié, seul les **COV totaux (COVT)** seront à mesurer.
- il y a un ou plusieurs **COV spécifiques**, ils devront être mesurés de façon individuelle.

## Choix de la méthode d'analyse

La méthode d'analyse retenue dépendra :

- de l'objectif recherché : autosurveillance ou contrôles périodiques ;
- des COV à mesurer : COV totaux ou spécifiques.

| | Autosurveillance | | Contrôles périodiques | |
|---|---|---|---|---|
| | COV totaux | COV spécifiques | COV totaux | COV spécifiques |
| Détecteur à Ionisation de flamme (FID) | X | | X | |
| Spectrométrie infrarouge (IR) | X | | | |
| Chromatographe + FID ou Détecteur à photoionisation (PID) | | X | | |
| Analyseur infrarouge à transformée de Fourier (FTIR) | | X | | X |
| Chromatographe + spectrométrie de masse (MS) + Détecteur à conductibilité thermique (TCD) | | X | | X |
| Prélèvement manuel + Chromatographie | | | | X |

Lorsque plusieurs méthodes sont possibles, les caractéristiques de l'installation peuvent permettre d'orienter le choix :

- le type d'installation – imprimerie, nettoyage de surface, atelier de peinture, etc. – donne des indications sur les composés à rechercher et les gammes de concentration susceptibles d'être rencontrées ;
- la composition des produits entrant et sortant du procédé et les éventuelles réactions chimiques mises en jeu ;
- les caractéristiques de l'effluent en termes de température, humidité, etc. ;
- le mode de fonctionnement de l'installation : les niveaux d'émissions des COV ne seront pas forcément les mêmes suivant les différents niveaux de fonctionnement de l'installation ;
- etc.

Les chapitres suivants présentent les différentes méthodes d'analyse.

# 2 Autosurveillance

## COV totaux

Deux techniques d'autosurveillance permettent de déterminer la **concentration globale** de l'ensemble des composés organiques présents dans un effluent. La technique la plus utilisée est **la méthode de détection à ionisation de flamme (FID).** La **méthode infrarouge (IR)** peut aussi convenir aux besoins des exploitants qui ont à surveiller les rejets de COV.

### La détection par ionisation de flamme [FID]

La mesure d'une concentration globale de COV au moyen d'un détecteur FID est largement reconnue et utilisée au plan international. Elle tient lieu de **méthode de référence** et permet ainsi de quantifier l'ensemble des COV présents dans un effluent dans le cadre de contrôles réglementaires.

En effet, le détecteur FID possède :

- une bonne sensibilité (limite de détection voisine de 0,1 mg/m$^3$) ;
- une excellente linéarité ;
- une grande dynamique de réponse : les appareils disposent de plusieurs échelles commutables permettant de réaliser la mesure de concentrations dépassant 10 000 ppm (partie par million), voire 100 000 ppm pour certains appareils.

#### Principe

Tous les composés organiques comportant une liaison carbone-hydrogène s'ionisent lorsqu'ils sont introduits dans une flamme alimentée par un brûleur air-hydrogène. Les ions ainsi formés sont collectés par application d'un champ électrique et le courant correspondant est mesuré. Ce courant est, en première approximation, proportionnel au nombre d'atomes de carbone introduits dans la flamme.

Le très gros avantage du détecteur FID est qu'il répond à la totalité des composés considérés comme organiques, à l'exception du formaldéhyde, de l'acide formique et du sulfure de carbone.

#### Résultats

Le résultat de la mesure est souvent exprimé dans la même unité que le gaz étalon : des ppm de méthane ou de propane. Il est ensuite converti en mg équivalent C/Nm$^3$, qui correspond pour les COV totaux à l'unité de mesure réglementaire (les tableaux de conversion figurent dans la norme NF X 43-554).

$$\textit{Concentration en ppm} = \frac{62{,}4 \times (273{,}2 + T \textit{ en } °C) \times (\textit{concentration en } mg/m^3)}{P \times PM}$$

- 62,4 est la valeur de la constante R ;
- $P$ est la pression en mm Hg (mercure). $P_{\text{atmosphérique}}$ = 760 mm Hg ;
- $PM$ est le poids moléculaire de la substance en g/mol.

Toutefois, il faut savoir que la réponse du détecteur FID vis-à-vis d'une molécule donnée n'est pas directement proportionnelle au nombre d'atomes de carbone de la molécule, car la réponse d'un atome dépend de la nature des atomes voisins et du type de liaison dans laquelle chaque atome est engagé.

Le résultat obtenu n'est donc pas une concentration « quantitative » en COV, mais un « indice relatif aux composés organiques volatils ».

Le tableau suivant récapitule les estimations généralement admises des coefficients de réponse d'un atome de carbone en fonction du type de liaison dans laquelle il est engagé.

| Nature de la liaison | Coefficient de réponse |
|---|---|
| Aliphatique | 1 (par convention) |
| Aromatique | 1 |
| Oléfinique | 0,95 |
| Acétylénique | 1,3 |
| Carbonyle (ex : HCHO) | 0 |
| Nitrile, Amine | 0,3 |
| Éther | 0,5 |
| Alcool | 0,2 à 0,6 |
| Dichlorométhane, trichlorométhane, chlorobenzène | 0,7 à 1,2 |

Deux exemples permettent d'illustrer l'utilisation des coefficients de réponse :

- l'acétate d'éthyle $CH_3COOC_2H_5$ comporte 4 atomes de carbone, dont un engagé dans une liaison carbonyle (coefficient de réponse nul) : la réponse avoisinera donc celle d'une molécule à 3 atomes de carbone ;
- l'isopropanol $(CH_2)_2CHOH$ comporte 3 atomes de carbone, dont un engagé dans une fonction alcool secondaire (coefficient de réponse voisin de 0,5) : la réponse sera donc proche de celle de 2,5 atomes de carbone.

De plus, le FID réalise la mesure des COV totaux, **y compris le méthane**. Plusieurs solutions sont possibles pour avoir une estimation de la concentration en COVNM :

- le méthane n'est pas présent en concentration notable : un analyseur classique de COV totaux pourra être utilisé car la surestimation de la mesure est négligeable ;
- l'utilisation d'un appareil permettant une séparation du méthane et des autres COV (colonnes chromatographiques, fours catalytiques). Ces appareils sont plus complexes que les analyseurs classiques. C'est la méthode utilisée pour les mesures réglementaires.

## La spectrométrie infrarouge (IR)

### Principe

L'infrarouge est subdivisé en IR proche (PIR : de 0,78 µm à 1,4 µm), IR moyen (MIR : de 1,4 à 3 µm) et IR lointain (LIR : de 3 µm à 1 000 µm).

Les radiations infrarouges émises sont absorbées par les molécules organiques de l'effluent à mesurer (elles sont converties en énergies de vibration et de rotation intramoléculaires). L'intensité de l'absorption est fonction du nombre de molécules présentes sur le trajet du faisceau infrarouge, et donc de la concentration en polluant. Parmi les principales techniques d'analyse par absorption infrarouge, se trouvent la méthode à double faisceau et la méthode à corrélation par filtre gazeux.

### Résultats

Les analyseurs à double faisceau et à corrélation par filtre gazeux permettent de procéder à une mesure globale de l'ensemble des COV et de déterminer un « indice COV » par spectrométrie infrarouge.

Cette méthode permet de s'affranchir de l'alimentation en hydrogène nécessaire pour la détection par ionisation de flamme (FID) et de résoudre ainsi d'éventuels problèmes de sécurité de fonctionnement (utilisation en atmosphère explosive).

Cependant, l'indice infrarouge n'est pas directement comparable à l'indice FID et les analyses de COV totaux par infrarouge ne font pas l'objet d'une norme. Ainsi, pour un même effluent, la valeur de l'indice infrarouge peut varier en fonction de l'étendue du domaine spectral pris en compte par l'appareil.

La mesure des COV totaux par spectrométrie infrarouge n'est donc possible qu'en autosurveillance des rejets des installations dont la composition qualitative des gaz résiduaires reste sensiblement constante. Hors installations d'incinération et grandes installations de combustion, cette autosurveillance s'accompagne d'un calibrage de zéro et de sensibilité par gaz pour étalonnage suivi d'un étalonnage par comparaison avec un analyseur FID de référence. La procédure, décrite dans le guide d'application X 43-132 – cas A, pourra être préconisée.

# COV spécifiques

Il existe également des méthodes d'autosurveillance permettant le suivi des émissions de **COV spécifiques** :
- chromatographe + analyseur avec FID ou détecteur à photoionisation (PID) ;
- analyseur infrarouge à transformée de Fourrier (FTIR) ;
- chromatographe gazeux couplé à un spectromètre de masse et à un détecteur à conductibilité thermique.

## Chromatographe avec détecteur FID ou PID

### Principe

Les différents COV contenus dans l'effluent vont être séparés par une colonne chromatographique et mesurés par un détecteur FID ou PID.
- **Chromatographe :** une colonne chromatographique est un tube garni d'une phase stationnaire et balayé en permanence par une phase mobile (gaz ou liquide). En fonction du couple phase stationnaire/phase mobile utilisé, les COV injectés simultanément en tête de colonne y sont entraînés à des vitesses différentes et se présentent donc successivement au système d'analyse situé en sortie de colonne.
- **Détecteur à ionisation de flamme (FID) :** le principe du détecteur à ionisation de flamme FID a été présenté précédemment.
- **Détecteur à photoionisation (PID) :** toutes les molécules organiques s'ionisent lorsqu'elles sont soumises à un rayonnement ultraviolet d'énergie suffisante pour provoquer l'arrachement d'un électron.
  Cette énergie d'arrachement, qu'on appelle potentiel d'ionisation et qu'on mesure en électron volt (eV), est variable suivant les molécules. Pour que le phénomène de photoionisation se développe, il faut donc appliquer à une molécule une énergie supérieure à son potentiel d'ionisation. Dans ce cas, les ions émis sont proportionnels à la concentration des polluants présents. On parle ici de la détection par photoionisation (PID).

Le PID est relativement simple à mettre en œuvre et ne nécessite pas de gaz d'alimentation. Sa forte sensibilité pour certaines molécules organiques peut permettre la surveillance de composés en faible teneur mais particulièrement toxiques, tels que les hydrocarbures aromatiques.
Il faut cependant noter qu'un PID n'est pas utilisable sur l'ensemble des effluents car il est sensible à l'humidité et ses lignes d'échantillonnage et d'analyses ne peuvent pas être chauffées.

## Analyseur FTIR [infrarouge à transformée de Fourier]

### Principe

Le principe de fonctionnement d'un analyseur FTIR repose sur la spectrométrie infrarouge qui utilise la capacité des molécules organiques à absorber les radiations infrarouges.

Chaque molécule a un spectre d'absorption infrarouge qui lui est propre, et cette propriété rend possible l'**identification** de COV présents dans un effluent de composition simple ou connue. L'analyse par FTIR permet également une **quantification** de ces COV, car leur absorption infrarouge est proportionnelle à leur concentration.

Cet analyseur permet une analyse en continu, avec une fréquence d'acquisition comprise entre 1 seconde et 5 minutes.

### Résultats

L'analyseur FTIR se révèle particulièrement intéressant pour suivre les émissions gazeuses en continu car sa fréquence d'acquisition permet de tracer **l'évolution des COV**, quasiment aussi rapidement qu'un analyseur FID pour les concentrations en COV totaux.

Il faut cependant prendre en compte le fait qu'une bande d'absorption peut être commune à plusieurs composés. Il est donc important d'identifier les interférents potentiels des composés que l'on souhaite analyser pour sélectionner les bandes d'absorption qui ne seront pas influencées par leur présence.

## Chromatographe gazeux [GC] couplé à un spectromètre de masse [MS] et à un détecteur à conductibilité thermique [TCD]

### Principe

- **Chromatographe gazeux (GC) :** son principe a déjà été présenté précédemment.
- **Spectromètre de masse (MS) :** son principe réside dans la détection et **l'identification** en phase gazeuse de molécules chargées (ions) en fonction de leur rapport masse/charge. Le soluté est injecté dans une source, où le bombardement d'un faisceau d'électrons arrache des électrons aux molécules, ce qui a pour effet de les ioniser et de les fragmenter. Ces molécules sont envoyées dans un quadripôle (analyseur de masse) qui trie en fonction de leur masse respective les ions et fragments formés. Par la suite, ces ions et fragments sont détectés par un multiplicateur d'électrons.
- **Détecteur à conductibilité thermique (TCD) :** ce détecteur mesure la concentration d'un composé à partir de la différence de résistance entre deux filaments chauffés, dont l'un est balayé et refroidi par le gaz vecteur seul et l'autre par le gaz en sortie de la colonne chromatographique.

Ce détecteur est universel et non destructif (l'échantillon n'est pas détruit ou modifié après analyse).

L'association d'une colonne chromatographique et d'un détecteur à conductibilité thermique permet ainsi de réaliser des **quantifications,** à condition d'avoir préalablement identifié la nature des composés séparés par la colonne.

L'analyse par GC/TCD est une analyse semi-continue (1 acquisition toutes les 1 à 20 minutes selon les composés analysés).

#### Résultats

Le **GC/MS/TCD** permet une séparation et ainsi une **bonne identification** des composés organiques.

Il possède également la capacité de réaliser une **quantification** affranchie de tout doute sur la nature de la substance analysée, après étalonnage de la chaine analytique.

### Bilan sur les méthodes d'autosurveillance de COV spécifiques

L'utilisation des méthodes d'autosurveillance des COV spécifiques doit s'entourer de précautions sur la réalisation des prélèvements (gestion de l'humidité des effluents chauds, étude des interférents, choix des méthodes d'analyses ou des bandes d'absorption caractéristiques, etc.) et sur le contrôle qualité des essais (étalonnage, dérive, mise en place de techniques simultanées pour limiter les interférences, etc.). Ces techniques nécessitent par ailleurs des gaz pour étalonnage des composés à analyser.

De plus, l'interprétation des données nécessite une formation adaptée du personnel qui exploite les résultats.

La généralisation de ces techniques ne pourra être réalisée sans une réflexion sur des règles de bonnes pratiques d'étalonnage et d'analyse afin de limiter au maximum les nombreuses possibilités de dérives d'utilisation.

## Mise en œuvre d'une autosurveillance

### Choix du point de prélèvement

Les concentrations en COV sont généralement uniformes dans toute la section du conduit et il est donc suffisant de réaliser le prélèvement en un seul point situé sensiblement au centre de cette section.

Il faudra toutefois être vigilant sur les entrées d'air ou les raccordements de plusieurs conduits sur une même gaine en amont du point de prélèvement, qui peuvent induire des hétérogénéités locales très importantes. Il convient donc de s'assurer de la représentativité du point d'échantillonnage sélectionné par une mesure rapide des températures, ou mieux des COV totaux, à travers toute la section de la gaine avant de positionner le matériel de prélèvement.

### Ligne d'échantillonnage

La ligne d'échantillonnage comprendra les éléments suivants :

- une canne de prélèvement ;
- un filtre ;

- une ligne de transfert et, si nécessaire, une pompe de circulation permettant de diminuer le temps de balayage de la ligne (temps de réponse, phénomène d'absorption) ;
- un analyseur.

Une filtration en tête de ligne de prélèvement est pratiquement indispensable pour éviter un encrassement des lignes de transfert et de l'analyseur ; elle ne fait pas double emploi avec les filtres dont sont généralement munis les analyseurs, filtres qui sont à considérer comme des organes de protection ultime.

Suivant les composés à mesurer, il peut être nécessaire de maintenir la ligne d'échantillonnage en température (environ 120 à 200 °C) afin d'éviter toute condensation.

### Implantation du matériel d'analyse

Afin de minimiser les pertes sur la ligne d'échantillonnage, il est préférable de positionner l'armoire d'analyse à proximité du point de prélèvement, dans un lieu propre et abrité. L'accès devra en être aisé afin de permettre de fréquentes visites de contrôle et d'assurer dans de bonnes conditions la maintenance du matériel d'analyse. L'armoire sera ventilée et, si nécessaire, climatisée, afin de maintenir la température entre 10 et 35 °C (l'électronique de mesure supporte mal les températures excessives).

Transmis à la salle de contrôle, les résultats des mesures et les alarmes de mise en défaut des appareils seront associés aux paramètres d'exploitation de l'installation afin d'en permettre une analyse pertinente.

## Exploitation des mesures

### Élimination des données aberrantes

Étant donné la très grande quantité de données fournies par les analyseurs en continu, il sera nécessaire d'en effectuer un traitement. Toutes les données correspondant à des périodes de maintenance ou de dysfonctionnement de l'installation ou de la chaîne d'analyse seront systématiquement éliminées. Les données à éliminer seront d'autant plus facilement identifiables que :

- des alarmes de mise en défaut de la chaîne d'analyse auront été prévues en nombre suffisant ;
- un suivi des émissions, en fonction d'autres paramètres de fonctionnement de l'installation, sera assuré.

### Expression des résultats

#### Mesure des COV totaux non méthaniques

Les résultats bruts sont exprimés généralement sur gaz sec ou humide en unité volumique (ppm : partie par million volumique) dans les conditions réelles de pression et de température. Selon les exigences de la réglementation, les résultats bruts devront être exprimés :

- dans les conditions normales (température et pression) ;
- en unité massique ($mg/m^3$) ;
- sur gaz sec ou humide ;
- en équivalent C (ou dans de plus rares cas en équivalent $CH_4$) ;

- éventuellement par rapport à une teneur en oxygène de référence (installations de combustion et d'incinération essentiellement).

Les tableaux de conversion entre les différentes unités figurent dans la norme NF X 43-554.

## Présentation des résultats

Il est recommandé de présenter aux pouvoirs publics un document synthétique afin d'éviter toute interprétation erronée des résultats et d'en faciliter la lecture.

Après validation des données, on pourra calculer des valeurs moyennes semi-horaires, journalières et mensuelles de concentration de polluants, ainsi que la durée de dépassement éventuel des valeurs limites.

# 3 Contrôles périodiques

Les contrôles périodiques peuvent concerner la mesure de COV totaux ou de COV spécifiques. Les mesures de COV totaux, réalisées dans un contexte réglementaire, doivent être effectuées par des laboratoires accrédités et agréés par le ministère en charge de l'écologie. Il n'existe actuellement aucun agrément couvrant la mesure des COV spécifiques.

## COV totaux

Les mesures de COV totaux sont réalisées au moyen d'un analyseur FID (Détection par ionisation de flamme), dont le principe est présenté au chapitre précédent.

## COV spécifiques

Les méthodes de prélèvement et d'analyse sont choisies en fonction de la nature des substances à doser, des contraintes liées au site et de certaines caractéristiques de l'effluent telles que :
- l'humidité ;
- la température ;
- le pH ;
- les teneurs attendues ;
- la présence de particules ;
- la présence d'interférents.

Compte tenu de la diversité des situations possibles, le préleveur et l'analyste seront donc amenés à choisir la ou les techniques les mieux adaptées, ce qui nécessite une bonne connaissance de l'analyse organique.

La recherche et le dosage de COV spécifiques peuvent être mis en œuvre grâce aux méthodes suivantes :
- prélèvement manuel + chromatographie ;
- analyseur FTIR ;
- chromatographe gazeux (GC) couplé à un spectromètre de masse (MS) et à un détecteur à conductibilité thermique (TCD).

### Prélèvement manuel et chromatographie

#### Techniques de prélèvement manuel

Les techniques manuelles pour le prélèvement des COV sont les suivantes :
- **le piégeage sur support solide**. Cette technique de pré-concentration est la plus utilisée. Elle permet de piéger les composés sur un support solide par **adsorption** ;
- **le barbotage**, qui consiste à piéger les composés gazeux par un phénomène physique d'**absorption** dans une phase liquide ;
- le prélèvement direct en **ampoule, en sac ou en canister.**

Ces étapes de prélèvement sont suivies d'une analyse **différée par chromatographie (liquide ou en phase gazeuse)** en laboratoire, des échantillons collectés.

- *Piégeage par adsorption*

L'adsorption est un phénomène de surface par lequel des molécules se fixent sur une surface solide. Le choix de l'adsorbant sera fonction des COV recherchés, puisque l'adsorbant doit être à la fois capable de bien les retenir durant le prélèvement et de les relarguer facilement avant l'analyse.

Les composés piégés sur la cartouche d'adsorbant sont récupérés en déplaçant l'équilibre d'adsorption, soit par action d'un solvant, soit par élévation de la température.

La désorption par solvant est très utilisée car elle est d'application très souple. Cette méthode est applicable pour quantifier des COV qui sont présents dans les effluents à des concentrations de l'ordre du $mg/m^3$ ou plus.

Dans la désorption thermique, les COV sont brutalement désorbés par chauffage très rapide de la cartouche. Cette technique conduit à injecter dans le chromatographe une proportion de COV beaucoup plus forte (de 10 à 50 %) que dans le mode de désorption par solvant (moins de 1 %).

- *Piégeage par absorption*

Le piégeage par absorption fait intervenir une dissolution suivie d'une réaction chimique entre le milieu absorbant et le composé recherché, qui se traduit par la formation d'un composé plus stable et moins volatil que le composé recherché.

Cette méthode permet de piéger efficacement, puis d'analyser des composés difficilement accessibles par ailleurs (peu adsorbables ou au contraire peu désorbables).

Cette méthode est particulièrement utilisée pour la mesure des aldéhydes (formaldéhyde, acétaldéhyde, etc.).

- *Prélèvement direct en ampoule, sac ou canister*

Le prélèvement direct sera utilisé pour les composés qui, comme le méthane, l'éthane, l'éthylène, etc., ne sont efficacement piégés ni par l'adsorption, ni par l'absorption.

Ce mode de prélèvement consiste à introduire l'air à analyser dans un conteneur pour son transport et sa conservation avant l'analyse en laboratoire.

La principale difficulté de cette approche de prélèvement est de maintenir l'intégrité de l'échantillon jusqu'à son analyse. Cela est d'autant plus difficile à réaliser que les concentrations en COV sont faibles. Dans tous les cas, il est recommandé de réduire autant que possible le temps entre le prélèvement et l'analyse.

Une sélection adaptée des matériaux constituant le conteneur doit être effectuée pour éviter :

- les réactions (température, rayonnement lumineux) ;
- les pertes (fuites, adsorption sur les parois) ;
- les contaminations (matériaux, corps de pompe, etc.).

**Ampoules en verre** : ce sont généralement des chambres cylindriques de volumes relativement faibles (0,1 à 2 l) pour pouvoir les manipuler et les transporter aisément. Le verre interagit peu avec les COV. Pour en accroître les performances, on peut passiver les parois internes de l'ampoule par certains procédés. Les principales limites d'utilisation des ampoules sont leur fragilité et leur faible capacité volumique.

**Sacs de prélèvement :** les sacs constituent un moyen économique et simple pour collecter et stocker un échantillon gazeux. Ce sont des poches souples en plastique thermo-soudé, donc faciles à manipuler et légères à transporter, idéales pour les points de prélèvement difficiles d'accès. Les sacs sont commercialisés en différents volumes (de 0,25 à 100 l) et différents matériaux.

D'une manière générale, la durée de conservation dans un sac de prélèvement est relativement courte en raison des pertes par adsorption, condensation ou diffusion à travers la paroi.

**Conteneurs métalliques :** les conteneurs métalliques (ou canisters) sont particulièrement bien adaptés à la conservation des échantillons à des niveaux de traces. Ils se présentent sous la forme de sphères ou de cylindres en acier inoxydable équipés d'une vanne. Leur volume varie de un à quelques litres. Pour une bonne conservation des échantillons, le conteneur est passivé.

Cette technique est plus coûteuse que les ampoules en verre ou les sacs d'échantillonnage. Réutilisables après nettoyage, ces conteneurs ne sont pas adaptés à la mesure d'effluents fortement concentrés.

Comparaison des avantages et inconvénients des dispositifs de prélèvement sans concentration

| Récipients de prélèvement | Avantages | Inconvénients |
|---|---|---|
| **Ampoules en verre** | ▪ Recouvrement de l'échantillon | ▪ Grande fragilité<br>▪ Volume limité à quelques litres<br>▪ Difficulté de nettoyage |
| **Sacs plastiques** | ▪ Important volume (jusqu'à 100 l)<br>▪ Facilité d'utilisation | ▪ Fragilité<br>▪ Risques d'adsorption et/ou de condensation<br>▪ Pertes par diffusion à travers les parois<br>▪ Difficulté de nettoyage |
| **Conteneurs métalliques** | ▪ Recouvrement de l'échantillon<br>▪ Contaminations limitées | ▪ Coût important<br>▪ Encombrement<br>▪ Unité de nettoyage spécifique |

## Analyse des échantillons prélevés par chromatographie

Le système chromatographique va permettre de séparer les différents composants de l'effluent, permettant ainsi leur quantification et leur identification.

Le système chromatographique est constitué :
- d'un dispositif d'injection de l'effluent à analyser ;
- d'une colonne chromatographique qui va réaliser la séparation des différents composants ;
- d'un détecteur qui calcule la concentration du COV ;
- éventuellement, d'un spectromètre de masse permettant de confirmer l'identification des différents composants.

On distingue, selon la nature de la phase mobile, la chromatographie en phase gazeuse et la chromatographie en phase liquide.
- En chromatographie gazeuse, le **détecteur** est souvent de type FID (ionisation de flamme), de principe identique à ceux mis en œuvre pour la mesure continue des COV totaux.
  Le **spectromètre de masse** permet de confirmer que le pic chromatographique décelé par le détecteur FID correspond bien au composé attendu, et non à un autre composé de temps de rétention similaire.

La chromatographie en phase gazeuse est la technique la plus utilisée pour l'analyse des COV.

- En chromatographie liquide, les détecteurs utilisés sont de type « absorption du rayonnement ultraviolet ».

  La chromatographie en phase liquide est utilisée pour les composés thermolabiles. Elle permet notamment le dosage du formaldéhyde, qui n'est pas réalisable en chromatographie en phase gazeuse.

### Analyseur FTIR

Le principe de l'analyseur FTIR est présenté au chapitre précédent (méthode automatique).

### Chromatographe gazeux [GC] couplé à un spectromètre de masse [MS] et à un détecteur à conductibilité thermique [TCD]

Le principe du CG/TCD/SM est présenté au chapitre précédent (méthode automatique).

## Représentativité des prélèvements : stratégie d'échantillonnage

L'expérience montre que pour de nombreux types d'industries, la concentration et la nature des COV des effluents peuvent varier dans le temps en fonction des productions successives d'une même installation. Des résultats représentatifs ne peuvent donc être obtenus que si les prélèvements sont effectués durant des périodes bien définies et repérées. De même, l'emplacement des prélèvements devra être représentatif de l'effluent à analyser.

### Représentativité dans le temps

La durée du prélèvement ne correspond qu'à un temps très faible du temps de fonctionnement annuel d'une installation. Il est donc essentiel d'établir un échantillonnage qui soit représentatif du fonctionnement de l'installation.

#### Période à laquelle est effectué le prélèvement

Cette période peut être cruciale pour obtenir un résultat pertinent par rapport à l'émission de COV. La période du prélèvement dépend en particulier des conditions de fonctionnement du procédé :

- fonctionnement « normal » de l'installation, mais avec possibilité de phases différentes ;
- conditions particulières : démarrage, arrêts momentanés, phases de maintenance, dysfonctionnements, etc.

#### Durée du prélèvement

La durée du prélèvement va dépendre :

- du mode de fonctionnement de l'installation : si les émissions sont sujettes à des variations ou à des cycles, l'amplitude et la durée des variations peuvent déterminer les exigences de durée du prélèvement ;
- des caractéristiques de la méthode de prélèvement et de celles de l'effluent. La durée est notamment fonction de la concentration dans le conduit et de la sensibilité de la méthode de prélèvement : la durée doit être suffisante pour que la quantité piégée soit supérieure au seuil de quantification de l'analyse, mais limitée pour ne pas saturer le support de piégeage ;

- de la dimension du conduit : si une exploration du conduit en plusieurs points est nécessaire, la durée augmente avec la taille du conduit ;
- Etc.

**Nombre de prélèvements**

Le choix du nombre de prélèvements (fréquence d'échantillonnage) au cours d'une campagne doit être un compromis entre la représentativité des prélèvements et le coût correspondant. Le nombre de prélèvements doit donc être choisi en fonction :
- de la variabilité de l'effluent gazeux : elle conditionne le nombre de prélèvements nécessaires pour obtenir une information statistiquement représentative ;
- de l'aspect pratique du prélèvement, c'est-à-dire la difficulté de mise en œuvre et le coût ;
- des exigences réglementaires.

**Note complémentaire**

Cette campagne de prélèvements sera à répéter dans le temps en fonction de divers facteurs :
- exigences réglementaires (mesures trimestrielles, annuelles, etc.) ;
- probabilité de dépassement des valeurs limites d'émission (en fonction par exemple du nombre de sources contribuant à l'émission, de la capacité de traitement des effluents en excès, des fluctuations dans la composition de l'effluent, etc.) ;
- conséquences de ces dépassements sur l'environnement (en tenant compte de la gravité des effets d'une substance, de la localisation de l'installation, des conditions météorologiques, du taux de dilution avant dépôt dans les milieux, etc.).

### Représentativité dans l'espace

La position de la section de prélèvement doit permettre une mesure représentative de l'effluent pour la détermination de la concentration en COV et du débit volumique.

Un composé sous forme gazeuse peut être prélevé en un seul point de la section s'il a été montré l'homogénéité de la distribution de l'effluent sur la section de mesure. Un flux est considéré comme homogène si la concentration varie uniquement dans le temps et pas sur la section de mesure.

Dans le cas où la distribution de l'effluent sur la section de mesure n'est pas homogène, le prélèvement doit être effectué en plusieurs points dont le nombre est conditionné par :
- le diamètre intérieur du conduit ;
- l'hétérogénéité ;
- l'éloignement des conditions idéales de longueur droite et de stabilité de l'écoulement ;
- la précision de mesure recherchée.

## Exploitation des résultats

### Mesure des COV spécifiques par méthode manuelle

Selon les exigences de la règlementation, les résultats devront être exprimés :
- dans les conditions normales (température et pression) ;
- en unité massique (mg/m$^3$) ;

- sur gaz sec ;
- éventuellement à une teneur en oxygène de référence.

### Mesure des COV spécifiques par méthode automatique

Les résultats bruts sont exprimés généralement sur gaz humide en unité volumique (ppm) dans les conditions réelles de pression et de température.

Selon les exigences de la réglementation, les résultats bruts devront être exprimés :
- dans les conditions normales (température et pression) ;
- en unité massique ($mg/m^3$) ;
- sur gaz sec ;
- éventuellement à une teneur en oxygène de référence.

## Pour aller plus loin

- FD X 43-319 : Émissions de sources fixes – Guide de prélèvement et d'analyse de composés organiques volatils.
- INERIS, étude sur « l'évaluation des performances et des limites d'utilisation de deux méthodes automatiques [microGC/TCD/MS et FTIR] pour la mesure de COV spécifiques en continu – Comparaison à la méthode manuelle ».
- www.techniques-ingenieur.fr, « Analyse des COV en traces dans l'air », Valérie Desauziers.
- ISO 10780 : Émissions de sources fixes – Mesurage de la vitesse et du débit-volume des courants gazeux dans des conduites.
- XP X 43-361 : Qualité de l'air – Émissions des sources fixes – Mesurage de la vitesse et du débit-volume des courants gazeux dans des conduites.
- NF EN 13284-1 : Émissions de sources fixes – Détermination de la faible concentration en masse de poussières – Partie 1 : Méthode gravimétrique manuelle.
- NF EN 15259 : Stratégie, planification et rapport pour les mesurages à l'émission.
- NF X 43-301 : Émissions des sources fixes – Détermination d'un indice relatif aux composés organiques en phase gazeuse – Méthode par ionisation de flamme.
- NF EN 12619 : Émissions des sources fixes – Détermination de la concentration massique en carbone organique total à de faibles concentrations dans les effluents gazeux – Méthode du détecteur en continu à ionisation de flamme.
- EN 13 526 [projet] : Émissions des sources fixes – Détermination de la concentration massique en carbone organique total à de fortes concentrations dans les effluents gazeux – Méthode du détecteur en continu à ionisation de flamme.
- EN 13 649 : Détermination de la concentration massique en composés organiques gazeux individuels – Méthode par charbon actif et désorption des solvants.
- NF ISO 11564 : Émissions des sources fixes – Détermination de la concentration en masse des oxydes d'azote – Méthode photométrique à la naphtyléthylène diamine [NEDA].
- ISO 13 039 : Détermination de la concentration de monoxyde de carbone, de dioxyde de carbone, et d'oxygène – Caractéristiques de fonctionnement et d'étalonnage de systèmes automatiques de mesure.
- NF X 43-554 : Émissions de sources fixes – Détermination de la concentration massique en composés organiques volatils non méthaniques dans les effluents gazeux à partir des mesures des composés organiques volatils totaux et du méthane – Méthode de référence : détecteur à ionisation de flamme.

|O|

# Fiches d'exemples d'investissement


1. Traitement des émissions de COV par un procédé biologique (Socoplan) . . . . . . . . . . . . . . . . . . . . . . . . . . . 207
2. Traitement par oxydation thermique avec préconcentration (STX France) . . . . . . . . . . . . . . . . . . . . . . . . . . . . . 211
3. Traitement combiné par adsorption sur charbon actif et biofiltration (Deuceunick) . . . . . . . . . . . . . . . . . . . 214
4. Substitution de peintures solvantées pour PVC par des peintures hydrodiluables (Demospec) . . . . . . . . . . . . 217
5. Substitution de vernis solvantés pour le bois par des vernis hydrodiluables (Lelièvre) . . . . . . . . . . . . . . . . . . . . . . . . . 220
6. Remplacement du solvant de nettoyage d'équipements en inox par un procédé mécanique (Tarkett) . . . . . . . . . . . . . . . . . . . . . 223
7. Substitution d'une peinture solvantée pour métal par une peinture hydrodiluable (Batimétal) . . . . . . . . . . . . . . . . . . . . . . 226
8. Substitution de produits solvantés pour la fabrication de revêtements spécifiques (Forbo Salino) . . . . . . . . . . . . . . . . . . . . 229
9. Réduction des émissions de COV à la source par modification du système de captage (Chemetall) . . . . . . . . . . . . . . 232
10. Substitution des vernis solvantés pour surface en verre par des vernis hydrodiluables (Val Laquage) . . . . . . . . . . . . . . . 236
11. Substitution d'un produit de dégraissage chloré (Lucien Gau) . . . . . . . 240
12. Substitution d'un produit de dégraissage CMR (B&K Packaging) . . . . . 244
13. Substitution des peintures solvantées pour trains par des peintures hydrodiluables (SNCF) . . . . . . . . . . . . . . . . . . . . . . . . . . 247
14. Substitution des vernis solvantés pour le bois (Simire) . . . . . . . . . . . . . 251

# 1 Traitement des émissions de COV par un procédé biologique

## Fiche identité de l'entreprise

- **Socoplan**, impression et collage sur support plastique
- **Témoignage :** Sandrine Guilbaud, directrice QHSE (guilbaud@socoplan.fr)
- **Activité de l'établissement :** la société Socoplan conditionne des produits cosmétiques en échantillons. Elle réalise aussi l'impression et le contrecollage des emballages plastiques qui permettent de conditionner les produits.
- **Effectif du site :** 197
- **Adresse :** 12 rue Disse
  79 600 Airvault

## Enjeux et démarches

Le site dispose de trois rotatives d'application d'encres en héliogravure et de deux contrecolleuses pour la finition et la protection des produits fabriqués. Ces installations mettent en œuvre des produits contenant des COV qui sont rejetés à l'atmosphère.

En 2003-2004, Socoplan a mis en place une rotative d'application et une contrecolleuse en complément des équipements déjà implantés sur le site. La société a aussi réalisé en 2004 un collecteur aéraulique global regroupant tous les effluents des différentes machines.

### Mise en évidence de dépassement de Valeurs limites d'émission en 2005

Suite à l'agrandissement du site et à la réalisation de mesures de rejets et d'un audit de ses émissions en 2005, des dépassements des valeurs limites d'émission fixées par l'administration ont été constatés. La société Socoplan a donc décidé de trouver des solutions de réduction de ses émissions en COV afin de :

- répondre aux prescriptions applicables (Directive européenne sur les émissions de COV) ;
- mettre en valeur sa démarche environnementale chez ses clients ;
- préserver l'environnement, en particulier en diminuant l'empreinte $CO_2$ du site.

### Une solution de substitution impossible à court terme

Les solutions de substitution ont été étudiées, mais le remplacement des encres solvants par des produits peu ou pas solvantés ne pouvait pas être envisagé à court terme pour des raisons de qualité des produits finis. Soucieuse d'obtenir des résultats rapides, la société Socoplan s'est donc orientée vers la recherche d'une technologie de traitement viable.

À la suite d'une pré-étude, l'oxydation thermique a été délaissée au profit du traitement biologique en raison d'une concentration en COV insuffisante pour viser l'autothermie du fonctionnement de l'oxydateur thermique puisque :

- l'installation aurait nécessité une consommation complémentaire de gaz estimée à 1 700 000 kW par an engendrant des coûts de fonctionnement importants ;
- la combustion de ce gaz (nécessaire au maintien en température du système d'oxydation) aurait généré des émissions annuelles de $CO_2$ estimées à 350 tonnes.

## Caractéristiques des rejets

Le solvant utilisé sur le site est en très large majorité de l'acétate d'éthyle (plus de 95 %). Avant la mise en place de l'installation de traitement, les émissions annuelles canalisées du site étaient de l'ordre de 190 tonnes. Les concentrations présentes au niveau des différents rejets étaient largement supérieures aux valeurs limites applicables au site.

## Technologie mise en œuvre

### Un essai pilote préalable avec un biolaveur précédant le biofiltre

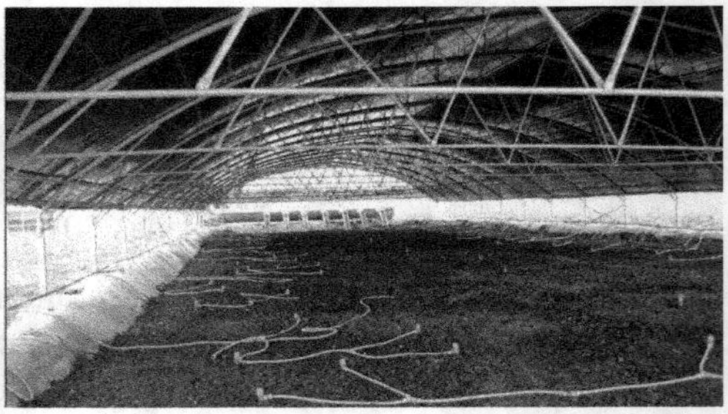

Afin de valider la technologie de traitement biologique, un essai pilote a été réalisé sur site durant 1 mois complet en octobre 2005. Compte tenu des résultats positifs, le système définitif a été mis en place fin 2006. Après divers ajustements et réglages, le système a été réellement fonctionnel courant 2007.

Le système de traitement est composé d'un biolaveur et d'un biolfiltre. Il traite 37 000 m³/h (capacité nominale de 40 000 m³/h) de rejets provenant des différentes installations de production. Son fonctionnement se déroule en trois étapes :

1. acheminement des COV captés en sortie des machines vers le biolaveur ;
2. au niveau du biolaveur, les COV passent à travers des rideaux d'eau chargés de carbonate de calcium (système d'eau en circuit fermé) et de micro-organismes afin de subir une « première digestion » des COV. Cette phase permet en plus d'humidifier l'effluent, opération nécessaire pour la suite du traitement ;

3. l'excédent est alors dirigé vers le biofiltre (support appelé média filtrant composé de tourbe et d'écorces de pin sur lequel se développent des bactéries) permettant de transformer les COV principalement en $CO_2$ et en eau.

Le volume du biolaveur est de 7,3 m³ et le biofiltre couvert a quant à lui une surface de 435 m².

### Un projet novateur et durable qui actionne le versement de subventions

L'investissement global pour cette installation définitive a été de 240 k€ (plus 60 k€ pour le pilote). En raison de la qualité novatrice du projet (première installation de ce type sur un procédé d'héliogravure) et de son caractère durable par l'absence de consommation d'énergies fossiles, le site a bénéficié de subventions de FR3E (région Poitou-Charentes - ADEME - Europe) de 50 % pour l'installation pilote et de 25 % pour l'installation finale.

## Bilans

### Une performance de traitement de 94 %

L'objectif de rendement était fixé à 80-85 %. Les différentes mesures ont montré que cet objectif était largement atteint, une efficacité maximale de 94 % ayant été observée. Ces performances permettent d'être en deçà des objectifs réglementaires applicables au site.
En 2012, les rendements ont commencé à chuter en raison de l'usure du média filtrant. Son premier remplacement, après 5 ans de service, permettra de redémarrer l'installation dans de bonnes conditions et de retrouver les rendements d'épuration initiaux.

▼ Évolution du tonnage COV traité entre 2007 (phase de mise en fonctionnement de l'installation) et 2010.

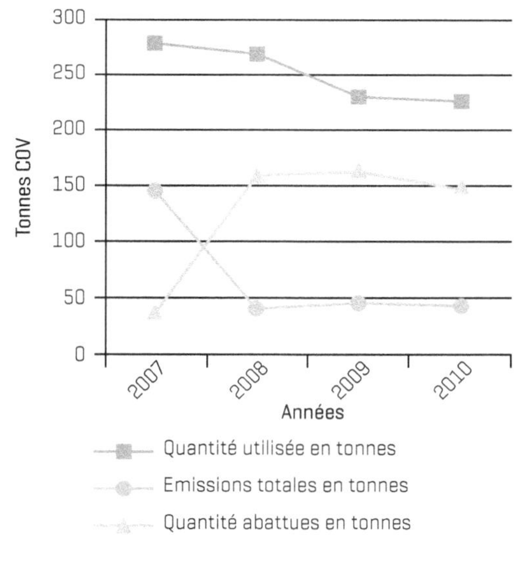


### Une consommation en eau sous-évaluée mais un coût de fonctionnement global sans surprise

Le bilan global de l'opération est satisfaisant car il a permis de réduire notablement les émissions en COV du site. Les coûts de fonctionnement sont d'environ 15 000 € par an (à noter que les consommations en eau avaient été sous évaluées). Aucune consommation énergétique supplémentaire n'a été relevée à l'échelle du site, notamment en électricité.

## Un fonctionnement et des conditions de travail inchangées

La mise en place de cette installation de traitement n'a pas eu d'impact sur le fonctionnement des installations de production, la qualité des produits fabriqués ou les conditions de travail et de sécurité. La mise en place de l'installation de traitement biologique a nécessité un long travail de préparation et d'ajustements pour résoudre de nombreux problèmes (arrosage du lit, formation de mousses dans le biolaveur, etc.).

Socoplan a été réellement novateur sur ce projet puisqu'aucune installation de ce type sur une activité d'héliogravure n'avait été au préalable réalisée en France. Cet exemple a attiré l'attention d'autres sociétés et de nombreuses visites de l'installation ont été effectuées.

> *Ce projet n'a pas été facile, nous y avons passé énormément de temps. Il a été nécessaire de résoudre de nombreux problèmes (arrosage du lit, formation de mousses dans le biolaveur, etc.). Malgré ces différents aspects, et compte tenu des rendements obtenus, nous nous sommes dits : il faut y aller, il faut peut-être essuyer les plâtres mais ça vaut le coup. On n'a pas un bouton ON et un bouton OFF, on a à faire à un monde vivant... C'est comme cela que nous avançons sinon, il n'y aurait pas de nouvelles technologies.*
>
> *Claudie Guilbaud, Directrice QHSE*

# 2 Traitement par oxydation thermique avec préconcentration

## Fiche identité entreprise

- **STX France**, Chantiers de l'Atlantique, revêtements sur support métal
- **Témoignage :** Sandrine Mechin, Responsable Environnement [Mechin@stxeurope.com]
- **Activité de l'établissement :** créée en 1861, la société réalise la conception et la fabrication de navires à haute valeur ajoutée : paquebots de croisière, navires militaires, ferries. Parmi les différentes étapes de fabrication, des opérations d'application de revêtement sont réalisées sur des pièces de grandes dimensions avant leur assemblage au niveau du quai de fabrication.
- **Effectif du site :** 2 100
- **Adresse :** Avenue Antoine Bourdelle
  44 600 Saint-Nazaire

## Enjeux et démarches

### Diminuer la part des applications de peinture réalisées à l'air libre tout en anticipant la réglementation sur les émissions de COV

Lors des opérations de fabrication d'un navire, différentes étapes de grenaillage, d'application peinture et de séchage sont réalisées sur des panneaux et des blocs métalliques. Sur le site de Saint-Nazaire, ces opérations sont réalisées dans trois alvéoles de grandes dimensions (jusqu'à 28 × 44 m).

Actuellement les opérations d'application peinture dans les alvéoles représentent 15 % des applications totales du site car de nombreuses opérations sont encore réalisées à l'air libre. À terme, il est envisagé d'y réaliser 50 % des applications.

Compte tenu des obligations réglementaires prévues pour le site en 2012 (arrêté préfectoral) sur les rejets de ces alvéoles, la société STX a décidé dès 2005 de travailler sur la mise en place d'une installation de traitement (implantée fin 2007). Suite à une pré-étude réalisée sur le site concernant les solutions de traitement disponibles sur le marché, il a été décidé de s'orienter vers une installation d'oxydation thermique. Cette technologie avait déjà fait ses preuves sur d'autres installations du site de STX et le débit global à traiter ne permettait pas de s'orienter vers d'autres types d'installation.

## Caractéristiques des rejets

En fonction des opérations réalisées, le débit d'extraction par alvéole peut varier. Il est nul lors des opérations de grenaillage, de 110 000 m$^3$/h lors de l'application peinture et de 30 000 m$^3$/h lors du séchage. Pour l'ensemble des alvéoles, le débit maximal est donc de 330 000 m$^3$/h.

Différents types de peinture peuvent être mis en œuvre : peintures à haut extrait sec (HES), bi-composant ou hydrodiluable. Les effluents solvantés sont en majorité composés de xylène. D'autres composés peuvent cependant être présents en fonction des références des produits utilisés : acétate de butyle, butanol et naphta par exemple.

En 2007, les émissions canalisées annuelles au niveau des alvéoles d'application étaient de 51 tonnes de COV.

## Technologie mise en œuvre

### Optimisation du débit d'entrée en chambre de combustion et autothermie assurée grâce aux rotoconcentrateurs

Les services internes techniques et environnement de STX ont travaillé sur ce projet pendant 2 ans environ pour aboutir en décembre 2007 à la mise en place définitive d'un oxydateur thermique.

L'appareil est un oxydateur thermique régénératif 3 tours dont la chambre de combustion est dimensionnée pour 22 000 m$^3$/h. Il est précédé de 2 rotoconcentrateurs zéolithe qui acceptent le débit global des rejets des cellules (330 000 m$^3$/h) et permettent de réduire la taille de la chambre de combustion. Il s'agit très probablement de la plus grosse installation de ce type en France.

Les rotoconcentrateurs sont désorbés en continu avec de l'air chaud. L'effluent ainsi préconcentré permet alors à l'oxydateur de fonctionner en autothermie. La seule consommation de gaz est dans ce cas celle nécessaire au brûleur pour le préchauffage de l'air nécessaire à la désorption.

L'installation a été mise en place sans modification des rejets des cellules. De simples prolongations des rejets préexistants ont été nécessaires pour venir se connecter au système de traitement.

L'investissement global (hors génie civil) a été d'environ 1,3 million d'euros (aéraulique + installation de traitement + cheminée de rejet des gaz à 21 mètres).

## Bilans

Après quelques ajustements au démarrage, l'oxydateur a fonctionné correctement et les concentrations mesurées en sortie étaient de l'ordre de 2 à 3 mgC/Nm$^3$, donc très inférieures aux 20 mgC/Nm$^3$ applicables en sortie de ce type d'installation.

## Un gain de plus de 46 tonnes d'émissions

Pour l'année 2008, les émissions totales canalisées liées aux opérations d'application dans les alvéoles ont été de 0,66 tonne. Si aucun traitement n'avait été mis en place, elles auraient été de 47 tonnes environ.

*L'oxydateur implanté sur le site fonctionne correctement. Pour des questions d'organisation, sa maintenance est sous-traitée. Depuis les réglages initiaux liés au démarrage de l'installation, seules quelques maintenances standard ont été nécessaires. Aucun dysfonctionnement majeur, n'a été observé sur l'installation.*

*Les objectifs de traitement ont été rapidement atteints et même dépassés. Les garanties de fonctionnement en autothermie proposées par le constructeur ainsi que la visite de l'usine de fabrication nous ont convaincu de la pertinence du procédé pour notre site.*

*Sandrine Mechin, Responsable Environnement*

# 3 Traitement combiné par adsorption sur charbon actif et biofiltration

## Fiche identité de l'entreprise

- **Deceuninck NV**, revêtement sur support plastique
- **Témoignage :** Tine Taillieu, Coordinatrice Environnement
  (tine.taillieu@deceuninck.com)
- **Activité de l'établissement :** Deceuninck est un groupe de taille mondiale, spécialisé dans la fabrication de profilés PVC destinés en particulier à l'aménagement intérieur. Les profilés peuvent être parachevés selon les souhaits du client : revêtement avec un film résistant aux UV, structure bois, impression de divers motifs et couleurs.
- **Effectif du site :** 578
- **Adresse :** Bruggesteenweg 164
  8830 Hooglede-Gits
  Belgique

## Enjeux et démarches

Une des techniques utilisée sur le site Deceuninck pour les opérations de parachèvement est le revêtement des profils avec une peinture à base de solvants. Trois lignes de production (2 lignes automatiques et 1 ligne manuelle) sont présentes sur le site. Les émissions solvantées sont captées au niveau de 5 points et évacuées à l'extérieur des bâtiments.

### Une installation de traitement biologique, avant la mise en œuvre d'une démarche de substitution, pour résoudre les dépassements ponctuels des normes de rejets

Différentes campagnes de mesure ont montré que les normes de rejet étaient parfois dépassées lors des opérations d'application. Il a donc été décidé de mettre en place une installation de traitement temporaire en attendant la transition vers l'utilisation de peintures à base aqueuse.

Une pré-étude a permis de définir les techniques de traitement envisageables : la biofiltration et l'oxydation thermique. En raison de la transition prévue pour les peintures, la biofiltration a logiquement été choisie car elle présentait les avantages suivants :

- la technique était disponible en location ;
- la dégradation des COV se faisant par des micro-organismes, les dépenses énergétiques et les coûts d'exploitation dans leur ensemble étaient réduits.

L'investissement du site se limitait donc au réseau aéraulique et autres installations connexes.

## Caractéristiques des rejets

Le rejet global à l'atmosphère reprend 5 extractions locales présentes au niveau des lignes de revêtement (postes d'application et zone de préparation) pour un débit total de 20 000 m³/h.

Les émissions annuelles à l'atmosphère sans traitement sont de l'ordre de 54 tonnes, essentiellement constituées de toluène. En fonction des points captés, les concentrations pics vont de 350 à 1 000 mgC/Nm$^3$.

# Technologie mise en œuvre

## Le charbon actif pour lisser la concentration de l'effluent gazeux à traiter et préserver le biofiltre

Le débit total de l'effluent transite dans un premier temps par un filtre à charbon actif avant d'être traité sur 3 biofiltres installés en parallèle. Le filtre contient 6 500 kg de charbon actif (soit 13 m$^3$). L'installation d'un tel système en amont du bio-traitement permet :

- de lisser les pics de concentration en COV et d'obtenir une concentration en entrée des biofiltres plus stable. Dans la mesure où le dimensionnement d'une installation de traitement est en particulier effectuée sur les valeurs maximales de concentration, cela permet d'implanter des biofiltres plus petits et donc moins coûteux ;
- de préserver les biofiltres en agissant comme filtre tampon et en limitant donc les éventuels chocs toxiques liés à de fortes concentrations en COV et d'augmenter ainsi leur durée de vie.

Le charbon actif est remplacé tous les 9 à 12 mois. La consommation en charbon actif reste limitée car il permet de lisser les pics même quand il est saturé.

En termes de coût, les données sont les suivantes :

- investissement pour le génie civil, le ventilateur et le réseau aéraulique : 47 k€ environ ;
- coût de fonctionnement pour la location et la maintenance des différents systèmes : 154 k€ en 2009, 107 k€ en 2010 et 81 k€ en 2011.

# Bilans

## Performance du biolaveur

L'installation complète a été mise en service en février 2009 et a été fonctionnelle 1 mois plus tard. L'effet de lissage attendu a été observé immédiatement comme illustré ci-après.

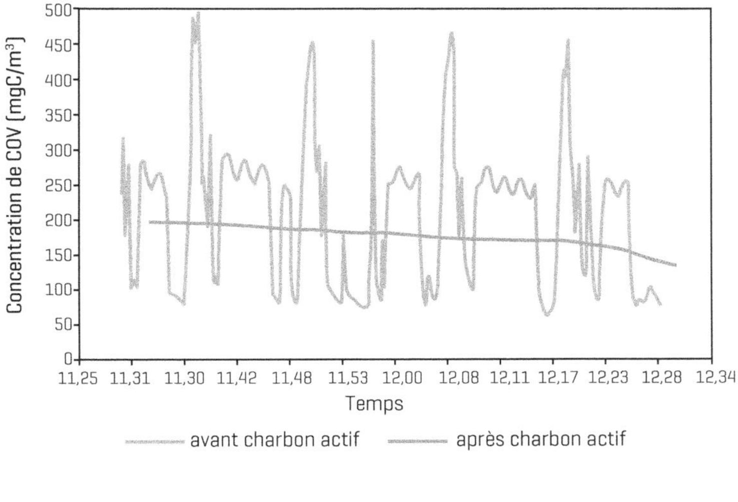

## Impact financier raisonnable pour un bénéfice santé vérifié

Le surcoût induit sur le produit fini de 0,09 € par mètre de profil revêtu et le supplément de consommation électrique supplémentaire, lié à la mise en place d'un ventilateur de 22 kW, sont à mettre en parallèle avec la réduction de l'impact des COV sur la santé des travailleurs de Deceuninck grâce au meilleur captage des émissions diffuses de l'atelier. Ce point a pu être démontré par une diminution des teneurs en COV dans le sang des personnes exposées.

> *La biofiltration peut apparaître parfois difficile à gérer. Il est effectivement nécessaire de tenir compte de nombreux paramètres qui doivent être surveillés : la température, l'humidité, les nutriments, le temps de séjour, le débit et la poussière.*
>
> *Le filtre à charbon actif, agissant comme filtre tampon, est sensible aux poussières présentes dans l'effluent (résidus de peinture) et à l'eau. Remplacé tous les 9 à 12 mois, il permet, en plus du lissage des pics, de préserver l'installation de biofiltration. Compte tenu de sa conception et de sa mobilité, il peut être remplacé très simplement grâce à la fourniture sur site d'un autre filtre rempli avec du charbon neuf.*
>
> *Le travail de substitution des produits solvantés par des produits hydrodiluables n'est pas encore abouti et la solution de traitement sur site est donc maintenue.*
>
> *Tine Tailleu, Coordinatrice Environnement*

# 4 Substitution de peintures solvantées pour PVC par des peintures hydrodiluables

## Fiche identité de l'entreprise

- **ETS Demospec**, revêtement sur support plastique
- **Témoignage :** Patrice Turban, Directeur (p.turban.demospec@orange.fr)
- **Activité de l'établissement :** la société Demospec est spécialisée dans la fabrication d'écrans pour le cinéma et les évènements. Les opérations réalisées vont de la découpe à la finition des écrans PVC, y compris l'application et le séchage des peintures.
- **Effectif du site :** 9
- **Adresse :** 1140 rue du Maréchal Juin 45200 Amilly

## Enjeux et démarches

### Une démarche de substitution au cœur d'un double enjeu : faire évoluer les produits et augmenter la capacité de production du site

L'installation initiale d'application de peinture, située à Saint-Loup-des-Vignes (45), datait de 1999. Elle était constituée d'une poutre automatique pour application de peinture solvantée par pistolage sur des écrans PVC de dimension maximum de 11 × 27 m.

Suite à différentes mesures réalisées au niveau du rejet global du site Demospec, il a été mis en évidence un non respect des valeurs limites d'émission applicables. Sur la base de ces constats, il a donc été décidé de :

- rechercher des peintures hydrodiluables afin de limiter les émissions de COV à l'atmosphère ;
- travailler sur la modification de l'installation d'application afin d'augmenter la capacité de production du site et les dimensions des écrans fabriqués.

Sachant que l'installation existante n'était pas transformable pour augmenter ses dimensions et qu'il n'était pas possible d'ajouter un humidificateur d'air pour introduire des peintures à base aqueuse, il a été nécessaire de trouver une solution globale pour répondre à ces différents problèmes.

Le défi a été de trouver dans un temps court des solutions permettant :

- de ne pas introduire de risques sur la qualité du produit fini et les performances en projection suite à des changements fondamentaux du procédé et des équipements,
- d'assurer la conformité aux règlementations en matière d'environnement (ICPE), d'incendie, de bruit, de sécurité des travailleurs, etc.

## Caractéristiques des rejets

Les opérations d'application et de séchage des toiles PVC sont réalisées au niveau d'une seule cabine équipée d'un seul rejet global à l'atmosphère.

Sur le site de Saint-Loup-des-Vignes, le débit global d'extraction était de l'ordre de 20 000 $m^3/h$. En fonction des années et des augmentations de production, le tonnage annuel en COV émis à l'atmosphère pouvait osciller entre 14 et 26 tonnes.

Les émissions sont constituées principalement des produits suivants : acétate de butyle, MEC[1], MIBC[2], acétone, isopropanol. À noter que certains produits utilisés sur le site contenaient aussi de la NMP[3] (CMR, mention de dangers H360D, selon le règlement CLP – ex-classe de danger R61).

## Technologie mise en œuvre

### 7 mois de pré-étude, 6 mois de mise en route de la nouvelle installation

Après différents essais d'application de vernis hydrodiluable et une pré-étude complète de 7 mois pour la modification de l'installation et la validation de l'enveloppe budgétaire, la société Demospec a décidé de déménager dans un nouveau bâtiment situé à Amilly. Six mois ont été nécessaires pour la réalisation et la mise en route de l'installation.

### Une installation polyvalente : peintures solvantées/peintures aqueuses

Le nouveau procédé est extrapolé du procédé précédent et les dimensions ont été augmentées à 14 × 33,5 m. L'installation, plus polyvalente, respecte largement les normes actuelles. Elle possède les équipements nécessaires à l'application des peintures aqueuses tout en permettant l'application ponctuelle de peintures solvantées. La nouvelle conception a permis d'intégrer un nettoyage automatique de la tête de pulvérisation.

### 6 mois d'exploitation et d'ajustements pour atteindre les performances requises

L'installation est arrivée à son niveau de production et de qualité après 6 mois d'exploitation, temps nécessaire pour apporter quelques réglages et paramétrer la centrale de traitement d'air (CTA pour conditionner l'air avant injection dans la cabine) avec une saison chaude et une saison froide.

Le coût d'investissement pour cette nouvelle cabine d'application était de 1 million d'euros.

1. Méthyléthylcétone
2. Méthylisobutylcétone
3. N-méthyl-pyrrolidone

## Bilans

**Les objectifs fixés au départ sont largement atteints avec des avantages complémentaires.**

Suite au transfert de la production sur le site de d'Amilly en 2011 et à la mise en place de la nouvelle installation d'application et de séchage, les constats sont les suivants :

- **évolution des produits finis :** la dimension maximale possible des écrans est portée à 14 x 33,5 mètres ;
- **capacité de production :** elle a augmenté de 22 % ;
- **qualité du produit :** à performance identique, le produit présente une amélioration de l'uniformité de la surface et une régularité entre les lots ;
- **substitution :** 90 % des productions sont réalisées avec des peintures aqueuses. Les émissions à l'atmosphère devraient donc être réduites de 80 % environ ;
- **un coût énergétique optimisé :** bien que le débit d'air nécessaire au niveau de la cabine ait été doublé, l'échangeur thermique plus performant qui a été mis en place permet de limiter les consommations énergétiques et donc les coûts. De plus, pour toutes les fabrications avec les produits hydrodiluables, la température d'application a été réduite de 10 % et la température de séchage de 30 %. La nouvelle installation utilise maintenant du gaz naturel (au lieu du GPL) et est équipée d'un bruleur bas NOx. Quelques augmentations des consommations d'électricité et de gaz restent cependant à prévoir même si elles ne sont pas encore chiffrées à ce jour ;
- **passage du régime d'autorisation au régime de déclaration :** l'introduction de la peinture à base aqueuse a aussi permis une réduction de la consommation quotidienne de peinture ce qui a une incidence sur le régime réglementaire auquel est soumis le site (déclaration au lieu de l'autorisation).

*Bien que le chemin ait été long pour la mise en place de la nouvelle installation d'application peinture, la société Demospec est satisfaite des résultats actuels.*

*Pourtant les premiers essais d'application des produits hydrodiluables ne s'étaient pas révélés très concluants et au démarrage, les refus et les rebuts avec ces peintures étaient fréquents. Un travail important a aussi été nécessaire du côté du fabricant pour proposer des formules satisfaisantes.*

*Actuellement, la nouvelle installation d'application des peintures hydrodiluables fonctionne correctement et les résultats sont meilleurs qu'avec des produits solvantés.*

*De plus, il est intéressant de noter que l'exposition du personnel aux produits chimiques a été réduite (constat fait par la CARSAT qui a été associée au projet dès le début).*

*Les opérateurs apprécient l'amélioration des conditions de travail et le fait que leurs remarques aient été prises en compte dans les études : réduction des positions courbées, et des risques de heurt, augmentation de la distance entre l'opérateur et la zone de projection de la peinture, réduction importante des opérations de manutention.*

*Patrice Turban, Directeur*

# 5 Substitution de vernis solvantés pour le bois par des vernis hydrodiluables

## Fiche identité de l'entreprise

- **Ets. Lelièvre**, revêtement sur support bois
- **Témoignage :** Jean-Marc Lelièvre, Directeur [compta@chaises-lelievre.com]
- **Activité de l'établissement :** la société Lelièvre est spécialisée dans la fabrication de chaises en bois réalisées à partir de différentes essences telles que le chêne, le hêtre et le merisier. Après fabrication des chaises, différentes opérations d'application de revêtements et de séchage peuvent être successivement réalisées [teintes, vernis et patines].
- **Effectif du site :** 25
- **Adresse :** Chemin départemental 1015
  80 430 Beaucamps Le Vieux

## Enjeux et démarches

### Diagnostic COV et Schéma de maîtrise des émissions

Afin de caractériser ses différentes émissions, la société Lelièvre a mené en 2003 et en 2004 un diagnostic et des mesures de COV qui ont mis en évidence un certain nombre de non conformités réglementaires. Les valeurs limites d'émission canalisées étaient dépassées pour une majeure partie des rejets.

La chaîne de production principalement concernée par ces rejets non conformes était équipée à cette époque des installations suivantes :

- deux cabines sèches pour l'application des teintes ;
- un tunnel de séchage des teintes fonctionnant à 20 °C ;
- une cabine à rideau d'eau pour l'application du vernis de fond ;
- un tunnel pour le séchage du fond ;
- une installation d'égrenage fonctionnant avec des pastilles céramiques ;
- une cabine sèche d'application des patines ;
- un tunnel de séchage des patines ;
- une cabine à rideau d'eau pour l'application des vernis de finition ;
- un tunnel de séchage des vernis de finition.

La société Lelièvre a décidé de travailler sur la substitution des produits solvantés par des produits à base acqueuse. Cette opération s'est inscrite dans le cadre de la mise en place d'un schéma de maîtrise des émissions (SME) sur le site.

## Caractéristiques des rejets

Les émissions du site sont pour la grande majorité canalisées avec 12 rejets représentant un débit global d'extraction de l'ordre de 120 000 $m^3/h$.

**Objectif : passer de 3,7 kg à 1,6 kg de COV par kg d'extrait sec.**

En 2004, les émissions totales du site sont de 14,3 tonnes dues à une utilisation de matières premières exclusivement solvantées de l'ordre de 20 tonnes. Le ratio d'émission correspondant est de 3,17 kg COV/kg d'extrait sec (ES).

Dans le cadre du SME, la cible à atteindre en termes d'émission est de 1,6 kg COV/kg ES.

## Technologie mise en œuvre

### Une démarche de substitution progressive produit par produit

Le principal travail réalisé sur le site a été de rechercher et de mettre en œuvre de nouveaux produits hydrodiluables permettant de garantir un niveau de qualité identique à celui de l'utilisation de produits solvantés. Le travail de substitution a commencé par les teintes, puis par les vernis de finition et enfin par les patines pour une partie.

Le vernis de fond quant à lui n'a pas pu être substitué et reste un produit cellulosique indispensable à la tenue des pigments lors de la teinte des surfaces.

En ce qui concerne les patines qui restaient solvantées pour certaines, elles sont de moins en moins utilisées puisque la tendance est plutôt au mobilier contemporain qui n'en nécessite pas.

### Nouveaux équipements et nouvelles pratiques pour une substitution performante

En complément des opérations de substitution, différentes opérations ont été nécessaires pour permettre l'application performante des produits hydrodiluables :
- remplacement des pistolets d'application et formation du personnel à leur utilisation ;
- utilisation d'une méthode d'application électrostatique.

Un autre point important a consisté en la mise en place d'une étape supplémentaire d'égrenage après l'application de la teinte hydrodiluable. Effectivement, les fibres du chêne (majoritairement utilisé) se relèvent avec l'eau et il est impossible d'appliquer directement le vernis solvanté (qui fixe la teinte et bloque la fibre) sans une étape de resurfaçage préalable.

### 50 centimes d'euro de surcoût par produit

Pour les différentes modifications, le coût global d'investissement a été de l'ordre de 150 k€. À ce coût, il est nécessaire d'ajouter les coûts supplémentaires liés aux produits hydrodiluables (4,5 € par litre contre 2,5 à 3 € pour les produits solvantés) ainsi que les coûts supplémentaires de main d'œuvre en particulier liés à la nouvelle étape d'égrenage.

Au global, le surcoût lié à l'utilisation de produits hydrodiluables est de 50 centimes par chaise dont les 2/3 pour la main d'œuvre. Avec un volume de production de 60 000 chaises par an, cela représente en 5 ans environ 150 000 € de surcoût de production mais évite de mettre en œuvre un procédé de traitement des effluents.

## Bilans

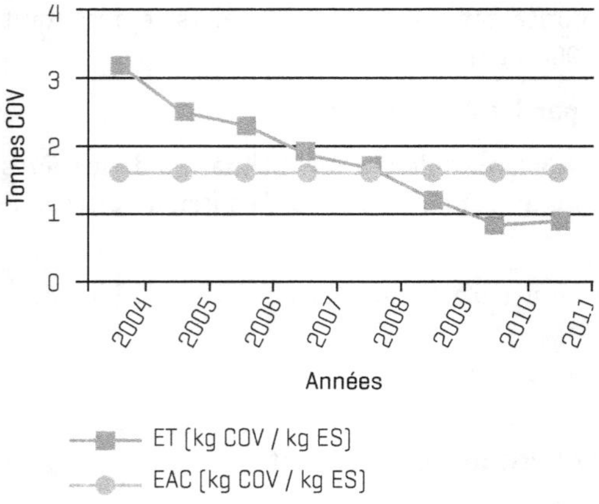


### 2009 : atteinte de la conformité

Compte tenu du délai nécessaire pour la réalisation des opérations de substitution, le site de Lelièvre a atteint la conformité en 2009 en passant sous la barre de 1,6 kg COV/kg ES. L'évolution est présentée sur le graphique.

Si la substitution des vernis solvantés par des vernis hydrodiluables a engendré un investissement humain et financier réel, cela est à mettre en face de la satisfaction apportée, tant au niveau de la qualité du produit que de la qualité des conditions de travail. Ces deux aspects peuvent revêtir des aspects économiques positifs en termes d'amélioration de la productivité et de la confiance client.

L'opération est une réussite, l'entreprise Lelièvre étant une des rares sociétés du secteur d'activité à avoir mené ce travail jusqu'au bout.

*La démarche de substitution reste un travail de longue haleine avec un investissement humain important. Les habitudes ont dû être modifiées, les techniques de pulvérisation des produits hydrodiluables étant très différentes de celles avec des produits solvantés.*

*Des décapages supplémentaires sont parfois nécessaires et les nettoyages des installations (pistolets en particulier) sont beaucoup plus fréquents (à chaque pause).*

*Il est aussi nécessaire de tenir compte de paramètres plus globaux comme la température de l'atelier qui doit être maintenue entre 18 et 20 °C (vers 15/16 °C, il n'est plus possible de travailler avec ces produits hydrodiluables). De plus, les produits doivent être maintenus dans une zone de stockage chauffée et restent sensibles à l'humidité.*

*Au niveau du séchage, les temps sont plus longs (1 heure contre 45 minutes avec les vernis solvantés). Une réorganisation interne de la chaîne de production a permis de conserver les tunnels existants.*

*Aujourd'hui, l'application des produits hydrodiluables fonctionne correctement. Il ne serait pas envisageable de revenir en arrière dans la mesure où la situation s'est réellement améliorée sur de nombreux aspects :*

- *diminution de l'exposition des opérateurs aux vapeurs de solvant, les odeurs présentes auparavant dans l'atelier ont disparu ;*
- *amélioration de la qualité des produits finis ;*
- *réduction du risque incendie*[1].

*Jean-Marc Lelièvre, Directeur*

1. Les Ets. Lelièvre ont reçu en 2008 un prix pour la prévention incendie.

# 6 Remplacement du solvant de nettoyage d'équipements en inox par un procédé mécanique

## Fiche identité de l'entreprise

- **Ets. Tarkett**, revêtement sur support plastique
- **Témoignage :** Dominique Pipers, Responsable bureau d'études (dominique.pipers@tarkett.com)
- **Activité de l'établissement :** Tarkett crée des solutions de revêtements de sol tant pour les professionnels que pour les particuliers. Les solutions proposées sont intégrées et répondent à des besoins spécifiques des utilisateurs.
- **Effectif du site :** 350
- **Adresse :** 2 avenue François Sommer
  08200 Sedan

## Enjeux et démarches

### Des rejets COV non conformes

Le site de Tarkett est équipé de deux lignes d'enduction permettant de réaliser des revêtements PVC multicouches. Chaque ligne est équipée d'un four permettant soit la gélification (cas des couches compactes), soit l'expansion (cas des couches moussantes) du produit.

Les fours comportent un tablier métallique inox pour supporter le produit lors de son passage. Afin que le produit n'accroche pas sur le tablier, celui-ci est revêtu de silicone. Les différentes zones du four sont équipées d'extraction transitant par une installation de traitement avant rejet à l'atmosphère.

Des opérations régulières de nettoyage et de resiliconage des fours sont effectuées par une société sous-traitante, majoritairement le week-end. Les étapes sont les suivantes :

- brossage : un système de brosse est installé au bord du tablier métallique. L'opération dure de 4 à 6 heures avec le four en chauffe à 240 °C ;
- dégraissage : après démontage des brosses et arrêt des brûleurs, l'opération de dégraissage du tablier est réalisée par pulvérisation de dichlorométhane. L'opération dure environ 25 minutes ;
- siliconage : suite au dégraissage, le siliconage du tablier est réalisé par pulvérisation en 20 minutes environ.

Lors de l'opération de maintenance, l'installation de traitement est by-passée. Les extractions des fours sont dans ce cas raccordées directement au rejet global à l'atmosphère.

Suite à différentes mesures réalisées en interne et une étude COV menée par un prestataire extérieur en 2009, la société Tarkett a pris conscience de la non-conformité de ses rejets lors des opérations de maintenance de l'installation. Elle a donc décidé de rechercher une solution pour supprimer l'utilisation des solvants lors de la phase de dégraissage des tabliers.

## Caractéristiques des rejets

Pour les opérations de dégraissage, le produit mis en œuvre est du dichlorométhane (DCM) (ou chlorure de méthylène - CAS 75-09-2), composé halogéné CMR (mention de danger H351 de la classe de danger Carc.2 selon le règlement CLP - ex R40) listé à l'annexe III de l'arrêté du 2 février 1998 modifié. La quantité annuelle de DCM mise en œuvre pour les opérations de maintenance des fours est évaluée à 13,6 tonnes par an. Cette quantité est intégralement émise à l'atmosphère en émissions canalisées et diffuses.

Le rejet global au niveau de chaque four est de 14 000 $m^3/h$ environ. Lors de la phase de dégraissage, la concentration moyenne mesurée en dichlorométhane est de 12,5 $g/m^3$ environ.

## Technologie mise en œuvre

### Option pour un procédé mécanique avec jet d'eau à haute pression

L'idée de la société Tarkett a été de remplacer les opérations de brossage et de dégraissage des tabliers avec du solvant par un nettoyage mécanique avec de l'eau à haute pression combiné au brossage.

Suite à la consultation d'une société spécialisée en fourniture de matériels à haute pression, les premiers essais ont été réalisés en faisant appel à un prestataire. La société Tarkett a adapté les différents éléments (tête, pompe haute pression) pour une utilisation possible sur les tabliers des fours. Au regard des très bons résultats obtenus, les nettoyages sont aujourd'hui réalisés avec de l'eau à 1 800 bar. Le brossage qui était auparavant indispensable, est maintenant uniquement maintenu par souci de finition.

Le budget total d'investissement pour la nouvelle installation a été d'environ 70 000 €. Une seule installation est nécessaire pour les deux fours présents sur le site et Tarkett fait toujours appel à un prestataire pour effectuer cette opération.

### Un gain de main d'œuvre appréciable

Le coût de la prestation de maintenance n'a pas augmenté et l'opération ne prend pas plus de temps que lorsque le dégraissage était réalisé par pulvérisation de solvant. Deux personnes devaient être présentes auparavant car plusieurs tours de brossage du tablier étaient nécessaires. Aujourd'hui, un seul passage donne un résultat satisfaisant et une seule personne est requise pour s'occuper de cette opération de nettoyage.

## Bilans

### Une triple satisfaction : disparition complète des émissions de dichlorométhane, amélioration de la qualité du nettoyage, coût de maintenance largement réduit.

Le bénéfice principal de la mise en place de cette nouvelle installation de décapage haute pression est la suppression complète des émissions de dichlorométhane lors des opérations de dégraissage des tabliers.

En complément, il apparait que la qualité de nettoyage obtenue est meilleure avec le nouveau système car le tablier est complètement remis à nu et les mailles sont ainsi bien ouvertes. L'encrassement dans le temps, facteur d'accident qui nécessite le remplacement du tablier, est ainsi limité. Le coût d'un tablier est de l'ordre de 25 000 €. Avec l'ancienne méthode de nettoyage, il était nécessaire de le remplacer tous les 8 à 10 mois. Avec la nouvelle méthode, la durée de vie est de 2 ans environ.

Il faut également noter l'économie réalisée grâce à la réduction des achats en solvant de nettoyage. Par contre, il faut tenir compte de la surconsommation en eau qui est traitée au niveau de la station d'épuration présente sur le site (environ 2 000 l d'eau par tablier nettoyé). La société Tarkett est satisfaite d'avoir trouvé une solution alternative viable à l'utilisation du dichlorométhane.

*Nous avons eu de la chance de travailler avec une société sous-traitante, pour réaliser ces essais, qui avait déjà beaucoup d'expérience dans la technologie haute pression. Les conseils pertinents qu'ils nous ont donnés nous ont permis de mener le projet en seulement 6 mois.*

*La satisfaction est d'autant plus importante que la qualité du nettoyage est meilleure qu'auparavant. Le tablier une fois décapé est re-siliconé et donne l'impression d'être neuf. Les mailles sont plus propres ce qui permet un meilleur passage de la chaleur et une expansion des produits fabriqués plus régulière.*

*L'augmentation de la durée de vie du tablier est aussi un bon point et permet de rentabiliser assez rapidement l'investissement.*

*Le dernier point important correspond à la réduction de l'exposition des opérateurs de maintenance qui n'ont plus à travailler avec l'ancien produit de dégraissage. Les opérations sont aussi plus simples puisqu'il n'est plus nécessaire de réaliser de brossage manuel pour la suppression de tâches qui étaient parfois présentes avec l'ancienne méthode.*

*Dominique Pipers, Responsable bureau d'études*

# 7 Substitution d'une peinture solvantée pour métal par une peinture hydrodiluable

## Fiche identité de l'entreprise

- **Batimétal**, revêtements sur support métal
- **Témoignage :** R. Picard, ancien Responsable HSE [rpicard@premdor.com]
- **Contact :** Philippe GROSREY, Responsable HSE [pgrossey@premdor.com]
- **Activité de l'établissement :** l'entreprise Batimétal du groupe Premdor est spécialisée dans la conception, production et vente d'huisseries métalliques et de portes composites. Implantée à Douvres la Délivrande, l'entreprise fabrique 1 200 menuiseries métalliques par jour. En fin de cycle de fabrication, ces menuiseries métalliques subissent une préparation de surface et une application au trempé d'un apprêt peinture antirouille.
- **Effectif du site :** 170
- **Adresse :** Voie Alliés
  14440 Douvres la Délivrande

## Enjeux et démarches

### Aller au-delà de la réglementation environnementale et limiter les risques

La peinture qui était utilisée jusqu'en 2005 sur le site de Batimétal était une peinture solvantée contenant du xylène. Les deux rejets canalisés (de 15 000 et 20 000 $m^3/h$) associés à l'installation d'application au trempé, étaient régulièrement non-conformes aux valeurs limites prescrites au site dans le cadre de son autorisation d'exploiter.

En complément, deux autres points ont motivé la société Batimétal à travailler sur la réduction des émissions :

- le risque incendie qui obligeait la mise en place de contrats d'assurance onéreux ;
- le risque sanitaire lié à l'exposition des salariés aux vapeurs de solvants. Bien qu'aucun dépassement n'était constaté en ambiance de travail, des odeurs de solvant étaient toujours présentes dans l'atelier et des restrictions d'accès étaient mises en place au niveau du bac de trempage (10 minutes par jour pour une personne avec port des EPI adaptés).

### Une solution de traitement non accessible conduit à la substitution

Dans ce contexte, des solutions de traitement des émissions ont été envisagées dans un premier temps. Après une étude exhaustive des technologies disponibles sur le marché, deux inconvénients majeurs sont apparus :

- manque de place sur le site pour l'implantation d'une installation de traitement ;
- coûts d'investissement et de fonctionnement très importants avec des incertitudes concernant les rendements de certaines technologies de traitement.

Batimétal a alors envisagé d'autres technologies d'application de peinture mais la configuration des pièces à peindre et les installations s'y prêtaient difficilement. Ainsi après une étude de faisabilité, un nouveau travail de recherche est mené pour tester le remplacement de la peinture solvantée par une peinture hydrodiluable.

## Caractéristiques des rejets

Sur le site, la consommation annuelle en solvant au niveau de l'installation d'application peinture était de 30 tonnes environ. Le solvant, présent initialement dans la peinture ainsi que le solvant de dilution, est du xylène.

Quelques autres solvants sont aussi mis en œuvre sur le site. Jusqu'en 2005, l'utilisation totale annuelle était de l'ordre de 35 tonnes.

Les résultats de mesures sur les rejets canalisés, associés à l'installation d'application au trempé, atteignent 500 à 600 mgC/$Nm^3$. Dans tous les cas, ils sont largement supérieurs à la valeur limite d'émission de 50 mgC/$Nm^3$ applicable.

## Technologie mise en œuvre

Différents produits hydro ont été testés durant trois années (de 2002 à 2005) avec 8 fournisseurs différents, ce qui a engendré une quarantaine d'essais sur le site avant d'aboutir à la bonne formulation qui a finalement été trouvée avec le fournisseur qui approvisionnait le site en peinture solvantée. La phase la plus délicate était de passer des essais laboratoires au test grandeur nature avec le bain de 12 000 litres. Le changement du produit a été effectif sur le site en septembre 2005.

De plus, les contraintes fixées dans le cahier des charges étaient très exigeantes car il était demandé aux fournisseurs de ne pas apporter de modifications à l'installation et au procédé (ou a minima). À ce stade, des produits qui fonctionnaient ont été abandonnés car ils nécessitaient des modifications d'installation impossibles sur le site.

### Peu de modification sur l'installation et 33 tonnes de solvants en moins !

Les modifications d'installation ont été minimes et n'ont porté que sur une meilleure fermeture du local d'égouttage (investissement de quelques milliers d'euros). Le four avait quant a lui été changé en 2001 et il avait été prévu à cette époque la possibilité de cuire des peintures hydrodiluables.

Une fois le changement de peinture effectué, de nouvelles mesures ont été réalisées au niveau des rejets. La concentration est maintenant comprise entre 20 et 25 mgC/$m^3$, ce qui est nettement mieux que les prescriptions applicables au site.

Suite à ces modifications, l'utilisation annuelle en solvant sur le site est passée de 35 à environ 1,5 tonne.

## Bilans

Au final le projet est très positif.

- Réduction spectaculaire des émissions de COV : la substitution en peinture hydrodiluable a effectivement permis dans un premier temps de réduire de plus de 90 % les émissions COV du site.

- Réduction du coût énergétique : en complément, des économies importantes (10 000 € par an) sont réalisées grâce à la baisse de la température de cuisson du four. Elle est passée à 100 °C avec la peinture hydrodiluable contre 180 °C avec l'ancienne peinture solvantée.
- Réduction des coûts d'assurance : la réduction du risque incendie sur le site se traduit par une baisse de 33 k€ par an des coûts liés à l'assurance et aux précautions de transport.
- Une ambiance de travail nettement améliorée : les odeurs de solvant dans l'atelier ont totalement disparu et il est maintenant possible d'accéder au bac de trempé sans restriction particulière. Les opérations de maintenance et de contrôle sont plus aisées.

## Une mise en œuvre délicate mais une qualité de produit fini identique, voire supérieure

Le point le plus délicat avec l'opération de substitution qui a été menée sur le site concerne la qualité du produit fini (aspect visuel). Il est effectivement plus fréquent d'avoir des problèmes de coulures. De même, il est nécessaire de rester beaucoup plus vigilant sur un bac de peinture à l'eau et la maîtrise des paramètres de température et de mélange sont plus importants qu'avec un produit solvanté.

À ce jour, la qualité obtenue est équivalente à celle avant 2005. De plus, la résistance à la corrosion des pièces a été largement augmentée ce qui était inattendu. En effet, la tenue BS (brouillard salin) est passée de 104 heures à 200 heures.

En termes de coût, le produit était plus cher en 2005 que l'ancienne peinture solvantée mais il a légèrement diminué depuis. La généralisation de l'utilisation des produits hydrodiluables et l'apparition de la concurrence sur ce marché permet d'envisager que les prix continueront à baisser.

*Lorsque nous nous sommes lancés dans le projet, il était un peu tôt pour utiliser ce type de produit mais nous avons quand même tenté le coup afin de régler le problème une fois pour toute et passer à un produit propre.*

*Le plus compliqué dans le cadre des opérations de substitution est de trouver le bon produit. Aujourd'hui les fournisseurs ont progressé et ont plus de solutions qu'en 2005 ; ils ont eux aussi beaucoup appris de ces expériences.*

*La mise en place d'une démarche de réduction des COV nécessite :*

- *un partenariat avec les experts et spécialistes indispensables à la formulation de solutions personnalisées et adaptées aux besoins ;*
- *une analyse comparative des différentes solutions avec mise en place d'essais pilote en conditions réelles.*

*Nous avons transposé l'expérience concluante sur le site de Douvres la Délivrande au second site du groupe basé à Orange qui utilisait auparavant 25 tonnes de solvant par an.*

*M. Picard, ancien responsable HSE*

# 8 Substitution de produits solvantés pour la fabrication de revêtements spécifiques

## Fiche identité de l'entreprise

- **Forbo Salino SAS**, fabrication de revêtements de sols en PVC
- **Témoignage :** Pascal Masse, Directeur des opérations et Chef de projet développement durable [pascal.masse@forbo.com]
- **Activité de l'établissement :** la société Forbo Salino SAS, implantée sur 11 hectares dans le centre-ville de Reims, est spécialisée dans la fabrication de revêtements PVC acoustiques [en lés et en dalles] et textiles aiguilletés compacts unis et imprimés pour le marché du bâtiment. L'activité acoustique représente environ 85 % du chiffre d'affaires et les secteurs visés sont la santé, l'éducation, l'habitat, les bureaux, l'hôtellerie, l'industrie, le transport et le sport.
- **Effectif du site :** 197
- **Adresse :** 63 rue Gosset
  51055 Reims Cedex

## Enjeux et démarches

### Réduire la consommation de solvant et confirmer la valeur ajoutée environnementale de l'entreprise

Jusque fin 2007, un revêtement de sol fabriqué sur le site de Forbo Salino était réalisé à l'aide de trois lignes de production distinctes :

- une ligne pour l'impression ;
- une ligne pour le revêtement de la surface imprimée (couche transparente) ;
- une ligne de finition.

L'impression était réalisée par sérigraphie (utilisation de cadres creux avec des trous) à l'aide de 5 têtes permettant l'application de pâtes pigmentées (170 grammes en moyenne par mètre carré produit). À chaque bout de ligne, le produit fabriqué devait être rembobiné pour être transporté sur la ligne suivante.

Pour réaliser un motif, il est nécessaire d'utiliser en moyenne 3 têtes d'application. Ces dernières devaient être régulièrement nettoyées avec du White-spirit dans les machines fermées présentes dans la station de lavage du site. Bien qu'équipée d'une extraction forcée, des émissions diffuses étaient quand même présentes au niveau de cet atelier.

Après 4 ou 5 opérations de régénération in situ, le solvant de nettoyage était finalement traité comme déchet.

Compte tenu de son engagement dans une démarche environnementale active, la société Forbo Salino a décidé de travailler volontairement sur la réduction des utilisations et des émissions en solvants sur son site. Cette démarche est dans la lignée des actions déjà menées sur le site pour la réduction de son empreinte environnementale : réalisation des ACV sur les produits fabriqués, utilisation d'électricité 100 % renouvelable, etc.

## Caractéristiques des rejets

Les rejets du site de Forbo Salino n'étaient pas très importants même si les quantités de solvants mises en œuvre étaient loin d'être négligeables. Effectivement, en tenant compte des quantités régénérées, l'utilisation annuelle de White-spirit sur le site en 2007 était de 336 tonnes (76 t achetées et 260 t régénérées).

Les émissions calculées par bilan matière étaient de l'ordre de 4 tonnes au niveau de la station de lavage, essentiellement de façon diffuse.

Les émissions associées au niveau des pâtes solvantées étaient quant à elles traitées par oxydation thermique (installée sur les rejets des fours de cuisson des lignes de production).

## Technologie mise en œuvre

La démarche entreprise par la société Forbo Salino a été globale. L'idée a été de remplacer les trois étapes de l'installation de production par une fabrication en une seule étape (ligne continue). Côté application, les 5 têtes de sérigraphie ont été remplacées par 10 têtes d'héliogravure (cylindre métallique gravé).

### Eau et biosolvant remplacent totalement le white-spirit

Cette modification de la technique d'impression s'est accompagnée par le remplacement des produits appliqués qui sont désormais des encres à l'eau. Avec cette nouvelle méthode, les quantités de produits mises en œuvre sont très inférieures (20 g/m$^2$ contre 170 avant).

De plus, l'utilisation de produits hydrodiluables rend possible le nettoyage des têtes à l'eau, ce qui a permis de supprimer totalement l'utilisation du White-spirit. L'eau utilisée pour les lavages est traitée par la station d'épuration du site avant d'être envoyée vers la station communale.

Pour quelques opérations de nettoyage, du solvant organique doit encore être utilisé au niveau de la station de lavage. Après une recherche menée par le responsable environnement du site, le choix s'est porté sur un biosolvant afin de réduire au maximum l'utilisation de White-spirit. La quantité annuelle achetée aujourd'hui est de 3 t environ (contre 76 t de White-spirit en 2007).

Différents biosolvants ont été testés avant de valider le produit définitif. Ce dernier a même dû être adapté par le fournisseur pour des questions d'odeurs auxquelles le personnel du site n'était pas habitué.

### 5,6 millions d'euros d'investissement et 3 années de mise en œuvre

Concernant la modification de l'installation de production, le projet a été réalisé par le bureau d'étude de Forbo Salino en partenariat avec les fabricants de machines. En tout, l'investissement a été de 5,6 millions d'euros (dont 113 000 € ont été subventionnés par l'ADEME et la région).

En termes de planning, le projet a démarré en 2005. Après un accord du groupe fin 2006, l'installation a été mise en place en 2007 pour un démarrage début 2008. La place disponible sur le site a permis de monter sans problème la nouvelle ligne d'impression à côté de l'ancienne et de la connecter aux deux lignes de revêtement et de finition à l'occasion d'une fermeture de 5 semaines dans le courant de l'été 2007. Dans un premier temps, des essais et des réglages ont pu être faits en passant d'une ligne d'impression à l'autre.

## Bilans

Le bilan des opérations est très positif. De nombreux points ont été améliorés par rapport à 2007.

### La qualité et le rendement de production ont augmenté

La qualité du produit fini est meilleure. Effectivement, le fait de ne déposer que 20 grammes d'encre à l'eau contre 170 grammes de pâte solvantée permet d'ajouter plus de produit dans les autres couches pour améliorer certains paramètres tels que la qualité acoustique ou encore la résistance à la perforation. De plus, avec les pigments précédemment utilisés, des problèmes de qualité pouvaient apparaître (séparation de phase entre certaines couleurs et le dioxyde de titane).

Les rendements de production sont passés de 78,71 % en 2007 à 87,87 % en 2011 (soit presque 10 % d'amélioration).

### Les coûts énergétiques et les déchets ont diminué

Au niveau énergétique, des économies ont également été réalisées. Pour fabriquer 1 m$^2$ en 2007, il fallait 3,52 kWh. En 2011, il ne faut que 3,10 kWh puisque le séchage des encres se fait à température plus basse (moins de produit est appliqué) et un des fours a été réduit en longueur. Avec une fabrication annuelle de 7 millions de m$^2$, l'économie est importante.

De plus, la modification du nombre de têtes au niveau de l'installation d'impression (10 au lieu de 5) permet de passer d'un dessin à l'autre sans arrêter la ligne. Cela permet de réduire les déchets de fabrication : 248 g/m$^2$ de déchets PVC en 2007, 231 g/m$^2$ fin 2011 et 190 g/m$^2$ fin février 2012.

Côté exposition des travailleurs, les opérateurs sont très satisfaits de la suppression du White-spirit et se sont bien adaptés à l'utilisation du biosolvant. La station de lavage n'est plus considérée comme une zone ATEX (Atmosphère explosive).

*Au début tout le monde a eu peur du changement, mais maintenant les personnes se rendent compte du bénéfice de ces modifications.*

*Il ne faut pas avoir peur d'investir dans l'environnement car cela permet d'assurer la pérennité de l'activité. De plus, nos clients posent systématiquement des questions sur les performances environnementales de nos produits, sur les rejets de nos installations.*

*En complément, les actions intenses menées par Forbo Salino ont permis d'anticiper les obligations légales concernant les émissions en solvants.*

*Le travail réalisé sur le site de Reims a inspiré d'autres site du groupe et l'objectif de la division (12 sites) est de réduire son empreinte environnementale de 25 % en 2015 par rapport à 2009.*

*L'environnement est très important pour le groupe Forbo qui a vraiment démontré son engagement ces dernières années avec une stratégie affirmée, passant par l'utilisation d'énergie renouvelable, l'achat de voitures hybrides, etc.*

*Pascal Masse, Directeur et Chef de projet développement durable*

# 9 Réduction des émissions de COV à la source par modification du système de captage

## Fiche identité de l'entreprise

- **Chemetall**, fabrication de produits chimiques
- **Témoignage :** Christophe De Lima, Responsable HSE (christophe.delima@chemetall.com)
- **Activité de l'établissement :** la société Chemetall formule des spécialités chimiques utilisées pour le Traitement de Surface. Les principaux utilisateurs des produits de traitement de surface pour la France sont l'industrie automobile, la métallurgie, la sidérurgie, les industries de la déformation à froid (tréfilage, étirage, extrusion), l'industrie du prérevêtu, l'aéronautique et d'autres industries connexes.
Parmi la gamme de produits fabriqués sur le site de Villeneuve Saint Germain, nombreux sont ceux réalisés à partir de solvants.
- **Effectif du site :** 30
- **Adresse :** 280 rue Jean Baptiste Godin
02200 Villeneuve Saint Germain

## Enjeux et démarches

### Un diagnostic COV révèle des dépassements de valeurs limites d'émission (VLE) qui nécessitent un changement au niveau des installations

Le diagnostic COV mené sur le site en 2007 identifie diverses non-conformités au niveau des rejets canalisés des ateliers de production. En 2007, trois ateliers de production sont présents sur le site :

- atelier Décapants, mettant en œuvre des solvants organohalogénés ;
- atelier Inflammables, utilisant une quantité significative de solvants organiques ;
- atelier Aqueux, nécessitant de faibles quantités de solvant pour certaines fabrications.

Les différents ateliers sont équipés chacun d'un rejet global à l'atmosphère qui est la somme de diverses extractions spécifiques telles que des aspirations directes dans les cuves de fabrication et des aspirations d'ambiance fixes.

Les mesures réalisées sur ces rejets canalisés en 2007 ont montré des dépassements des valeurs limites applicables pour les COV totaux ainsi que les COV spécifiques sur les ateliers chlorés et inflammables.

Afin d'améliorer la situation et de réduire ses émissions à l'atmosphère, la société Chemetall a travaillé sur des modifications au niveau de ses installations.

## Caractéristiques des rejets

### Des concentrations jusqu'à 11 fois supérieures aux valeurs limites pour les COV totaux et jusqu'à 400 fois supérieures pour les COV spécifiques.

En 2006 et 2007, les émissions totales en COV sur le site étaient de l'ordre de 18 tonnes (pour une utilisation totale en solvant de 700 tonnes environ). Les produits émis à l'atmosphère étaient très variés : White-spirit, alcool isopropylique, acétone, heptane ainsi que du chlorure de méthylène et du perchloroéthylène qui sont des COV spécifiques.

Les concentrations mesurées au niveau des différents rejets oscillaient entre 30 et 1 300 mgC/Nm$^3$ environ, sachant que la valeur limite applicable est de 110 mgC/Nm$^3$ pour les COV totaux.

En ce qui concerne les COV spécifiques, la concentration pouvait atteindre 8 000 mg/Nm$^3$ pour une valeur limite à 20 mg/Nm$^3$.

## Technologie mise en œuvre

Jusqu'en 2007, de nombreuses extractions locales présentes dans les ateliers correspondaient à des piquages directs dans les cuves de fabrication. À l'époque, cette solution avait été mise en place pour la protection des opérateurs, l'aspiration directe dans la cuve permettant théoriquement d'éviter toute émission par le trou d'homme (ouvertures permettant le chargement de certaines matières premières) et les défauts d'étanchéité présents sur les cuves de fabrication.

Extraction globale

Piquages directs

### Modification des réseaux aérauliques : réduire les émissions directes et améliorer les conditions de travail des opérateurs.

À partir de 2007, de nombreuses modifications des réseaux aérauliques des ateliers de production ont été réalisées. Elles ont en particulier consisté à la mise en place d'anneaux de Pouyès en remplacement des extractions directes dans les cuves ainsi que des Bras orientables articulés (BOA) au niveau des postes de conditionnement. En complément, une étanchéification des installations a été réalisée (remplacement de couvercles de cuve avec de nouveaux trous d'homme).

L'objectif de la mise en place de ces anneaux de Pouyès est de réduire les émissions directes à l'atmosphère tout en maintenant, voire en améliorant, les conditions d'exposition des opérateurs dans les ateliers.

Les anneaux de Pouyès sont situés au-dessus des couvercles des trous d'homme afin de capter les éventuelles émissions à l'atmosphère lors des ouvertures de ces derniers sans pour autant réaliser une extraction permanente du ciel gazeux dans les cuves. Les anneaux sont équipés d'une vanne manuelle permettant la mise en route de l'aspiration lors de certaines phases de production (ouvertures des trous d'homme pour le chargement de produits ou pour la prise d'échantillon).

Le coût global des différentes modifications réalisées (étanchéification des installations, anneaux de Pouyès, etc.) est d'environ 70 k€. L'ensemble des opérations de modification a duré environ deux ans.

## Bilans

### Une réduction des émissions et des concentrations de plus de 80 à 90 % selon les ateliers

Suite à la réalisation des diverses modifications, de nouvelles mesures ont été réalisées en 2008 afin d'apprécier les bénéfices obtenus en terme de réduction des émissions (dans les deux cas, les fabrications mise en œuvre étaient similaires).

| Rejet | | Année de mesure | Mesure | | | Évolution du flux d'émission |
|---|---|---|---|---|---|---|
| Atelier | Rejet | | Débit mesuré (Nm³/h) | Concentration (mgC/Nm³) | Flux calculé (gC/h) | |
| Décapant | $R_C$ | 2006 | 1 280 | 1 291 | 1 652 | - 81,2 % |
| | | 2008 | 1 266 | 246 | 311,4 | |
| Inflammable | $R_I$ | 2006 | 6 644 | 514 | 3 415 | - 90,6 % |
| | | 2008 | 6 449 | 49,7 | 320,5 | |
| Aqueux | $R_A$ | 2006 | 8 070 | 29 | 234 | - 92,9 % |
| | | 2008 | 7 230 | 2,3 | 16,6 | |

En fonction de l'atelier de production, la réduction des émissions obtenue par la mise en place des anneaux de Pouyès au niveau des différentes cuves va de plus de 81 % à presque 93 %. Il est à noter que cette diminution des émissions n'est liée qu'à la modification du système aéraulique et l'étanchéification des installations et qu'aucun système de traitement des émissions n'a été implanté sur le site.

## Après les efforts de réduction, la suppression des produits chlorés

Suite à ces premières actions de réduction, la société Chemetall a travaillé à la suppression complète de l'utilisation des produits chlorés sur le site. L'atelier Décapant a été arrêté et le dernier point de non-conformité supprimé.

*La qualité du produit fini n'a pas été impactée par les modifications apportées aux installations. De même, il n'a pas été noté de modification notable des consommations énergétiques associées à l'installation de production.*

*Le bénéfice le plus important concerne la réduction des émissions atmosphériques mais aussi la diminution de l'exposition des travailleurs aux vapeurs de solvants. Les odeurs dans l'atelier ont fortement diminué. Au moment des ouvertures des trous d'homme, le phénomène de « bouffées de vapeur », qui était ressenti avec les anciennes aspirations en direct, n'est à ce jour plus présent (les vapeurs sont reprises par le système avant de pouvoir atteindre l'opérateur).*

*L'autre point à noter est l'amélioration de l'ergonomie au niveau des postes de travail dans la mesure où certains anneaux de Pouyès ont été conçus avec des supports repose sac pour le chargement manuel des produits pulvérulents.*

*Nous sommes très satisfaits des améliorations que nous avons réalisées dans les ateliers de production. La réduction à la source, quand elle est possible, reste la meilleure solution pour réduire les émissions.*

*Christophe De Lima, Responsable HSE*

# 10 Substitution des vernis solvantés pour surface en verre par des vernis hydrodiluables

## Fiche identité de l'entreprise

- **Val Laquage VT**, revêtement sur support verre
- **Témoignage :** Virginie Sannier, Responsable HSE (v.sannier@vallaquage.fr)
- **Activité de l'établissement :** le site de production de Val Laquage VT est spécialisé dans le laquage et la décoration sur verre, en particulier pour le secteur de la cosmétique et de la parfumerie. Le site de production, situé sur la commune d'Ouville la Rivière, réalise environ 35 millions de pièces par an. Les opérations mettant en œuvre des vernis solvantés sont réalisés sur 4 lignes d'application/séchage.
- **Effectif du site :** 57
- **Adresse :** Chemin de la Filature
  76860 Ouville La Rivière

## Enjeux et démarches

### Une mise en œuvre délicate menée dans le cadre d'un Schéma de Maîtrise des Emissions (SME)

Les mesures historiques réalisées sur les rejets des installations d'application/séchage présentaient des dépassements plus ou moins importants des valeurs limites d'émission applicables au site.

La société Val Laquage a mené une réflexion pour la mise en place d'une installation de traitement, tout en restant prudente quant à cette solution pour les raisons suivantes :

- les coûts d'investissement d'une telle solution étaient très importants ;
- les caractéristiques des rejets (teneur en poussières colmatantes) nécessitaient la mise en place d'une installation de prétraitement pour laquelle des essais pilote étaient nécessaires ;
- des écueils avaient été observés chez d'autres sociétés du même secteur d'activité.

En 2008, cette réflexion de substitution des produits solvantés par des produits hydrodiluables a été menée dans le cadre d'une approche Schéma de maîtrise des émissions, avec l'appui d'une action collective initiée par le Pôle mondial verrier subventionnée par l'ADEME.

## Caractéristiques des rejets

En 2007, les émissions totales canalisées et diffuses en COV du site étaient de 60,4 tonnes (pour une quantité utilisé de 68,5 tonnes). En fonction des produits appliqués, les concentrations mesurées pouvaient osciller entre 15 et 313 mgC/Nm$^3$ pour une valeur limite applicable de 75 mgC/Nm$^3$.

Les solvants majoritairement utilisés sur le site sont les suivants : xylène (plus de 47 %), 2-butoxyéthanol (25 %), 1-butanol (10 %), méthylisobutylcétone (5 %).

## Technologie mise en œuvre

### Une étude technique pointue nécessitant, au-delà de l'équipement matériel, un fort investissement humain avec création d'emploi.

Avec les différents fournisseurs de vernis, un travail a été engagé afin de tester les produits hydrodiluables disponibles ou en cours de développement. De nombreux essais ont été réalisés sur les différentes gammes de produits dans l'espoir de trouver une solution applicable en hydrodiluable qui donnerait satisfaction à la fois sur le rendu visuel et la résistance du vernis.

Un travail conséquent a été mené afin de perfectionner les techniques d'application qui doivent être beaucoup plus précises avec ces produits.

Des investissements matériels ont été réalisés dans une ligne de préséries (environ 40 k€) qui avaient pour but de valider les nouveaux systèmes de pulvérisation (pompes, pistolets à très basse pression) qui se sont ensuite généralisés sur les installations d'application. Ces nouveaux systèmes devraient permettre d'économiser à terme entre 5 et 15 % de matière.

Du matériel complémentaire a aussi été acheté pour mieux caractériser les résistances mécaniques des produits appliqués sur les flacons.

En termes de moyens humains (au-delà du temps passé pour tous les développements), deux nouveaux postes ont dû être créés : un poste au niveau du laboratoire de développement et un poste pour le renforcement du contrôle des produits finis.

Le projet de substitution a réellement démarré en 2008 et il se poursuit sur le site afin de tendre à terme vers une utilisation quasi exclusive de produits hydrodiluables.

## Bilans

### Moins 58 % de solvants utilisés et moins 63 % d'émissions totales de COV en 4 ans

Dans le cadre de la mise en place d'un SME sur le site, l'objectif d'émission est de 0,563 kg de COV par kg d'extrait sec utilisé.

Évolution des utilisations en solvants et des émissions entre 2007 et 2011

| Années | 2007 | 2008 | 2009 | 2010 | 2011 |
|---|---|---|---|---|---|
| Utilisation en solvants (t) | 68,5 | 47,0 | 37,7 | 44,9 | 28,6 |
| Utilisation en ES (t) | 26,8 | 21,9 | 20,5 | 30,1 | 27,9 |
| Emission (kg COV/kg ES) | 2,253 | 1,815 | 1,222 | 1,163 | 0,792 |
| Emission totale (t) | 60,4 | 39,8 | 25,0 | 35,1 | 22,1 |
| EAC[1] (kg COV/kg ES) | 0,563 | 0,563 | 0,563 | 0,563 | 0,563 |
| EAC[1] (t) | 15,1 | 12,4 | 11,5 | 17,0 | 15,7 |

1. EAC : Émission annuelle cible.

Entre 2007 et 2011, la consommation en extrait sec est quasi identique. Les émissions sont par contre passées de 60,4 à 22,1 tonnes. L'écart résiduel pour atteindre la cible est faible et le site devrait être conforme d'ici un an environ.

▼ Évolution de l'utilisation en solvants (I1) et en extrait sec (ES)

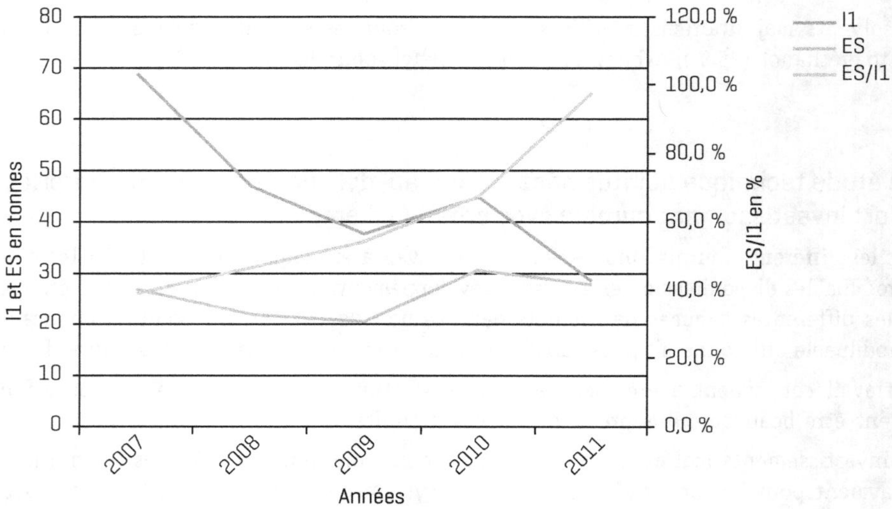


## Une mise en œuvre plus technique mais une qualité de produit identique et un bilan financier positif

L'utilisation des produits hydrodiluables permet d'obtenir une qualité des produits finis identique à celle qui était obtenue en vernis solvanté même si la mise en œuvre des produits est plus technique.

À ce jour, les produits hydrodiluables restent plus chers que les produits solvantés même si la généralisation de leur utilisation permet de faire baisser légèrement leur prix. Le travail mené sur le site pour optimiser les techniques d'application permet de maîtriser ce coût supplémentaire. En complément, il est nécessaire de noter que la substitution a permis de faire l'économie d'une installation de traitement COV ce qui rend le bilan financier positif.

Les produits hydrodiluables nécessitent plus d'énergie et les consommations électriques associées à l'utilisation de ces produits ont augmenté de 15 à 20 %, ce qui représente environ 15 000 € pour le site de Val Laquage VT.

En ce qui concerne l'exposition des salariés, les odeurs de solvants ont disparu des ateliers et les niveaux d'exposition à ces produits ont fortement baissé. D'autres odeurs sont apparues en ambiance et un travail est en cours pour les réduire.

*Le travail de substitution nécessite un investissement important tant humain que matériel. Nous sommes satisfaits cependant de l'avoir mené car nous avons évité la mise en place d'une installation de traitement des émissions sur notre site.*

*Notre métier est devenu plus technique et cela est positif car il permet une valorisation des applicateurs, une meilleure connaissance des produits utilisés et un travail permanent d'optimisation du procédé.*

*L'objectif à terme est de ne plus utiliser de produits solvantés sur le site. Les nouveaux développements sont systématiquement réalisés avec des produits hydrodiluables.*

*Denis Lerouge, Directeur du site*

# 11 Substitution d'un produit de dégraissage chloré

## Fiche identité de l'entreprise

- **Lucien Gau**, nettoyage de surface
- **Témoignage :** Thierry Cudini, Acheteur [thierry@luminaires-gau.fr]
- **Activité de l'établissement :** la société Lucien Gau, fondée en 1934, fabrique des luminaires haut de gamme pour la décoration intérieure [particuliers, hôtels, décorateur d'intérieurs]. Héritière de plusieurs générations de bronziers d'art parisiens, elle est présente sur le marché national et international dans plus de 30 pays et est reconnue aujourd'hui comme un des grands noms européens du luminaire.
- **Effectif du site :** 24
- **Adresse :** 79, rue Pierre et Marie Curie
  77000 Vaux-le-Pénil

## Enjeux et démarches

Les matériaux travaillés sur le site de Lucien Gau sont des matériaux nobles, principalement le bronze et le laiton. Dans le cadre du procédé de fabrication, il est nécessaire de passer par une phase de polissage des matériaux brut qui est réalisée à l'aide de bandes de ponçage, puis de pâte à polir. Une opération de dégraissage est ensuite effectuée afin d'éliminer la pâte à polir contenant des résidus de bronze et préparer la surface pour les opérations de vernissage ou peinture des pièces.

### Une expérience fastidieuse avec la lessive de soude alors résolue avec le trichloroéthylène [TCE]

Historiquement, des difficultés avaient été rencontrées lors des opérations de dégraissage avec de la lessive de soude. Le bronze qui est un produit poreux accumulait du produit dans ses pores qu'il finissait par rejeter au bout d'un certain temps (2 semaines à 6 mois). La formation de cloque sous le vernis nécessitait alors de reprendre les pièces pour effectuer à nouveau l'opération de décapage et vernissage.

L'installation en 1982 sur le site d'une machine à dégraisser au trichloroéthylène (TCE) avait permis de résoudre ce problème. La machine était une machine semi-ouverte fonctionnant en phase vapeur et avec ultrasons. Un serpentin alimenté en eau froide était présent en partie haute pour recondenser le TCE lors de la sortie des pièces de la machine.

### Plusieurs facteurs conduisent au remplacement du TCE

En 2009, la société Lucien Gau, qui était très dépendante du TCE, a décidé de travailler sur la recherche d'une solution de substitution pour les raisons suivantes :

- suppression à terme de la fourniture en TCE ;
- augmentation importante du prix du TCE compte tenu de sa raréfaction ;
- problèmes pour le traitement des déchets associés à ce produit ;
- problèmes d'émissions à l'atmosphère des vapeurs de TCE.

## Caractéristiques des rejets

Avec l'utilisation du TCE, le site était non conforme au niveau du rejet canalisé associé à l'installation de dégraissage. Le rejet était effectivement un rejet direct à l'atmosphère sans installation de traitement.

L'utilisation annuelle de TCE sur le site était de 2,2 à 2,3 tonnes par an.

Au-delà de l'aspect environnement, la problématique de l'exposition de personnels en ambiance de travail se posait.

## Technologie mise en œuvre

### Un biosolvant est sélectionné après de multiples essais de produits

Différents produits ont été étudiés pour substituer le TCE : produits aqueux, produits biosolvants miscibles à l'eau, etc. Cependant ils ne convenaient pas avec l'activité du site et il était impératif de trouver rapidement une solution.

Au final, avec l'aide d'un consultant extérieur, un produit alternatif qui pouvait convenir a été trouvé (biosolvant fonctionnant à un pH neutre).

### Plusieurs essais en laboratoire et sur prototype conduisent à un tout nouveau procédé pour l'entreprise

Une campagne d'essais a été lancée pendant deux jours en laboratoire suivie de tests durant trois à quatre jours sur prototype afin de mettre au point le procédé industriel : définition de la température de dégraissage, choix de la puissance des ultrasons à mettre en œuvre, etc.

Ainsi, une nouvelle machine complète de dégraissage permettant la mise en œuvre du biosolvant a été envisagée.

Cette nouvelle machine est fondamentalement différente de l'ancienne dégraisseuse TCE. Elle est hermétique et fonctionne par trempage en phase liquide à 60 °C. Un premier bain de rinçage contenant des tensioactifs (pour élimination des salissures) est présent ainsi que d'autres bains en cascade fonctionnant en circuit fermé (traitement par filtre papier). Tous ces bains fonctionnent avec des ultrasons. Le dernier rinçage est fait avec de l'eau déminéralisée (sans ultrasons). Au final le séchage des pièces est réalisé à 80 °C durant 7 minutes.

Les dimensions de la nouvelle installation sont bien plus importantes (9 mètres de long) que l'ancienne dégraisseuse (3,5 mètres de long).

### Une substitution de longue haleine aidée par l'ADEME

Deux ans de travail ont été nécessaires afin d'aboutir à une solution de substitution viable et avant de passer commande pour une installation définitive. Ce délai est lié aux essais de dégraissage mais aussi au temps nécessaire pour avoir un recul suffisant sur la qualité définitive des pièces : 6 mois au minimum sont nécessaires sur des pièces vernies et laissées à température ambiante afin de vérifier qu'aucun problème n'apparaisse et de procéder à leur validation.

L'investissement global réalisé par la société Lucien Gau pour cette nouvelle machine a été de 300 000 €. L'aide de l'ADEME a été de 18 % environ sur la partie investissement.

## Bilans

Le nouveau produit utilisé n'est plus un COV. Les problématiques de rejets qui étaient présentes avec le TCE ont disparu.

### Le dégraissage comme la préparation de surface sont plus performantes et les conditions de travail nettement améliorées

Depuis l'installation de la nouvelle ligne de dégraissage et la disparition du TCE dans l'ambiance de travail, les salariés de l'entreprise notent une nette amélioration des conditions de travail.

En termes de qualité, les résultats de dégraissage sont améliorés par rapport au TCE. Visuellement, les pièces sont plus brillantes et il n'y a plus de trace. Les pièces sortent avec une meilleure préparation de surface pour les opérations de vernissage ou de peinture.

### Un gain économique appréciable

Le nouveau produit est moins cher que le TCE ce qui est intéressant d'un point de vue économique.

De plus, seuls quelques litres tous les 15 jours (après une charge initiale de 120 kg dans la machine) sont nécessaires pour compenser le phénomène d'entrainement de produit vers le premier bain de rinçage. Avec le TCE, il fallait remplacer la totalité du bain tous les deux mois.

Les consommations énergétiques sont équivalentes. De plus, les bains sont plus petits et la température de dégraissage est plus faible. La machine est fermée et la régulation bien meilleure.

Quant à l'eau des bacs, elle est renouvelée de temps en temps mais elle est traitée par une station d'épuration et réutilisée en rinçage sur d'autres installations du site.

*Ce projet correspond à deux ans de travail, d'essais et de validations « produits ».*

*Après une période de doute lorsque la machine définitive est arrivée pour son montage sur site, nous avons été très satisfaits lors de sa mise en route en constatant le bon fonctionnement de l'installation et la qualité des résultats de dégraissage.*

*Il n'a fallu que 24 heures pour obtenir des résultats concluants. Il avait été prévu de conserver la machine TCE, le temps de faire les réglages, mais dans les faits, des essais avec des lots de produits à vendre ont immédiatement été productifs.*

*Dans le cadre d'un tel projet, il est nécessaire de travailler en étroite collaboration avec les sociétés proposant des solutions alternatives afin de réaliser les différents tests de validation et adapter si nécessaire les installations et les produits au besoin de l'industriel.*

*Thierry Cudini, Acheteur*

# 12 Substitution d'un produit de dégraissage CMR

## Fiche identité de l'entreprise

- **B&K packaging**, nettoyage de surface
- **Témoignage :** Ioan Bertin, Responsable R&D et HSE
- **Activité de l'établissement :**
  l'usine de Pont-Audemer (Haute-Normandie) est spécialisée depuis plus de 40 ans dans la fabrication d'emballages souples. Chaque année, 13 000 t d'emballage sont produites et expédiées à destination de tous les continents. Grâce à sa renommée internationale et à sa gamme complète dans le film et la sacherie industrielle, Bischof et Klein France fait partie des leaders sur le marché.
- **Effectif du site :** 170
- **Adresse :** 15, rue des Papetiers
  27500 Pont-Audemer

## Enjeux et démarches

### Le nécessaire remplacement d'un composé CMR conduit l'entreprise à engager un travail global sur la substitution de ses solvants de nettoyage.

Les emballages souples fabriqués subissent différentes opérations de collage et d'application de décors (flexographie). Des opérations de nettoyage sont réalisées, soit directement sur les lignes de production, soit dans des bacs de trempage ou machines à laver.

Le site de B&K comprend 4 bacs de trempage fermés de 1 000 litres environ mettant en œuvre de la N-méthyl-2-pyrolidonne (NMP) et de l'acétate d'éthyle. Les opérations de trempage réalisées, durant 24 à 48 heures, permettent de décoller lentement les résidus de produits présents sur certaines pièces (applicateurs de colle par exemple). Au niveau de ces bacs, aucune action mécanique (recirculation de produit, pulvérisation, etc.) n'est réalisée.

En complément, une machine à laver de 600 litres est présente sur le site. Le produit utilisé est un mélange de solvant inflammable (méthoxypropanol, acétate d'éthyle, alcool isopropylique). Les pièces des imprimeuses en particulier sont disposées dans un panier et nettoyées par action mécanique (pulvérisation du mélange en recirculation à travers des buses).

Compte tenu du classement assez récent de la NMP comme composé CMR (R61[1]) et du risque associé à son utilisation (en particulier les risques liés à l'exposition des travailleurs), la société B&K a travaillé sur la substitution de ses solvants de nettoyage.

1. Correspondance dans le règlement CLP : classe de danger Repr.1A et mention de danger H360D (toxicité avérée pour la reproduction humaine).

## Caractéristiques des rejets

En 2011, les consommations en solvants de nettoyage sont environ les suivantes :
- Méthoxypropanol : 29 t ;
- Alcool isopropylique : 0,8 t ;
- Acétate d'éthyle : 112 t ;
- NMP : 2 t.

## Technologie mise en œuvre

### Des essais avec un produit alternatif non organique et non volatil très rapidement concluants, sans modification du process.

En 2011, le fournisseur de NMP propose une solution alternative à B&K. Après un rapide essai dans un seau qui s'est avéré très concluant, la société B&K a décidé de commander une quantité de produit suffisante pour faire l'essai directement dans un des bacs de dégraissage du site.

En parallèle, un essai manuel de nettoyage des encres a aussi été réalisé avec ce même produit et il a été constaté que sa puissance de décapage permettait aussi de répondre à cette application.

Sur la base de ces constats, il a alors été décidé :
- de généraliser l'utilisation du produit sur l'ensemble des bacs de trempage et de supprimer totalement l'utilisation de la NMP sur le site,
- d'utiliser le produit dans la machine à laver les encres en substitution du mélange inflammable.

L'opération complète a été menée en deux semaines sur le site. Aucune modification de process n'a été nécessaire puisque le produit est mis en œuvre à l'identique des précédents, à savoir :
- au trempé pour le nettoyage des colles ;
- dans la machine à laver existante pour le nettoyage des encres.

Le produit mis en œuvre est un produit organique non COV et très peu volatil. Il permet de remplacer des solvants chlorés et la NMP. Il possède une haute capacité de solubilisation et est non étiqueté d'un point de vue hygiène, sécurité et environnement.

## Bilans

### Une plus grande performance du produit de substitution

Le premier constat concerne la qualité de dégraissage qui est meilleure qu'avec les anciens solvants utilisés que ce soit au trempage ou par pulvérisation. Aucun investissement matériel n'a été nécessaire pour cette opération, même si l'obsolescence de la machine à laver devrait amener le site de B&K à la remplacer prochainement (projet d'environ 100 k€).

### Un risque d'exposition nul et de nouvelles possibilités pour l'organisation du personnel

Le second point majeur est la suppression totale de l'utilisation de la NMP sur le site et donc la réduction significative du risque d'exposition du personnel (il n'y en a plus avec le nouveau produit). Au préalable, une seule personne était habilitée pour intervenir au niveau des bacs de trempage, ce qui n'est plus le cas aujourd'hui.

## Un surcoût d'achat compensé

Bien qu'elle ne soit pas encore facilement quantifiable, la substitution a aussi permis de réduire les émissions totales de COV du site de l'ordre de 10 %. Ceci est en particulier lié au fait que le nouveau produit n'est pas volatil comparés aux anciens utilisés (en particulier l'acétate d'éthyle qui est essentiellement mis en œuvre au niveau de la machine à laver).

Cette limitation de l'évaporation permet de limiter les quantités consommées et donc de compenser en partie le surcoût lié à son achat (environ 1,5 à 2 fois plus cher que les anciens produits).

## Une meilleure sécurité

En complément, il peut être noté qu'au niveau de la machine à laver, la zone ATEX (Atmosphère explosive) qui existait compte tenu des produits mis en œuvre a disparue. Le risque incendie/explosion sur le site est réduit.

Pour autant, le nouveau produit ne pourra pas remplacer certains solvants de nettoyage mis en œuvre directement sur les lignes de production. Ces derniers doivent effectivement s'évaporer rapidement pour garantir un bon fonctionnement des installations.

*Nous avons eu la chance de trouver un produit sans phrase de risque et non volatil qui a de suite répondu parfaitement à nos besoins en termes de dégraissage.*

*Dès les premiers essais, cela a fonctionné et nous avons étendu son application à la machine à laver, alors que ce n'était pas prévu au départ. Nous sommes très satisfaits de la qualité des dégraissages et de la disparition de la NMP sur le site.*

*L'ouverture au changement, la réalisation d'essais pour tester de nouveaux produits sont les éléments-clés d'une telle opération. La force d'une structure de moyenne dimension comme la nôtre est la réactivité de la direction par rapport aux propositions du service R&D. Les anciens produits ont ainsi pu être remplacés en un temps record !*

*Ioan Bertin, Responsable R&D et HSE*

# 13 Substitution des peintures solvantées pour trains par des peintures hydrodiluables

## Fiche identité de l'entreprise

- **SNCF (branche matériel)**, revêtement sur support métal
- **Témoignage :** Thierry Guenard, Animateur de la commission peinture SNCF (thierry.guenard@sncf.fr)
- **Activité de l'établissement :** la Société nationale des chemins de fer français (SNCF) est une entreprise publique française opérant dans le transport ferroviaire. La SNCF exploite environ 32 000 km de lignes. Elle fait circuler en moyenne 14 000 trains par jour et transporte 1 milliard de personnes par an.

  La « branche matériel roulant » de la SNCF s'occupe de tout ce qui concerne les matériels roulants au niveau des différentes entités de la SNCF. Au sein de cette branche, est présente la commission peinture dont le travail concerne l'ensemble des sujets associés à la peinture : produits, process, formations, installations, documentations et projets de recherche.
- **Effectif du site :** 160 000
- **Adresse :** 2, rue Aristide Briand
  10100 Romilly Sur Seine

## Enjeux et démarches

**Une double motivation pour la substitution des peintures solvantées : santé au travail et réglementation environnementale**

Les opérations de peinture au niveau des voitures (wagons, motrices) sont réalisées pièce par pièce dans des cabines d'application. Avec l'utilisation des produits solvantés, les couches successives appliquées sont les suivantes : sous-couche, base colorée puis vernis.

Compte tenu de la réglementation en vigueur d'une part (valeurs limites d'émission) dépassées sur certains sites) et du souhait d'un travail sur le passage aux produits hydrodiluables d'autre part, un projet complet a été lancé au sein de la SNCF pour travailler sur la substitution des produits solvantés.

Au démarrage du projet, il a été mis en évidence l'absolue nécessité d'intégrer l'aspect toxicologique à la démarche. Effectivement, certains produits de substitution envisagés au départ contenaient des produits nocifs (éther de glycol par exemple).

Il a donc été décidé de lancer un projet de recherche pour la substitution des produits solvantés par des produits hydrodiluables, en tenant compte dès le départ de l'ensemble des contraintes en réunissant les différents acteurs concernés :

- la médecine du travail, pour ce qui concerne les aspects toxicologiques des produits utilisés ;
- le service environnement de la SNCF, pour les aspects réglementaires (REACH, limites d'émission, etc.) ;
- le client interne, pour les aspects liés aux contraintes du produit fini (nettoyabilité du produit fini et anti graffitis).

## Caractéristiques des rejets

Avant le projet de substitution, les émissions globales annuelles en acétate de butyle (solvant très majoritairement utilisé) étaient de l'ordre de 400 tonnes par an.

En fonction des sites, les VLEc applicables étaient parfois dépassées. En moyenne, une concentration de l'ordre de 150 mg/m$^3$ était constatée au niveau des rejets.

## Technologie mise en œuvre

### Une même exigence de qualité avec des produits hydrodiluables

Le travail de recherche a consisté à développer une gamme de produits hydrodiluables intégrant l'ensemble des contraintes Qualité, Hygiène, Sécurité et Environnement. Le cahier des charges proposé aux fournisseurs de produits solvantés de la SNCF n'a pas été modifié pour les produits hydrodiluables. Les résultats attendus au niveau des différents essais (choc, abrasion, tenu au vieillissement accéléré, etc.) sont restés les mêmes que pour les produits solvantés.

### Des solutions pour intégrer les changements nécessaires sans modifier les installations existantes sur les différents sites concernés de la SNCF

Le projet de recherche qui a été lancé concerne tous les établissements de la SNCF et de très nombreux essais ont été réalisés sur différents sites (Lilles, Strasbourg, Lyon, Nevers, etc.). Dans la mesure où les installations présentes sur les sites sont différentes, les essais ont souvent été menés dans des contextes variés (mode d'application, durée de séchage, etc.). Effectivement, dans le cadre du projet, il n'était pas envisagé de réaliser des modifications sur les installations existantes mais d'appliquer les produits hydrodiluables dans la même configuration que les produits solvantés.

Pour autant, puisque les contraintes liées à l'application des produits hydrodiluables sont différentes (hygrométrie et temps de séchage en particulier), il a été nécessaire de trouver des adaptations permettant leur application dans les mêmes installations. Le développement d'une gamme de sous couche teintée permet de s'affranchir de l'application d'une base avant l'étape de vernis. Ce gain de temps est alors disponible pour le séchage des produits hydrodiluables.

### Des techniques de peintures différentes impliquant une formation des applicateurs

Les seuls investissements réalisés correspondent aux études et au temps nécessaire à la formation des applicateurs car les techniques de peinture sont très différentes avec les produits hydrodiluables. Les anciennes installations d'application ont été conservées.

Dans le cas où des installations devaient être remplacées pour des questions d'obsolescence, elles ont directement intégré dans leur conception le fait de pouvoir appliquer les peintures de la nouvelle gamme.

Concernant les outillages (pistolets et pompes en particulier), il n'y a pas réellement eu d'investissement puisqu'ils ont été pris en compte dans les budgets de renouvellement habituel des matériels.

### Une prolongation de la démarche sur les systèmes de collecte des effluents de rinçage

Le projet de substitution a débuté réellement en 2005 et a duré environ trois ans (réalisation des formulations laboratoire, essais laboratoire et tests grandeur nature) sachant que quelques essais préliminaires avaient été menés entre 2000 et 2005.

Suite au travail de développement d'un nouveau solvant non volatil (limitant ainsi l'usage des solvants organiques), de nouveaux projets sont en cours. Il s'agit en particulier de l'installation de systèmes de collecte des effluents générés lors des opérations de rinçage et du tri de ces déchets (séparation de l'eau, du solvant de nettoyage non volatil et des résidus de peinture). L'objectif est de réduire les quantités de déchets ultimes par 100 environ.

## Bilans

### Un bilan technique positif

Aujourd'hui l'utilisation des produits hydrodiluables est généralisée sur l'ensemble des sites de la SNCF. Toute les nouvelles formulations son réalisées en hydrodiluables et sont contrôlées par la médecine du travail afin de garantir qu'il n'y a plus de produit nocif dans les formules.

Côté performance, la qualité du produit fini est satisfaisante (identique à celle obtenue avec les produits solvantés) et les objectifs fixés dans le cahier des charges sont donc respectés. Les industriels du secteur (Alstom et Bombardier) appliquent aujourd'hui ces produits développés par la SNCF.

En termes de consommation énergétique pour l'application et le séchage des produits, le bilan global est identique à la situation avec les produits solvantés. Sur certains sites, le séchage est allongé mais ne nécessite plus d'étuvage (il se fait la nuit à 18 °C). Dans d'autres cas, il est nécessaire de chauffer un peu plus longtemps qu'avant.

### Des conditions de travail nettement améliorées

En ce qui concerne la santé des opérateurs, la réduction de l'impact est importante avec la suppression des produits nocifs et irritants dans les formulations. Les opérateurs ne souhaitent en aucun cas revenir à la situation antérieure (cela est même compliqué quand, pour des raisons d'urgence ou de stock, il est ponctuellement nécessaire de refaire quelques applications mettant en œuvre les produits solvantés).

Depuis l'utilisation des produits hydrodiluables, les odeurs ont disparu, à tel point qu'il est nécessaire de refaire de la prévention pour que les opérateurs conservent leurs EPI (Équipements de protection individuel).

## Des surcoûts compensés

Les produits hydrodiluables sont plus coûteux que les produits solvantés mais ce surcoût est en partie compensé par la réduction des consommations liée à la suppression de la couche de base par une sous couche teintée. De plus, il n'est pas nécessaire de mettre en place un système de traitement des effluents qui serait bien plus cher.

## Réduction des émissions totales et de la concentration pour les produits co-solvants

Les émissions globales de la SNCF en France ont été réduites de 400 tonnes environ. Les 7 % de co-solvants présents dans le produit génèrent quelques émissions à l'atmosphère mais elles sont faibles par rapport à la situation initiale (la concentration mesurée est passée à 30 mg/m$^3$ en moyenne contre 150 auparavant).

*L'opération est concluante puisque les produits sont appliqués sur tous les sites.*

*Il est vrai que cela prend du temps pour pouvoir tenir compte de tous les paramètres (toxicologiques, environnementaux, production, formation du personnel...). Pourtant il est nécessaire d'avancer de manière globale et ne pas travailler que sur le produit car il ne faut pas seulement développer un produit hydrodiluable mais un produit hydrodiluable sur un site donné : process, installations, compétences...*

*Thierry Guenard, Animateur*

# 14 Substitution des vernis solvantés pour le bois

## Fiche identité de l'entreprise

- **SIMIRE**, application sur support
- **Témoignage :** Philippe Lacharnay, Directeur général
- **Activité de l'établissement :** créée en 1946 à Mâcon, la société SIMIRE est spécialisée dans la fabrication et le commerce de mobilier (notamment des chaises et des tables) à destination d'établissements scolaires, de collectivités et d'administrations. Soucieuse de diminuer ses impacts environnementaux, l'entreprise a souhaité remplacer ses vernis traditionnels par une application à base de poudre époxy, une résine qui durcit à la chaleur et qui évite ainsi les émissions de COV.
- **Adresse :** 862, Rue de Crais
  71000 Mâcon

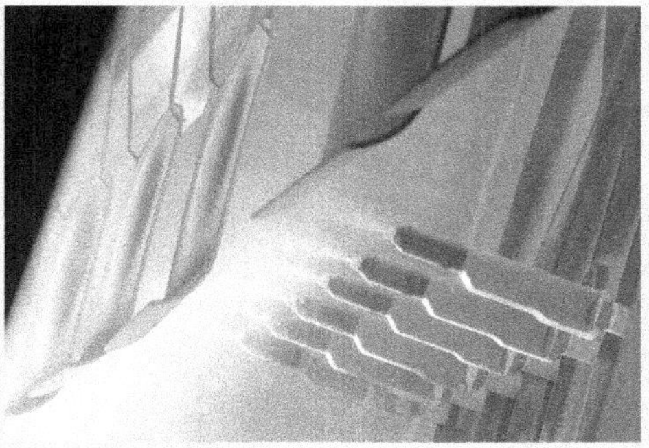

## Enjeux et démarches

### La suppression du polyuréthane : un enjeu important dans une démarche environnementale d'entreprise cohérente.

Les chaises que réalise SIMIRE pour le compte des établissements scolaires possèdent une assise et un dossier en multiplis de hêtre, façonnés et vernis pour avoir une couche de protection permettant de prolonger leur durée de vie. Or les produits traditionnellement utilisés pour le vernissage (vernis polyuréthane) contiennent des composés organiques volatils (COV).

Avec une production de plus de 600 000 chaises par an, l'enjeu pour l'entreprise SIMIRE est très important car l'utilisation de vernis polyuréthane contenant des solvants occasionne précisément des émissions de COV.

La société SIMIRE s'est engagée depuis plusieurs années dans une démarche de développement durable et a notamment obtenu les certifications NF Environnement et Programme européen des forêts certifiées (PEFC). Elle a également intégré l'éco-conception en travaillant sur le transport et la distribution de sa production, la gestion et l'utilisation de solvants, le choix des matières premières ou la durée de vie de ses produits.

## Caractéristiques des rejets

Avant réduction des émissions, les quantités de solvants annuellement utilisées sur le site étaient de 30 tonnes environ. Parmi cette utilisation, 39 % (soit environ 13 tonnes) correspondait aux vernis polyuréthanes.

À cela, il est nécessaire d'ajouter environ 10 tonnes de solvants associés à l'utilisation de vernis chez des sous-traitants réalisant pour SIMIRE la même activité d'application.

## Technologie mise en œuvre

### Nouveau produit, nouvelle technique d'application : revêtement en poudre et durcissement par réticulation UV

L'entreprise SIMIRE a sollicité ses fournisseurs, les sociétés Dupont de Nemours et Cefla, afin, d'une part, de valider la fiabilité d'un produit remplaçant les vernis polyuréthane et, d'autre part, de déterminer le process technique à employer. Les recherches ont abouti à la mise au point d'un nouveau système baptisé le Blue Protech. Le nouveau produit est une poudre conforme au référentiel de la marque NF Environnement. Cette poudre ne contient pas de solvant et ne rejette pas de COV lors de son application, ni lors de son utilisation. D'un aspect légèrement grainé, la finition résiste aux rayures, à l'abrasion, aux chocs, aux rayons ultra-violets et au brouillard salin. Pour le procédé d'application, c'est la technologie dite du « revêtement en poudre durcissement par réticulation UV » qui a été retenue.

Cette technique consiste à préchauffer la chaise via des radiants infrarouges, puis à appliquer une seule couche de produit exempt de COV avant de soumettre la chaise à une courte cuisson (2 à 3 minutes) et à basse température (110 à 120 °C).

### Une part de produit évaporé qui passe de 40 à 5 % avec une protection nettement supérieure au vernis traditionnel

Le choix de ce procédé a conduit SIMIRE à réaménager son site de production, à effectuer des travaux et à se doter d'une nouvelle chaîne de peinture. Avec le système précédent, seulement 60 % du vernis utilisé était réellement appliqué sur les chaises, 40 % s'évaporant sous forme de COV. Avec ce nouveau système, le taux d'application de la poudre Epoxy monte à 95 % ce qui limite considérablement les émissions de COV et améliore ainsi les conditions de travail des employés.

La capacité de protection est de 3 à 4 fois supérieure à celle d'un vernis traditionnel et ne nécessite qu'une seule application.

## Bilans

### Une forte diminution des émissions sur le site et une élimination totale chez le sous-traitant

Le coût total de ce projet est de 632 k€, dont :

- Chaîne de peinture : 367 k€ ;
- Aménagement du bâtiment : 265 k€.

Les émissions annuelles en COV sur le site ont été réduites de 23 tonnes par an (13 tonnes sur le site et 10 tonnes chez les sous-traitants).

### Un surcoût « produit » compensé par une diminution du coût « main d'œuvre »

Le coût de la nouvelle matière utilisée est certes plus important (+58 %) que le coût du vernis traditionnel, mais en réduisant le nombre de manipulations, on constate une économie annuelle sur le coût de la main d'œuvre qui permet de compenser ce surcoût.

Enfin, les conditions de travail ont été améliorées : les salariés sont moins exposés aux émissions de COV et l'application de la poudre Epoxy est moins contraignante.

*Les efforts que nous avons déployés pour réduire nos composés organiques volatils ont été récompensés par le prix Entreprises Environnement qui nous a été décerné par le Ministère en charge de l'écologie et l'ADEME en 2010 (catégorie Technologies économes et propres). Cette distinction est importante pour nos clients car elle valorise notre capacité d'innovation. Mais elle consacre surtout un travail commun associant nos fournisseurs qui ont participé à l'élaboration de la solution et nos personnels qui se sont formés, adaptés, et qui la mettent en œuvre au quotidien.*

*Philippe Decharnay, Directeur général*

# Glossaire des sigles

| Sigle | traduction |
|---|---|
| ADEME | Agence De l'Environnement et de la Maîtrise de l'Énergie |
| AFPIA | Association pour la Formation Professionnelle dans les Industries de l'Ameublement |
| ANR | Agence Nationale de la Recherche |
| BATAEL | Best Available Technique Association Emission Level |
| BREF | Best available technique REFerence document |
| BTEX | Benzène, Toluène, Éthylbenzène, Xylènes |
| CCNUCC | Commission Économique pour l'Europe des Nations Unies pour les Changements Climatiques |
| CE | Communauté Européenne |
| CEE | Communauté Économique Européenne |
| CEE-NU | Commission Économique pour l'Europe des Nations Unies |
| CETIAT | Centre Technique des Industries Aérauliques et Thermique |
| CETIM | Centre Technique des Industries Mécaniques |
| CFC | Chlorofluorocarbure |
| CITEPA | Centre Interprofessionnel Technique d'Études de la Pollution Atmosphérique |
| CIR | Crédit Impôt Recherche |
| CIRAD | Centre de Coopération International en Recherche Agronomique pour le Développement |
| CLP | Classification Labelling and Packaging |
| CMR | Cancérigène Mutagène Reprotoxique |
| CNIDEP | Centre National d'Innovation pour le Développement durable et l'Environnement dans les Petites entreprises |
| CORTEA | Appel à projets R&D Connaissances, Réduction à la source et Traitement des Émissions dans l'Air |
| COV | Composé Organique Volatil |
| COVNM | Composé Organique Volatil Non Méthanique |
| CREOL | Centre de Recherche et Développement pour la transformation des graines oléagineuses |
| CTC | Comité Professionnel de Développement Cuir Chaussure Maroquinerie |
| CTDEC | Centre Technique du DÉColletage |
| CTIF | Centre Technique des Industries de la Fonderie |
| CTTN - IREN | Centre Technique et Institut de Recherche sur l'Entretien et le Nettoyage |
| DCO | Demande Chimique en Oxygène |
| DGT | Direction Générale du Travail |
| DSD/DPD | Dangerous Preparation Directive |
| EAC | Émission Annuelle Cible |
| EC | Émission Conventionnelle |
| EGTEI | Expert Group on Techno-Economic Issues |
| EPIC | Établissement Public à caractère Industriel et Commercial |
| ER | Émission de Référence |
| FCBA | Institut Technologique Forêt, Cellulose, Bois – Construction et Ameublement |
| FDS | Fiche de Données de Sécurité |

| Sigle | traduction |
|---|---|
| FED | Fédération de la Plasturgie |
| FEDIOL | Fédération Européenne de l'Industrie des huiles et tourteaux |
| FFPB | Fédération Française des Pressings et Blanchisseries |
| FIPEC | Fédération des Industries des Peintures, Encres, Couleurs, colles et adhésifs |
| FT | Fiche Toxicologique |
| FNAA | Fédération Nationale de l'Artisanat Automobile |
| GNCR | Groupement National des Carrossiers Réparateurs |
| HCFC | Hydrochlorofluorocarbures |
| HFC | Hydrofluorocarbures |
| ICPE | Installations Classées pour la Protection de l'Environnement |
| IED | Industrial Emission Directive |
| INERIS | Institut National de l'Environnement Industriel et des Risques |
| INRA | Institut National de la Recherche Agronomique |
| INRS | Institut National de Recherche et de Sécurité |
| IPA | Isopropanol |
| IPPC | Integrated Pollution Prevention and Control |
| ITERG | Centre technique des corps gras |
| JO | Journal Officiel |
| JOUE | Journal Officiel Union Européenne |
| LIE | Limite Inférieure d'Explosivité |
| MEC | Méthyléthylcétone |
| MTD | Meilleure Technique Disponible |
| NEC | National Emission Ceilings |
| PCE | Perchloroéthylène |
| PCI | Pouvoir Calorifique Inférieur |
| PCOP | Potentiel de Création d'Ozone Photochimique |
| PGS | Plan de Gestion des Solvants |
| PIB | Produit Intérieur Brut |
| PNSE | Plan National Santé Environnement |
| RDI | Recherche, Développement et Innovation |
| REACH | Registration, Evaluation, Autorisation and restriction of CHemicals substances |
| SECTEN | SECTeurs Economiques et ENergie |
| SGH | Système Général Harmonisé |
| SME | Schéma de Maîtrise des Émissions |
| SNCP | Syndicat National du Caoutchouc et des Polymères |
| SNFBM | Syndicat National des Fabricants de Boîtes, emballages et bouchages Métalliques |
| SNIEBA | Système National d'Inventaires d'Émissions et de Bilans dans l'Atmosphère |
| UNIC | Union Nationale de l'Imprimerie et de la Communication |
| UNIFA | Union des Industries Françaises de l'Ameublement |
| UTCF | Utilisation des Terres, leur Changement et la Forêt |
| UV | Ultra-Violets |
| VLEP | Valeur Limite d'Exposition Professionnelle |
| VLE VLEc VLEd | Valeur Limite d'Émission canalisée / diffuses |

# Glossaire des termes

## A

**Absorption**
Propriété présentée par les solides ou les liquides de retenir certains gaz ou liquides dans la totalité de leur volume. Dans le cadre du traitement d'effluent gazeux le transfert de masse d'un composé, se fait ainsi de la phase gazeuse vers la phase liquide.

**Adsorption/désorption**
Phénomène de surface par lequel des atomes ou des molécules de gaz ou de liquides (adsorbats) se fixent sur une surface solide (adsorbant) selon divers processus plus ou moins intenses.
La désorption constitue le phénomène inverse, par lequel les molécules adsorbées sur une surface s'en détachent, notamment sous l'action de l'élévation de la température, ou de la baisse de pression.

**Aérosols**
Particules en suspension dans l'air constituées de substances solides et/ou liquides, présentant une vitesse de chute négligeable. Minérales ou organiques, composées de matières vivantes (pollens...) ou non, grosses ou fines, les particules en suspension constituent un ensemble extrêmement hétérogène de polluants dont la taille varie de quelques dixièmes de nanomètres à une centaine de micromètres.

**Aliphatique (composé)**
Composé organique (carboné) acyclique ou cyclique, linéaire ou branché, saturé ou insaturé, à l'exclusion des composés aromatiques.

**Aromatique (composé)**
Composé chimique qui contient un système cyclique Exemple : cycles du type du benzène, avec 6 atomes de carbone formant un hexagone régulier et six électrons délocalisés tout autour du cycle.

**Autothermie**
Se dit dans le cadre du traitement par oxydation thermique ou catalytique d'un procédé qui fonctionne grâce à l'énergie dégagée par la réaction d'oxydation.

## B

**Batch**
Correspond à un lot de production. Dans le cadre de fabrication par série à l'inverse de fabrications unitaires.

**Biomasse**
Les produits composés d'une matière végétale agricole ou forestière susceptible d'être employée comme combustible en vue d'utiliser son contenu énergétique.

**Biotique**
Correspond à l'ensemble des interactions du vivant sur le vivant dans un écosystème.

## C

**Catalyse**
Action d'une substance appelée catalyseur sur une transformation chimique dans le but d'augmenter sa vitesse de réaction. Le catalyseur, qui est en général en quantité beaucoup plus faible que les réactifs, n'est pas consommé et est retrouvé inchangé à la fin de la réaction.

**Condensation**
Passage direct d'un corps de l'état gazeux à l'état liquide ou solide.

### Composé organique
Tout composé contenant au moins l'élément carbone et un ou plusieurs des éléments suivants : hydrogène, halogènes, oxygène, soufre, phosphore, silicium ou azote, à l'exception des oxydes de carbone et des carbonates et bicarbonates inorganiques.

### Composé organique volatil
Tout composé organique ainsi que la fraction de créosote ayant une pression de vapeur de 0,01 kPa ou plus à une température de 293,15 K ou ayant une volatilité correspondante dans des conditions d'utilisation particulières.

## D

### Désorption
Voir Adsorption.

## E

### Émission
Rejet direct ou indirect, à partir de sources ponctuelles ou diffuses de l'installation, de substances, de vibrations, de chaleur ou de bruit dans l'air, l'eau, le sol.

### Émissions canalisées
On considère comme canalisées des émissions continues et raccordées à une cheminée permettant une mesure en continu.

### Émissions diffuses
Les émissions diffuses correspondent à toutes les émissions de COV dans l'air, le sol et l'eau, qui n'ont pas lieu sous la forme :
- d'émissions canalisées (et abattue dans les cheminées) ;
- de produits solvantés ;
- de produits vendus dans des préparations fermées hermétiquement.

### Émissions totales
Correspondent aux émissions canalisées et aux émissions diffuses.

## H

### Halogène
Le terme halogène désigne les éléments chimiques de la 17$^{e}$ colonne du tableau périodique. Ces éléments chimiques sont : le fluor (F) le chlore (Cl), le brome (Br), l'iode (I) et l'astate (At).

### Hydrocarbure
Un hydrocarbure (HC) est un composé organique contenant exclusivement des atomes de carbone (C) et d'hydrogène (H).

### Hydrocarbure halogéné
Les hydrocarbures halogénés sont des composés organiques dont les molécules contiennent au moins un atome d'halogène.

## I

### Installation
On entend dans ce guide par installation, selon les cas, toute machine considérée individuellement ou bien l'ensemble d'un site industriel donné.

## M

### Meilleure Technique Disponible (MTD)
Stade de développement le plus efficace et avancé des activités et de leurs modes d'exploitation, démontrant l'aptitude pratique de techniques particulières à constituer la base des valeurs limites d'émission et d'autres conditions d'autorisation visant à éviter et, lorsque cela s'avère impossible, à réduire les émissions et l'impact sur l'environnement dans son ensemble.

## O

### Oxydateur
Équipement où se déroule l'oxydation (thermique ou catalytique). Appelé aussi inciné-

rateur. Il comprend entre autre les colonnes de stockage et canalisations pour l'arrivée de l'effluent à traiter et une chambre de combustion.

### Oxydation

Processus de conversion, en présence d'oxygène, des COV en dioxyde de carbone ($CO_2$), en eau ($H_2O$) et éventuellement, différents sous-produits d'oxydation. Elle peut être thermique, catalytique ou biologique.

## P

### Perte de charge

En hydraulique, la perte de charge correspond à l'énergie dissipée par le frottement du liquide. Cette énergie doit être compensée afin de permettre au liquide de se déplacer. On l'exprime couramment sous la forme d'une pression (on l'appelle aussi delta P), bien qu'elle soit en fait représentative d'une dissipation d'énergie et qu'elle apparaisse dans l'équation de Bernoulli comme une hauteur de colonne d'eau.

### pH (potentiel Hydrogène)

Il mesure l'activité chimique des ions hydrogènes ($H^+$) et détermine l'acidité ou la basicité d'une solution. Ainsi, dans un milieu aqueux à 25 °C :

- une solution de pH = 7 est dite neutre;
- une solution de pH < 7 est dite;
- une solution de pH > 7 est dite basique basique.

### Photochimique

Réaction chimique provoquée par la lumière. La pollution photochimique, aussi appelée photo-oxydante, est causée par la transformation de polluants primaires, des précurseurs chimiques, en espèces oxydantes sous l'effet des rayonnements solaires.

En présence d'ultra-violets, les réactions photochimiques transforment oxydes d'azotes (NOx) et composés organiques volatils (COV) en ozone troposphérique ($O_3$) et d'autres composés oxydants.

### Photosynthèse

La photosynthèse est le processus qui permet aux plantes de synthétiser de la matière organique en exploitant la lumière du soleil. La photosynthèse est la principale voie de transformation du carbone minéral en carbone organique.

### Point de rosée

Le point de rosée (ou température de rosée) est une donnée thermodynamique caractérisant l'humidité dans un gaz. Le point de rosée de l'air est la température à laquelle la pression partielle de vapeur d'eau est égale à sa pression de vapeur saturante. Il s'agit donc de la température à laquelle il faut refroidir un volume d'air, à pression et humidité constantes, pour qu'il devienne saturé.

### Point d'auto-inflammation (ou d'auto-ignition)

Température à partir de laquelle une substance s'enflamme spontanément en l'absence de flamme pilote. À ne pas confondre avec le :

- point d'inflammation : température pour laquelle la combustion une fois amorcée peut continuer;
- point d'éclair : température pour laquelle un liquide produit suffisamment de vapeurs pour qu'elles s'enflamment momentanément en présence d'une source d'énergie calorifique conventionnelle.

### Point triple

Le point triple est, en thermodynamique, un point du diagramme de phase qui correspond à la coexistence de trois états (liquide, solide et gazeux) d'un corps pur. Il est unique et s'observe seulement à une température et une pression données.

### Polluant primaire

Polluant de l'air émis directement par une source donnée.

### Polluant secondaire

Polluant qui n'est pas émis directement en tant que tel, mais se forme lorsque d'autres polluants (polluants primaires) réagissent dans l'atmosphère, le plus souvent sous l'effet de la lumière du soleil (exemple de l'ozone qui se forme à partir d'hydrocarbures (HC) et des oxydes d'azote (NOx), ou bien du dioxyde d'azote ($NO_2$) qui se forme à partir de monoxyde d'azote (NO) en réaction avec l'oxygène de l'atmosphère).

**Polymérisation**
La polymérisation désigne la réaction chimique ou le procédé par lesquels des molécules de bas poids moléculaires (par exemple des hydrocarbures de 2 à 10 atomes de carbone) réagissent entre elles pour donner des molécules de poids moléculaires dix, cent ou des millions de fois plus grands. Dans cette définition, les molécules de bas poids moléculaires sont les monomères et celles de poids moléculaire élevés sont des polymères.

**Pression de vapeur saturante**
Pression à laquelle un fluide passe de l'état gazeux à l'état liquide (ou de l'état liquide à gazeux) pour une température donnée.

## R

**Radicaux**
En chimie, le terme est utilisé en deux sens proches mais distincts :
On parle de radical ou radical libre pour désigner un atome ou une molécule qui possède un électron non-apparié.
Un radical peut aussi désigner un groupement fonctionnel au sein d'une molécule organique, les électrons formant cette fois une liaison covalente avec le reste de la molécule

**Revêtement**
Toute préparation, y compris tous les solvants organiques ou préparations contenant des solvants organiques nécessaires pour une application adéquate, utilisée pour obtenir un film (couche continue résultant d'une ou de plusieurs applications de produit sur un support) ayant un effet décoratif, un effet protecteur ou tout autre effet fonctionnel sur une surface.

## S

**Solvant organique**
Tout composé organique volatil utilisé pour l'un des usages suivants :
- seul ou en association avec d'autres agents, sans subir de modification chimique, pour dissoudre des matières premières, des produits ou des déchets;
- ou utilisé comme agent de nettoyage pour dissoudre des salissures, dissolvant, dispersant, correcteur de viscosité, correcteur de tension superficielle, plastifiant, agent protecteur.

**Source fixe**
Les émissions de composés organiques volatils peuvent provenir de plusieurs sources telles que l'industrie (utilisation de solvants organiques, chimie, stockage d'hydrocarbures...) ou les transports.
Dans ce guide, seules les émissions industrielles issues d'installations fixes sont abordées et non celles provenant de sources mobiles tels les transports.

**Substance**
Tout élément chimique et ses composés, tel qu'il se présente à l'état naturel ou tel qu'il est obtenu par tout procédé de production, contenant éventuellement tout additif nécessaire pour préserver la stabilité du produit et toute impureté résultant du procédé.

**Stratosphère**
La stratosphère est la seconde couche de l'atmosphère terrestre, se situant au-dessus de la troposphère et sous la mésosphère. La stratosphère est située entre 8 et 20 km d'altitude pour sa limite inférieure (tropopause) et 40 à 60 km d'altitude pour sa limite supérieure (stratopause) par rapport à la surface

de la Terre et selon sa latitude sur le globe (entre 12 et 50 km d'altitude en moyenne).

## T

### Technique émergente

Technique nouvelle pour une activité industrielle, qui, si elle est développée à l'échelle commerciale, pourrait permettre soit d'atteindre un niveau général de protection de l'environnement plus élevé, soit d'atteindre au moins le même niveau de protection de l'environnement et de réaliser des économies plus importantes que les Meilleures Techniques Disponibles (MTD) recensées.

### Teneur en COV

Masse de composés organiques volatils, exprimée en grammes/litre (g/l) dans la formulation du produit prêt à l'emploi. La masse de COV dans un produit donné, qui subissent une réaction chimique au séchage pour former le revêtement, n'est pas considérée comme faisant partie de la teneur en COV.

### Toit flottant

Les réservoirs de stockage des hydrocarbures, généralement de forme cylindrique, sont de deux types :

- les réservoirs à toit fixe, utilisés pour le stockage d'huile non stabilisée (c'est-à-dire de pétrole comportant encore des hydrocarbures volatils pouvant dégazer). Il existe deux types de toits fixes, les toits de formes coniques et les toits en forme de dôme (sphérique ou ellipsoïdal) ;
- les réservoirs à toit flottant (simple pont ou double ponts), utilisés pour le stockage d'huile stabilisée (ne présentant pas de risque de dégazage). Le toit flotte sur le produit stocké et fait étanchéité avec la robe du réservoir au moyen d'un joint.

### Toxicité aiguë

Effet nocif induit par l'administration d'une dose unique et massive de toxique sur un temps très court

### Toxicité chronique

Effet nocif résultant de doses répétées d'un toxique à faible dose sur une longue période

### Troposphère

Partie de l'atmosphère terrestre située entre la surface du globe et une altitude d'environ 8 à 15 km, selon la latitude et la saison. Elle est plus épaisse à l'équateur qu'aux pôles. Cette couche atmosphérique représente environ 80 % de la masse totale de l'atmosphère, elle est importante car on y trouve l'air qu'on respire.

En moyenne, la température diminue avec l'altitude, à peu près de 6,4 °C tous les 1 000 mètres. On trouve dans cette couche la plupart des phénomènes météorologiques. C'est donc dans cette couche que le cycle de l'eau peut se développer, on y trouve une masse importante de vapeur d'eau ($H_2O$).

C'est également elle qui récupère les gaz issus de l'activité terrestre : dioxyde de carbone ($CO_2$), méthane ($CH_4$) oxyde nitreux ($N_2O$), monoxyde de carbone (CO), ozone ($O_3$), sulfates ($SO_4$), dioxyde d'azote ($NO_2$), radical hydroxyle (OH).

## V

### Valeur limite d'émission (VLE)

Masse exprimée en fonction de certains paramètres spécifiques, la concentration, et/ou le niveau d'une émission, à ne pas dépasser au cours d'une ou de plusieurs périodes données.

- Valeur limite d'émission canalisée (VLEc) : concerne les valeurs limites d'émission provenant de sources canalisées.
- Valeur limite d'émission diffuse (VLEd) : concerne les valeurs limites d'émission provenant de sources diffuses.

### Valeur limite d'exposition professionnelle (VLEP)

La valeur limite d'exposition professionnelle à un produit chimique représente la concentration dans l'air que peut respirer une personne pendant un temps déterminé. Elle vise à protéger des effets néfastes pour la santé liés à l'exposition des salariés au produit considéré. La valeur est exprimée en volume (ppm ou partie par million), en poids ($mg/m^3$) ou en fibres par unité de volume ($f/m^3$).

C'est le ministère chargé du Travail qui a pour mission de fixer ou faire évoluer ces valeurs : il s'appuie pour cela sur des évaluations scientifiques faites par l'ANSES et consulte les partenaires sociaux avant de les mettre en application.

- VLEP contraignante : le respect de ces valeurs est une obligation minimale pour l'employeur. Leur non-respect expose à des sanctions. Elles sont fixées par décret en Conseil d'État et intégrées au Code du travail (article R. 4412-149) : poussières de bois, amiante, benzène, chlorure de vinyle, plomb, quartz.
- VLEP indicatives : ces valeurs réglementaires établissent un objectif minimal de prévention à atteindre. Elles sont fixées par arrêté (en application de l'article R. 4412-150 du Code du travail).

**Volucompteur**

Appareil de mesure et de distribution de liquide qui fait apparaître automatiquement les une quantité débitée et le prix à payer.

## En savoir plus

- Directive 2004/42/CE relative à la réduction des émissions de composés organiques volatils dues à l'utilisation de solvants organiques dans certains vernis et peintures et dans les produits de retouche de véhicules, et modifiant la directive 1999/13/CE / Article 2 Définitions.
- Directive IED 2010/75/UE Article 3 Définitions relative aux émissions industrielles (prévention et réduction intégrées de la pollution).

# Index


A

Absorption 121, 125, 180, 200
Acétaldéhyde 15
Acétate de butyle 212, 218, 248
Acétate de méthyle 15
Acétate d'éthyle 140, 159, 193, 208, 244
Acéthylène 15
Acétone 15, 38, 151, 159, 218, 233
Acétylène 38
Acrylonitrile 158
ADEME 90, 91, 92, 242
Adhésif 14
Adsorption 121, 133, 179, 200
Agence nationale de la recherche (ANR) 91
Aide à la décision 90
Aide financière 88
Air
  extérieur 43
  intérieur 45
  traitement 100
Alcane 31
Alcène 31
Alcool 31
Alcool isopropylique 233, 244
Ammoniac 64
Ampoule en verre 200
Analyse (méthode) 191
Analyseur infrarouge à transformée de Fourier (FTIR) 191, 195
Appel à projets 89
Aromatique 31
Arrêté
  du 1er mars 1993 83
  du 2 février 1998 75
  du 3 octobre 2010 83
  du 4 septembre 1986 82
  du 8 décembre 1995 83
  du 17 mai 2001 83
  du 22 juin 1998 83
Atmosphère 35
Atmosphère explosive (ATEX) 231, 246
Autorisation (installation soumise à) 75
Autosurveillance 190, 192
Autothermie 158, 159
Azote 14, 34, 159

B

Bactérien (lit) 170
Barbotage 199
BATAEL (Best Available Technique Associated Emission Level) 71
Benzène 15, 38, 47, 83, 158
Biodégradation 167, 180
Biofiltre 168, 208, 214
Biolaveur 171, 208, 215
Biologique
  régénération 140
  traitement 167, 180, 207, 214
Biomasse 168, 170
Biosolvant 230, 241
Bois 220
BREF (Best available technique Reference document) 71
Brome 159
BTEX (benzène, toluène, éthylène, xylène) 88, 179
Bureau d'études 90
Butane 38
Butanol 212, 237
Butoxyéthanol 237

C

Cancérogène 47, 52, 53
Carbone 14
Catalyse 160, 179, 186
Catalyseur 160, 182
  désactivation 161
  régénération 161
Catalytique (oxydation) 160, 179, 182
Catégorie de danger 50
Centrale de traitement d'air (CTA) 218
Centre interprofessionnel technique d'études de la pollution atmosphérique (CITEPA) 17, 21
Céramique 127
Certification 94
Chaîne de distribution de l'essence 84
Chambres consulaires 95
Chapman (cycle) 37
Charbon actif 140, 141, 142, 169, 214
Chimique
  régénération 140

Chlore 159
Chlorobenzène 158
Chlorofluorocarbone (CFC) 35
Chloroforme 158
Chlorure de méthylène 233
Chlorure de perchloroéthylène 233
Chlorure de vinyl 149
Chromatographe gazeux (CG) 195, 201
Chromatographie 191, 194, 199
Classe de danger 50
Classification des substances dangereuses 48
Climat 39
CLP (règlement) 48, 52, 55
CMR (cancérogène, mutagène, reprotoxique) 47, 52, 244
  classification 55
CNIDEP (Centre national d'innovation pour le développement durable et l'environnement dans les petites entreprises) 95
Code du travail 53
Coefficient de réponse 193
Cofinancement 93
Colle 14
Colonne
  à garnissage 127
  à plateaux 128
  à pulvérisation et atomisation 129
Composés halogénés 31, 159, 161, 190
Concentrateur à roue Rotor 137
Concentration 119, 125, 143, 147, 148, 159, 168, 183, 193, 212
Condensation 121, 142
Conditions de travail 96, 116, 183, 210, 249, 253
Conseils de prudence 51
Conteneur métallique 201
Conteneur mobile 104
Contrôle 132
Contrôle périodique 190, 199
Coût 132, 141, 146, 150, 215, 228, 238, 246, 250, 253
  de fonctionnement 100, 120, 187
  d'entretien 187
  d'exploitation 115, 141, 146
  d'investissement 100, 115, 120, 141, 146, 218, 221
COV
  spécifiques 76, 190, 194, 199
  totaux (COVT) 76, 192, 198, 199
Crédit bail 94
Crédit impôt recherche (CIR) 94
Cutané (contact) 45, 54
Cycle de Chapman 37
Cyclohexanone 135

D

Débit 115, 119, 125, 142, 147, 148, 168, 183, 212
Déchets 108
Déclaration (installation soumise à) 75
Décret
  2001-349 du 18 avril 2001 83
Dépressurisation 140
Désactivation 161
Désorption 139
Détecteur à conductibilité thermique (TCD) 191, 195, 202
Détecteur à ionisation de flamme (FID) 191, 192
Détecteur à photoionisation (PID) 191, 194
Dichlorométhane 15, 158, 224
Dimensionnement 118
Dioxine chlorée 159
Dioxyde de carbone 156, 207
Dioxyde de soufre 64
Dioxygène 36
Directive
  1994/63/CEE relative à la chaîne de distribution de l'essence 84
  1996/61/CE dite IPPC (Integrated Pollution Prevention and Control) 66
  1999/13/CE 66
  1999/13/CE Solvants (réduction des émissions de COV due à l'utilisation de solvants organiques) 70
  2001/81/CE dite NEC (National Emission Ceilings) 68
  2004/42/CE 68
  2008/01/CE IPPC (Prévention et réduction intégrées de la pollution) 70
  2010/75/UE dite IED (Industrial Emission Directive) 70
  européenne IED (Industrial Emission Directive) 14
DSD/DPD (classification) 49, 55

E

Eaux
  consommation 209
Échantillonnage 196, 202
Éco-entreprise 95
Effet de serre , 16
Emballage 108
Émissions 20
  annuelles 208
  canalisées et diffuses 99
  en France 26

nationales 24
par familles chimiques 31
par habitant 25
par secteurs d'activité 26
par sources 30
rapportées au PIB 25
Encre 14, 207
Énergie (secteur) 27
Enregistrement (installation soumise à) 75
Entretien 132, 187
Environnement 48, 65, 51, 18, 75, 80, 89, 203
EPI (Équipement de protection individuel) 249
Épuration (rendement) 76, 119, 125, 157, 161, 165
Équivalent carbone 197
Essence
chaîne de distribution 84
Éthane 15, 38
Éthanol 15, 38, 151
Éthylamine 15
Éthylbenzène 15
Éthylène 38
Exploitation 70, 115, 141, 146, 147
Explosion 103
Explosive (atmosphère ATEX) 231, 246
Extrait sec (ES) 98, 212, 221, 238

F

Fiche de données de sécurité (FDS) 58
Fiche toxicologique (FT) 58
Filtre percolateur 170
Financement 88
Fioul 83
Fluide frigoporteur 145
Fluor 159
Flux horaire maximal 76, 190
Fonderie 18
Fonds propres 94
Formaldéhyde 15, 38, 140, 179

G

Garnissage 127, 135, 169
Gazole 83
Genève (protocole de) 64
Göteborg (protocole de) 64
Grenelle de l'Environnement 62

H

Halogène 14
Halogéné 76, 81, 159
composé 31, 161, 190
solvant 17
HAP (Hydrocarbures aromatiques polycycliques) 88
Haute pression 224
Héliogravure 207
Heptane 151, 233
Heptanone 186
Hétéro-atome 159
Hexachlorométhane 158
Hexane 38
Humidité 119, 134, 168, 199
Hydrocarbure 63, 82
Hydrocarbures aromatiques polycycliques (HAP) 88
Hydrochrofluorocarbure (HCFC) 35
Hydrodiluable 217, 220, 226, 236, 247
Hydrofluorocarbure (HFC) 35
Hydrogène 14

I

IED (Industrial Emission Directive) 70
Impression 191
Incendie 103, 135, 222
Industries manufacturières 28
Infrarouge 37, 193
Ingestion 45
Inhalation 45, 54
INRS 46, 47, 58, 116
Installation
de traitement 30, 115, 208
classée pour la protection de l'environnement (ICPE) 65, 75
Institut supérieur des métiers 95
Investissement 92, 96, 115, 120, 141, 146, 205, 215, 218, 242
Iode 159
Ionisation de flamme 192
IPPC (Integrated Pollution Prevention and Control) 66
Isopropanol 193, 218

L

Laboratoire 90
Laquage 236
Lavage (liquide de) 125, 129
LIFE+ (programme) 89
Limite inférieure d'explosivité (LIE) 117
Lit bactérien 170
Lit fixe 136

M

Maërl 169

Maintenance 28, 116, 120, 170, 141, 180, 35, 187
Maladie professionnelle 47
Manipulation 105
Manutention 103
Meilleures techniques disponibles (MTD) 66, 70
Mélange 151
Membrane 147
Mention de danger 51
Mesure 190
Métal 127, 211, 226, 247
Méthane , 16, 193, 197, 200
Méthanol 38, 159
Méthode d'analyse 191
Méthoxypropanol 244
Méthyléthylcétone 38, 135, 181, 218
Méthylisobutylcétone 218, 237
Méthyl-pyrrolidonne 218
Micro-organismes 167
Module membranaire 148
Monochlorobenzène 136
Mutagène 47, 52, 53

## N

Naphta 212
NEC (National Emission Ceilings) 68
Nettoyage
  de surface 191, 240, 244
Nitrobenzène 158
N-méthyl-2-pyrolidonne 244
Non-réactivité 17
NOx (oxyde d'azote) 64
Nuisance
  olfactive 34

## O

Objectif de qualité 44
Odeur 34, 45, 228, 230
Olfactive (nuisance) 34
OSEO 93
Oxydation 76, 156
  biologique 167, 180
  catalytique 160, 179, 182
  récupérative 162
  régénérative 162
  thermique 157, 211
Oxyde d'azote 64
Oxygène 14
Oxygéné (solvant) 17
Ozonation 180
Ozone 34, 35

## P

Particules 119
Partie par million (ppm) 197
Peinture 14, 50, 68, 149, 191, 211, 217, 226, 248
Pentane 38
Perchloroéthylène 136
Performance 71, 100, 120, 125, 142, 143, 161, 162, 209
Perméation gazeuse 148
Personnel 116, 120
Perte de charge 160
Pervaporation 148
Pétrolier (solvant) 17
Phosphore 14
Photocatalyse 182
Photopollution 37
Phrase de risque 51
Pictogramme de danger 51
Piégeage 199
Plan de gestion des solvants (PGS) 67, 76, 78, 81
Plan national santé environnement (PNSE 2) 62, 88
Plasma froid 185
Plastique 127, 214, 217, 223
PME 93
Polluant
  primaire 45
  secondaire 43
Pollution
  atmosphérique 17, 21, 64
  de l'eau 42, 146
  des sols 42
  photochimique 63
Polyuréthane 252
Potentiel de création d'ozone photochimique (PCOP) 38
Poussière 119
Pouvoir calorifique inférieur (PCI) 159
Préconcentration 211
Prélèvement 196
  manuel 191, 199
Pression 119
  de vapeur saturante 143
Produit
  de retouche 68
  émetteur de COV 98
Propane 38
Propylène 15, 38
Protocole
  de Genève 64
  de Göteborg 64

PVC 149, 229
Pyridine 158

Q

Quantification 99

R

Raffinerie 84
Ravitaillement 83, 84
Rayonnement solaire 37
REACH (règlement) 49
Récupérative (oxydation) 162
Réfrigérant 143
Régénération 126, 161, 133, 137, 139, 136, 187
Régénérative (oxydation) 162
Règle des 3T 157
Règlement
  CLP 48
  REACH 49
Réglementation 99, 190, 204, 211, 226
Règlement CLP 52, 55
Rejet 99
Rendement d'épuration 76, 119, 125, 157, 161, 165
Reprotoxique 47, 52, 53
Réservoir fixe 104
Résidentiel/tertiaire (secteur) 28
Revêtement 217, 220, 223, 226, 229, 236, 247
Rotative 207

S

Sac de prélèvement 201
Santé 43, 48, 96, 51, , 18
Schéma de maîtrise des émissions (SME) 67, 76, 80, 220, 236
SECTEN 21
Sécurité 96, , 116, 120, 134, 18, 187
Séparation 121
Sérigraphie 229
Seuil
  d'alerte 44
  d'information et de recommandation 44
SGH (Système général harmonisé) 48
Silicium 14
Solubilité 125
Solvant 17, 103, 105, 111, 151
  halogéné 17
  oxygéné 17
  pétrolier 17
Soufre 14, 34, 159
Source d'émission 98, 100, 102
Spectrométrie de masse (MS) 191, 195, 202
Spectrométrie infrarouge (IR) 191, 193
Station-service 82, 83, 84, 86
Stockage 28, 63, 72, 73, 82, 99, 103, 119
Stratosphère 35, 36
Substance 50
Substances dangereuses 48, 53
Subvention 209
Surveillance en permanence 190, 192
Système général harmonisé (SGH) 48

T

Tableau de maladies professionnelles 47
Température 119, 143, 144, 157, 168, 199
  d'inflammation 159
Temps de séjour 157
Tétrachloroéthylène 158
Tétrachlorure de carbone 136, 158
Tétrahydrofurane 151
Thermique
  oxydation 157, 211
  régénération 139
Toit flottant 83
Toluène 15, 38, 136, 159, 215
Toxicité
  aigüe/chronique 45
TPE 95
Traitement 118, 121
  de l'air 100
  destructif 122
  installation 30, 115, 208
  par absorption 125
  par adsorption 133
  par condensation 142
  récupératif 122, 151
Transport 27, 106
Trichloroéthylène 15, 136, 240
Trichlorométane 15
Troposphère 35, 37
Turbulence 157

U

Ultraviolet 37, 182, 185
UV (revêtement) 252

V

Valeur
  cible 44
  limite 44
  limite d'émission (VLE) 67, 76, 207
  limite d'exposition professionnelle (VLEP) 53, 58

Vapeur d'eau 146
Végétaux (impact de l'ozone) 39
Vernis 14, 50, 68, 220, 236, 251
Verre 127, 236
Volatilité 14

## W

White-spirit 229, 233

## X

Xylène 38, 212, 226, 237

## Z

Zéolithe 136

ADEME

Agence de l'Environnement
et de la Maîtrise de l'Energie

L'Agence de l'Environnement et de la Maîtrise de l'Énergie (ADEME) participe à la mise en œuvre des politiques publiques dans les domaines de l'environnement, de l'énergie et du développement durable. Afin de leur permettre de progresser dans leur démarche environnementale, l'agence met à disposition des entreprises, des collectivités locales, des pouvoirs publics et du grand public ses capacités d'expertise et de conseil. Elle aide en outre au financement de projets, de la recherche à la mise en œuvre et ce, dans les domaines suivants : la gestion des déchets, la préservation des sols, l'efficacité énergétique et les énergies renouvelables, la qualité de l'air et la lutte contre le bruit.

L'ADEME est un établissement public sous la tutelle du ministère de l'écologie, du développement durable et de l'énergie et du ministère de l'enseignement supérieur et de la recherche.

www.ingramcontent.com/pod-product-compliance
Lightning Source LLC
LaVergne TN
LVHW080931071026
849535LV00013B/4170